Martin J. Eppler, Jeanne Mengis
Management-Atlas

Martin J. Eppler, Jeanne Mengis

MANAGEMENT-ATLAS

Management-Methoden für den Arbeitsalltag

HANSER

Bibliografische Information der Deutschen Nationalbibliothek

Die Deutsche Nationalbibliothek verzeichnet diese Publikation in der Deutschen Nationalbibliografie; detaillierte bibliografische Daten sind im Internet über http://dnb.d-nb.de abrufbar.

Dieses Werk ist urheberrechtlich geschützt.

Alle Rechte, auch die der Übersetzung, des Nachdruckes und der Vervielfältigung des Buches oder von Teilen daraus, vorbehalten. Kein Teil des Werkes darf ohne schriftliche Genehmigung des Verlages in irgendeiner Form (Fotokopie, Mikrofilm oder ein anderes Verfahren), auch nicht für Zwecke der Unterrichtsgestaltung – mit Ausnahme der in den §§ 53, 54 URG genannten Sonderfälle –, reproduziert oder unter Verwendung elektronischer Systeme verarbeitet, vervielfältigt oder verbreitet werden.

1 2 3 4 5   15 14 13 12 11

© 2011 Carl Hanser Verlag München
Internet: http://www.hanser-literaturverlage.de
www.ManagementAtlas.com
Lektorat: Martin Janik
Herstellung und Layout: Stefanie König
Umschlaggestaltung: Brecherspitz Kommunikation GmbH, München, www.brecherspitz.com
Satz: Kösel, Krugzell
Druck und Bindung: Kösel, Krugzell
Printed in Germany
ISBN 978-3-446-42701-3

Inhaltsverzeichnis

Vorwort   9

Einführung   11

TEIL 1   Metaphern fürs Management   13

Managementmetaphern und ihre Verwendung   15

METHODEN FÜR DEN EINZELNEN   21

Führen als Jonglieren
  Was macht ein Manager?   23
Der Ideenvulkan
  Wie funktioniert Kreativität?   27
Sisyphusarbeit
  Wie kann man Burn-out vermeiden?   31
Die Erkenntnisleiter
  Wie machen wir aus Fakten
  Handlungen?   35
Das Planungsdiabolo
  Wie setzt man Pläne um?   41
Der Paretohebel
  Wie wird man effizient?   47
Die Verhandlungsbrücke
  Wie kommt man zu einvernehmlichen
  Vereinbarungen?   51
Der Fragetrichter
  Wie führt man ein Interview?   55
Lernen im Looping
  Wie lernt man effektiv?   59
Wahrnehmung im Rahmen
  Was beeinflusst unsere Wahrnehmung?   65

METHODEN FÜR DAS TEAM 71

Der Sitzungsturm
　Wie führt man Sitzungen? 73
Der Gesprächseinheitsbrei
　Wie nutzt man das Wissen aller Beteiligten? 77
Das Kommunikationslabyrinth
　Woran scheitern Gespräche? 83
Die vier Kommunikationsohren
　Was steckt in einer Botschaft? 87
Die Polarisierungsschaukel
　Was führt zu riskanten Entscheiden? 93
Die Dialogwaage
　Wie führt man gute Gespräche? 99
Teamachterbahn
　Wie entwickeln sich Arbeitsgruppen? 103
Erfolgreiche Teamaufstellung
　Was ist das Geheimnis guter Zusammenarbeit? 109
Die Feedbackgläser
　Wie kritisiert man richtig? 115
Ein Periodensystem der Moderation
　Wie moderiert man Gruppen? 121
Die sechs Denkhüte
　Wie analysiert man Probleme? 127

METHODEN FÜR DIE ORGANISATION 131

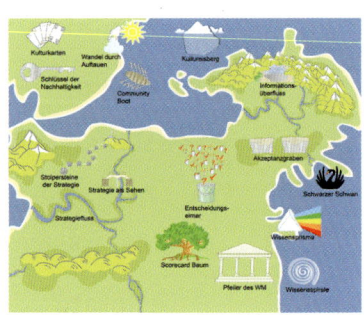

Die Kulturkarten
　Wie beschreibt man eine Unternehmenskultur? 133
Der Kultureisberg
　Wie versteht man das Innere einer Unternehmung? 139
Wandel durch Auftauen
　Wie verändert man Organisationen? 143
Der Strategiefluss
　Was ist eine Strategie? 149
Strategiestolpersteine
　Was bringt Strategien zum Scheitern? 153
Strategie als Sehen
　Wie denkt man strategisch? 157

Die Pfeiler des Wissensmanagements
　Wie weiß eine Organisation, was sie weiß?　161
Die Wissensspirale
　Wie kann man die Entwicklung von Wissen fördern?　167
Das Wissensprisma
　Wie versteht man die Ressource Wissen?　173
Der Akzeptanzgraben
　Wie gewinnt man Kunden?　179
Das Gemeinschaftsboot
　Wie organisiert man eine Community?　183
Der Informationsüberfluss
　Wie vermeidet man Information Overload?　189
Der Entscheidungseimer
　Wie entscheiden Organisationen?　195
Der Schlüssel zur Nachhaltigkeit
　Was bedeutet Nachhaltigkeit für Organisationen?　201
Der Balanced-Scorecard-Baum
　Wie misst man betrieblichen Erfolg?　205
Der Schwarze Schwan
　Wie geht man mit Unsicherheit um?　209

TEIL 2　Eigene Managementmetaphern entwickeln　213

Wie Sie aus Wissen visuelle Metaphern machen　215

Wie Sie die richtige grafische Metapher (er)finden　219

101 visuelle Metaphern fürs Management　221

Theoretischer Hintergrund zur Wirkung visueller Metaphern　231

Literatur zum Thema Metaphern und Visualisierung　235

Register　237

Vorwort

»Der Geist denkt nie ohne Bild.«   *Aristoteles*

»Es gibt nichts Nützlicheres als eine gute Theorie.«   *Kurt Lewin*

Wie kann man den Transfer von neuem und bewährtem Managementwissen in die Praxis verbessern? Mit dieser Frage beschäftigen wir uns an den Universitäten in St. Gallen und Lugano seit gut 15 Jahren. Zwei Strategien scheinen sich dabei seit jeher für den Wissenstransfer bewährt zu haben: erstens, die bildliche Darstellung von Erkenntnissen – Visualisierung – und zweitens die Vermittlung von Ideen durch illustrative Gleichnisse – Metaphern. Im vorliegenden Buch, welches wir bewusst nicht nur für Führungskräfte konzipiert haben, versuchen wir, diese beiden Ansätze zu kombinieren und durch visuelle Metaphern bewährte Managementkonzepte einfach und handlungsgerecht zu dokumentieren.

Wir hoffen, damit eine Brücke zwischen Theorie und Praxis zu schlagen und die Umsetzung von Managementwissen zu erleichtern. Durch die grafische und metapherngestützte Aufbereitung der Managementmethoden sollen diese effizienter umsetzbar und in der Unternehmung einfacher nutzbar werden. Einige der Methoden waren dabei bereits als visuelle Metaphern konzipiert (wie z. B. die Erkenntnisleiter), andere haben wir entsprechend aufbereitet (z. B. die Harvard-Verhandlungsmethode). Eine weitere Gruppe von visuellen Modellen und Methoden haben wir neu entwickelt (z. B. das Kommunikationslabyrinth).

Dieses Buch soll vor diesem Hintergrund vor allem für die folgenden vier Nutzungsarten bzw. Ziele geeignet sein:

- Das Buch ist erstens für Menschen in Organisationen (insbesondere Führungskräfte) gedacht, sodass diese die Kernideen bewährter Managementkonzepte rasch nachlesen, verstehen, behalten und *anwenden* können.
- Es hilft zweitens Gruppen oder Arbeitsteams, anhand der Darstellungen über die Relevanz und die Verwendung von wichtigen Managementmethoden *diskutieren* zu können.
- Drittens können Sie die grafischen Metaphern selbst als *Kommunikationsgefäße* in eigenen Berichten, Kursen, Gesprächen oder Präsentationen verwenden.

- Viertens steigert das Buch durch die Auseinandersetzung mit visuellen Metaphern und ihren Wirkungsweisen Ihre eigene *Visualisierungskompetenz* für die tägliche Arbeit.

Wie viele Bücher, so ist auch dieser Atlas durch zahlreiche Dialoge mit Freunden, Managern, Spezialisten, Kollegen und Studierenden entstanden. Besonders bedanken möchten wir uns an dieser Stelle bei Martin Janik vom Carl Hanser Verlag sowie bei Markus Aeschimann, Caspar Fröhlich, Markus Schärli und Katharina Hohmann für wertvolle Hinweise während der Entstehungsphase dieses Buches.

Nun wünschen wir Ihnen bei der Lektüre bzw. Sichtung der Managementmetaphern in diesem Buch viel Vergnügen, Erkenntnisgewinn und vor allem Möglichkeiten, das Gelesene selbst umzusetzen. Wir hoffen, dass Ihnen der *Management-Atlas* Orientierung und Überblick geben kann, Sie aber auch spannendes Neuland auf dem Gebiet der Managementmethoden entdecken lässt.

St. Gallen und Lugano, im Sommer 2011

Martin J. Eppler und Jeanne Mengis

Einführung

»Worte sind wichtig. Bilder sind wichtiger. Um in einer neuen Ära zu bestehen, braucht es neue Metaphern.«
Tom Peters

Wissensträgheit, Paralyse durch Analyse, Kopflastigkeit, Begriffsverliebtheit, Umsetzungsfalle, knowing-doing gap, Not-Invented-Here-Syndrom – dies sind nur einige typische Bezeichnungen für ein altbekanntes Phänomen in vielen Organisationen: Wissen wird nicht umgesetzt.

Die Gründe für die schwierige Umsetzung von bewährten Erkenntnissen zur Menschen- und Unternehmensführung sind zahlreich: Sie reichen von Motivations-, Akzeptanz-, Anreiz- und Disziplinproblemen bis hin zu wechselnden Prioritäten oder nicht mehr verfügbaren Ressourcen.

Ein Grund für die zögernde Umsetzung von Wissen kann jedoch auch dessen *Dokumentationsweise* sein. Werden praktische Methoden, nützliche Theorien oder hilfreiche Konzepte unsorgfältig aufbereitet, so wird auch deren spätere Umsetzung unwahrscheinlich. Wird Know-how z.B. in einer unverständlichen Spezialsprache, in einem unattraktiven Format oder in Überlänge beschrieben, so kann es zur Zumutung werden. Gerade für Erkenntnisse aus der Wissenschaft ist dies ein oft gehörter Kritikpunkt. Wissenschaftler versteckten sich hinter komplexen Satzkonstruktionen, Fremdwörtern und Fachbegriffen sowie langen Abhandlungen über Detailfragen.

Doch die zu starke Vereinfachung kann eine Methode, einen entdeckten Zusammenhang oder eine Sichtweise auch bis zur Unbrauchbarkeit verfälschen. Die Gratwanderung zwischen unnötiger *Komplexität* auf der einen Seite und unzulässiger *Vereinfachung* auf der anderen ist deshalb oft schwierig. Im vorliegenden Buch versuchen wir, uns an diese Quadratur des Kreises anzunähern, indem wir die behandelten Managementkonzepte mit passenden Metaphern visualisieren, in kompakten und konsistenten Blöcken beschreiben und mit Leitfragen für die Umsetzung sowie weiterführenden Literaturhinweisen versehen. So haben wir Managementwissen wie in einem Atlas zur einfacheren Verwendung zusammengestellt, gegliedert und durch (Wissens-)Karten aufbereitet.

Jede Managementmethode, -theorie oder -systematik wird dazu zuerst als visuelle Metapher bildlich dargestellt: Zentrale Kategorien, Schritte, Kriterien oder Aspekte sind in einem einfachen, aber passenden Bildmotiv (von der Brücke bis zum Eisberg) eingebettet und verortet.

Das Bild hat dabei drei Funktionen: Erstens *strukturiert* es die wesentlichen Informationen durch seine Form (beim Eisberg etwa in eine Zone unterhalb und eine oberhalb der Wasserlinie). Zweitens vermittelt es durch seine Kerneigenschaften hilfreiche *Assoziationen* zu der Methode (etwa dass der größte Teil nicht sichtbar unter der Oberfläche liegt). Die Metapher überträgt also ein ursprüngliches Konzept in einen anderen, grafischen Zusammenhang, um es so verständlicher zu machen. Drittens hilft das Bild durch seine Konkretheit, das Konzept besser in *Erinnerung* zu behalten und so später einfacher anwenden zu können.

Für jede visuelle Metapher beschreiben wir den jeweiligen *Anwendungsbereich*. So wird klar, in welcher Situation sie zur Anwendung kommt. Danach wird die *Grundidee* des jeweiligen Ansatzes zusammengefasst, bevor wir im darauf folgenden Abschnitt das konkrete *Vorgehen* in der Praxis beschreiben. Dieses Vorgehen illustrieren wir immer durch ein kurzes (reales oder fiktives) *Beispiel*. Danach beschreiben wir die *Grenzen* des Ansatzes bzw. der Metapher sowie weitere (alternative) Metaphern. Ein kurzer Abschnitt zum *Hintergrund* gibt Hinweise zur Entstehung oder heutigen Bedeutung des Ansatzes. Den letzten Teil bilden *Umsetzungsfragen* für die Reflexion der eigenen Situation anhand der Methode und weiterführende *Literaturhinweise* zum Konzept.

Im zweiten Teil des Buches zeigen wir, wie Sie selbst Metaphern im Management entwickeln und einsetzen können, um Probleme zu strukturieren oder effizienter zu kommunizieren. Sie finden eine Erklärung der verschiedenen Vorteile, die Sie durch den Einsatz von grafischen Metaphern im Management erreichen können. Zudem zeigen wir in diesem Teil, welche visuelle Metapher für welchen Anwendungsfall geeignet ist. Eine Übersicht über mehr als 100 Metaphern und deren Eigenschaften bietet Ideen und Anknüpfungspunkte für die eigene Arbeit mit illustrativen Bildmotiven. Zudem geben wir interessierten Lesern einen Einblick in die Theorie hinter visuellen Metaphern. Dadurch sind Sie in der Lage, selbst wichtiges Managementwissen zu kartografieren und eigene Atlanten für wichtige Themen zu gestalten.

Mit eigenen Metaphern arbeiten:
Unter www.lets-focus.com/Buch finden Sie eine einfache Software zur Erstellung, Anpassung und Nutzung von visuellen Metaphern zur Problemlösung, Kommunikation und Zusammenarbeit sowie alle Methoden dieses Buches zur eigenen Weiterverarbeitung als interaktive Grafiken, PowerPoint-Präsentationen oder Trainingsunterlagen.

TEIL 1
Metaphern fürs Management

Managementmetaphern und ihre Verwendung

»Unterschiedliche Bilder ermöglichen unterschiedliche Erkenntnisse.«
Gareth Morgan

Im Hauptteil dieses Buches finden Sie Bilder, mit denen Sie bewährtes Managementwissen für sich, Ihr Team oder Ihre Organisation wirksam machen können. Es handelt sich dabei um erprobte Arbeitsmethoden und Techniken, um nützliche Managementmodelle und Theorien sowie um informative Problemanalysen und Beschreibungen im Kontext der Menschen- und Unternehmensführung.

Zwei seit vielen Jahren bekannte und bewährte Prinzipien werden in diesem Buch kombiniert, um diese Inhalte zum Leben zu erwecken: das *Metaphernprinzip* und das *Visualisierungsprinzip*.

Das Metaphernprinzip beruht auf folgender, seit Langem bekannten Erkenntnis aus der Philosophie, Linguistik, Pädagogik und Psychologie: Mithilfe von Übertragungen, Vergleichen und Analogien können wir Neues besser verstehen. So verstehen wir etwa die Wirkungsweise eines Monopolmarktes besser, wenn wir ihn mit den Eigenschaften einer Burg vergleichen: hohe Eintrittsbarrieren, ein starkes Abwehrsystem mit Eingangskontrollen und große Sicherheit für diejenigen, die bereits drinnen sind – aber auch durchaus die Möglichkeit für kleinere Märkte im Binnenbereich des Monopolisten. Wenn wir also etwas Neues im Gewand von etwas Bekanntem sehen, hilft uns dies in unserem Verständnis, weil wir so unser Vorwissen aktivieren und auf das neue Gebiet übertragen können. Durch die Übertragung einer für uns neuen Sache aus einem wenig bekannten Bereich (z. B. Ökonomie) auf etwas Bekanntes (z. B. Architektur) wird diese für uns verständlicher. Doch auch bereits Bekanntes kann uns durch den Blickwinkel einer Metapher in einem neuen Licht erscheinen und uns so neue Facetten des vermeintlich Bekannten aufzeigen. Denken Sie etwa an die Analyse Ihrer Organisation als »große Familie«. Wer hat eine Vaterrolle inne? Wer ist das ungezogene Kind? Wer gehört zur erweiterten Familie? Welche Familienrituale haben sich etabliert etc.? Dieses generelle Vorgehen, bei dem es sich um mehr als eine reine Übertragung handelt, kann wie folgt formuliert werden:

Metaphernprinzip

 Wenn wir etwas für uns noch wenig Bekanntes mit etwas (in einer bedeutenden Weise) Ähnlichem, bereits Bekanntem verknüpfen, dann verstehen wir nicht nur etwas Neues besser, sondern können dadurch auch andere Zugänge zu etwas bereits Bekanntem erreichen.

Auch das zweite Prinzip dieses Buches basiert auf mehreren Jahrzenten Forschungsarbeiten, und zwar zur menschlichen Informationsverarbeitung. Diese Forschung in Gebieten wie der Kognitionspsychologie, der Kommunikationstheorie, des Designs oder der Didaktik zeigt klar, dass wir komplexe Sachverhalte schneller und besser verstehen und einfacher im Gedächtnis behalten können, wenn diese in Bildern mit integriertem Text dargestellt werden. Denken Sie beispielsweise daran, wie es wäre, jemandem den Aufbau Ihrer Organisation ohne Organigramm zu erklären. Dieser sogenannte Superioritätseffekt von Visualisierung konnte in vielen Experimenten und Evaluationen nachgewiesen werden. Die Haupterkenntnis aus dieser Forschung lässt sich wie folgt beschreiben:

Visualisierungsprinzip

 Wenn wir abstrakte oder generelle Konzepte, Methoden, Pläne oder Modelle in anschaulichen, klaren oder vertrauten Bildern darstellen, so werden diese meist schneller verstanden, besser im Gedächtnis behalten und eher ins Gespräch eingebracht als ohne Visualisierung; dies insbesondere dann, wenn Text und Bild in einer Grafik integriert sind.

Diese beiden Prinzipien werden nun gemeinsam auf bewährte Managementansätze angewandt, um deren Prägnanz und damit Umsetzbarkeit zu erhöhen.

Wir haben bei der Auswahl speziell auf diejenigen Managementmodelle und -ansätze geachtet, die eine starke und bewährte Kernidee besitzen und in der Praxis relativ rasch (und häufig) umsetzbar sind. Zudem haben wir uns bemüht, eine möglichst abwechslungsreiche Mischung aus Klassikern und neuen Ansätzen, sowie aus Theorien, praktischem Vorgehen und Grundsatzthemen zusammenzustellen.

In den folgenden drei Inselgrafiken sehen Sie sämtliche Managementmetaphern dieses Buchs in einer visuellen Vorschau. Die Inseln strukturieren die Methoden und Modelle nach der jeweiligen Anwendungsebene, d. h., ob eine Methode vor allem für Sie als Einzelperson gedacht ist (Insel 1: Methoden für den Einzelnen), ob sie sich besonders für Arbeitsgruppen eignet (Insel 2: Methoden für das Team) oder ob sie auf der Organisationsebene ansetzt (Insel 3: Methoden für die Organisation). Wie bei einer Reise liegt es dabei an Ihnen, die Weg- bzw. Leseroute zu planen und die Methoden und Ansätze dieses Buches auszuwählen und zu kombinieren. Der Management-Atlas liefert Ihnen eine erste Orientierung, zeigt Ihnen verschiedene attraktive Destinationen und enthält Wegweiser zu weiteren interessanten Quellen.

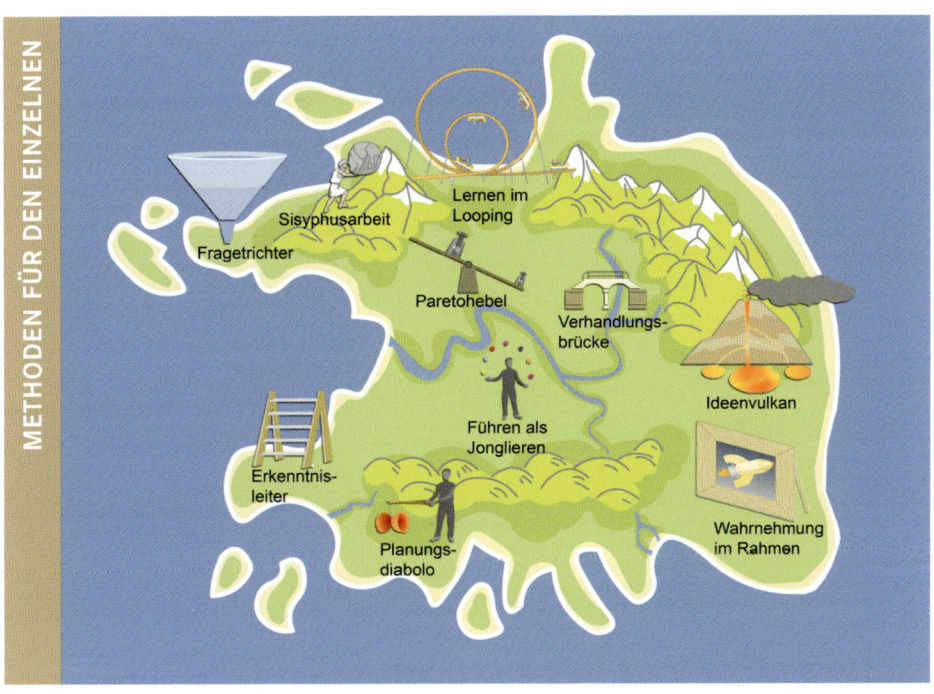

Managementmetaphern und ihre Verwendung

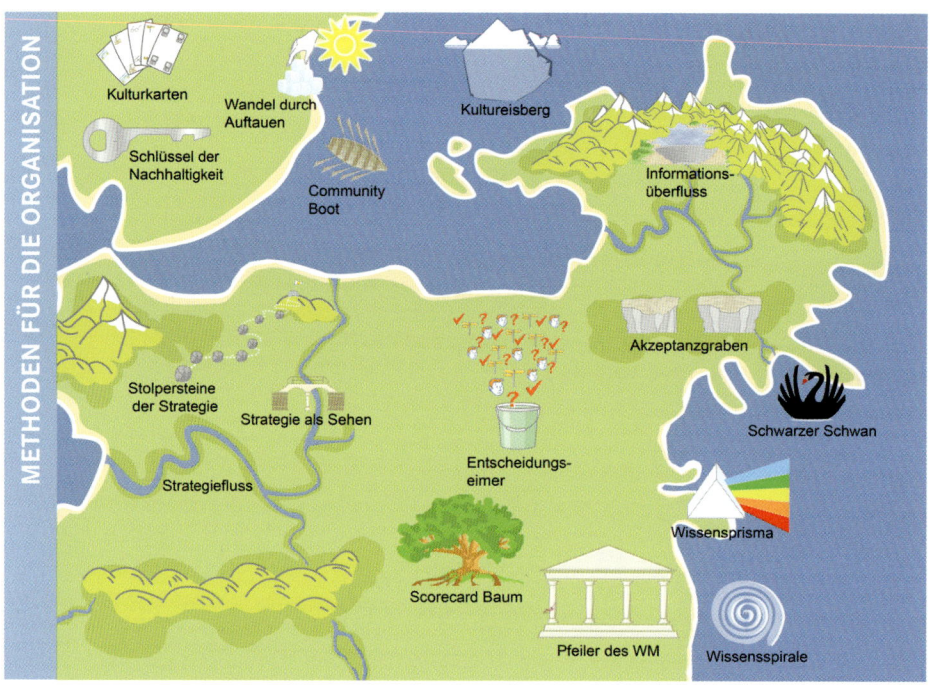

Um Ihnen die Wahl der richtigen Methode für Ihre Situation zu erleichtern, haben wir Ihnen einen weiteren Zugang zu unseren Managementmetaphern erstellt. In folgender Tabelle sind alle Metaphern nach ihrem Verwendungszweck geordnet. Wir unterscheiden dabei folgende managementorientierte Aufgaben, die durch die visuellen Metaphern unterstützt werden können:

- reflektieren und verstehen,
- entwickeln und planen,
- kommunizieren und verhandeln,
- entscheiden und umsetzen,
- lernen und evaluieren.

Die besprochenen Metaphern können Führungskräfte demnach bei der Analyse von Problemen und Situationen unterstützen, indem sie bewährte Suchraster aufzeigen. Die Metaphern bieten zudem Unterstützung, wenn es darum geht, neue Lösungen gemeinsam zu entwickeln oder zu planen. Sie können darüber hinaus hilfreich sein bei der Kommunikation von Ideen, Plänen oder Argumenten oder bei der Führung von schwierigen Verhandlungen. Wenn Entscheide zu fällen sind, führen einem die Metaphern in diesem Buch wesentliche Punkte nochmals vor Augen. Schließlich sind auch einige visuelle Metaphern in diesem Buch dazu geeignet, die Kontroll- und Lernaufgaben im Management zu unterstützen.

Reflektieren und verstehen	Entwickeln und planen	Kommunizieren und verhandeln	Entscheiden und umsetzen	Lernen und evaluieren
Führen als Jonglieren	Ideenvulkan	Gesprächseinheitsbrei	Entscheidungseimer	Balanced-Scorecard-Baum
Erkenntnisleiter	Strategiefluss	Kommunikationslabyrinth	Wahrnehmung im Rahmen	Schwarzer Schwan
Teamachterbahn	Akzeptanzgraben	Vier Kommunikationsohren	Strategie als Sehen	Lernen im Looping
Erfolgreiche Teamaufstellung	Planungsdiabolo	Polarisierungsschaukel	Schlüssel für Nachhaltigkeit	Feedbackgläser
Sisyphusarbeit	Paretohebel	Dialogwaage	Strategie-Stolpersteine	
Kulturkarten	Gemeinschaftsboot	Verhandlungsbrücke	Wandel durch Auftauen	
Kultureisberg	Wissensspirale	Periodensystem der Moderation		
Wissensprisma	Pfeiler des Wissensmanagements	Sitzungsturm		
		Denkhüte		
		Fragetrichter		
		Informationsüberfluss		

Die grafischen Metaphern und ihre Hauptverwendungsweisen

Natürlich können die Metaphern nicht nur nach einem derartigen Problemlösungsschema klassifiziert werden. Man kann sie auch nach Managementfunktionen, Branchen, Hierarchieebene oder Schwierigkeitsgrad gruppieren. Die oben aufgeführte Darstellung liefert jedoch einen besonders einfachen und direkten Zugang zu den Methoden, der wenige Überschneidungen zur Folge hat.

Alle Abbildungen in diesem Buch wurden von uns als Grafiklaien mit der Software let's focus erstellt. Diese stellt mehr als 50 interaktive grafische Metaphern für die eigene Verwendung und Anpassung zur Verfügung. Unter www.lets-focus.com/Buch finden Sie wie bereits erwähnt einige dieser Vorlagen zum kostenfreien Bezug und zum eigenen Experimentieren mit der Macht der Metaphern fürs Management.

Wir wünschen Ihnen in diesem Sinne eine spannende Route durch die Welt der Managementmethoden.

METHODEN FÜR DEN EINZELNEN

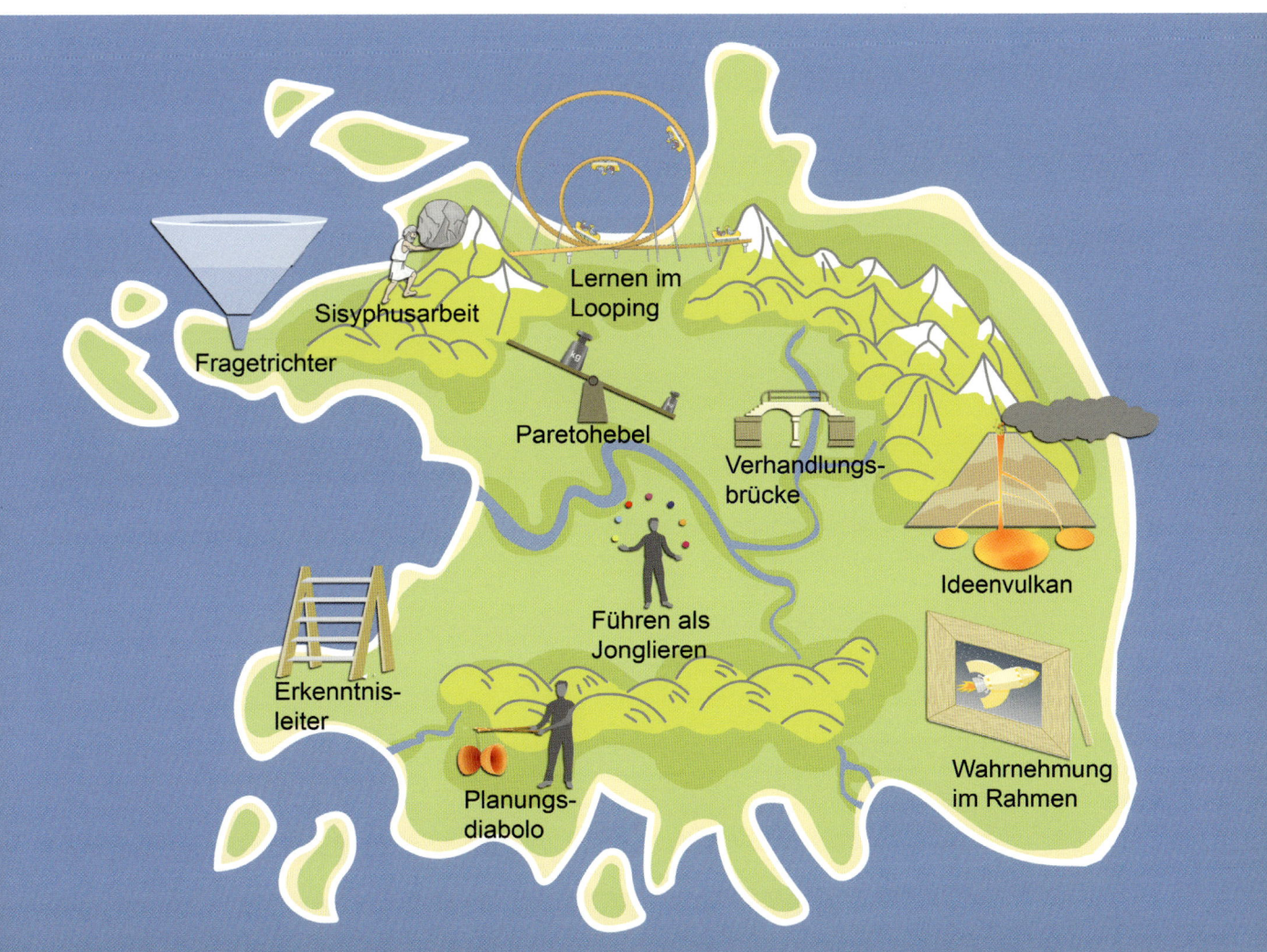

METHODEN FÜR DEN EINZELNEN

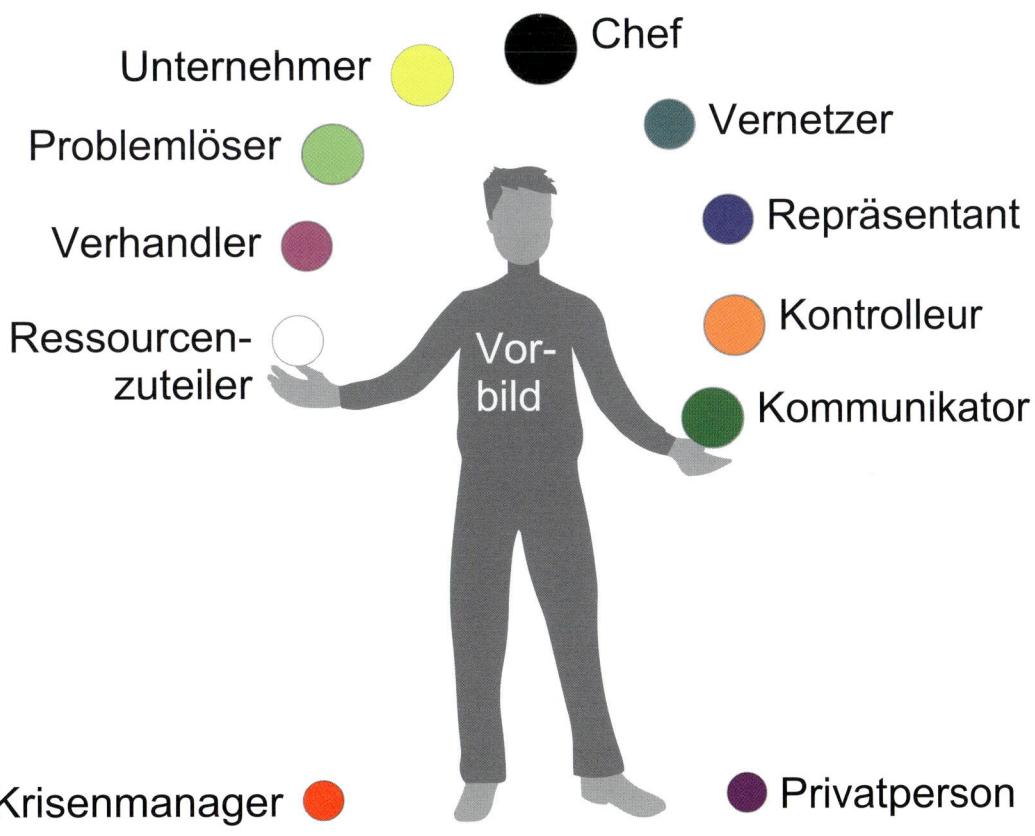

Führen als Jonglieren

Anwendungsbereich

Das hier besprochene Rollenmodell der Führung kann für jede Art von Führungsaufgabe verwendet werden, um seine eigenen Aktivitäten zu überprüfen und zu hinterfragen. Es eignet sich besonders für Führungskräfte mit operativer und strategischer (Ergebnis-)Verantwortung. Manager in verschiedenen Branchen und Funktionen können das Rollenmodell als Checkliste verwenden, um so sicherzustellen, dass sie keine der wichtigen Führungsaufgaben vernachlässigen.

> ### Grundidee
> Ein Manager zeichnet sich gemäß Henry Mintzberg unter anderem dadurch aus, dass er eine Vielzahl von Rollen gleichzeitig ausüben kann. Ein guter Manager versucht, keine der zehn zentralen Funktionen zu vergessen und sich in allen, falls möglich, zu verbessern.

Vorgehen

Was muss ein Manager alles tun, um eine effektive Führungspersönlichkeit zu sein? Darüber streiten sich Wissenschaftler und Praktiker schon seit Jahrzehnten. Die Fülle von Rollenmodellen und Führungsansätzen kann unmöglich in einem Paragrafen oder Bild zusammengefasst werden. Da es für Führungskräfte jedoch schwer sein kann, den Überblick zu behalten und die wirklich wichtigen Dinge nicht zu vernachlässigen (statt einfach auf das zu fokussieren, was gerade dringend ist, was man gut kann oder gerne tut), haben wir einige zentrale Rollen der Führung als Jonglierakt grafisch zusammengefasst. Denn: Verschiedene Studien (etwa von Hooijberg, Denision oder Hart und Quinn aus den 90er-Jahren) zeigen, dass sich erfolgreiche Führungskräfte unter anderem dadurch auszeichnen, dass sie ein großes Spektrum von Führungsrollen wahrnehmen. Ein erfolgreicher Manager jongliert mit verschiedenen Rollen gleichzeitig und muss mit einer bestimmten Verhaltenskomplexität (einer sogenannten *behavioural complexity*) umgehen können. Wir haben den zehn klassischen Führungsfunktionen zwei hinzugefügt: den heute unabdingbaren Krisenmanager (falls nötig) und die Privatperson, da es einer Führungskraft auch gelingen sollte, private und berufliche Anforderungen in Einklang zu bringen (Stichwort Work-Life-Balance). Vielleicht kann dies – wie in unserem Bild – nicht jederzeit gelingen, auf Dauer jedoch ist diese Balance eine Notwendigkeit für die meisten Führungskräfte, um ein Ausbrennen zu vermeiden. Überprüfen Sie anhand dieser zwölf Funktionen, ob Sie dem Rollenmodell eines versierten Managers entsprechen, oder ob es Bereiche gibt, die Sie bislang (noch) vernachlässigt haben.

Da man sich zehn oder mehr Funktionen im Tagesgeschäft schwer merken kann, hat sie Mintzberg netterweise auch in drei Gruppen zusammengefasst, nämlich in *personenorientierte*, *informationsorientierte* und *handlungsorientierte* Führungsfunktionen. Eine gute Führungskraft kümmert sich also um Menschen, versorgt sie mit Informationen und schaut dazu, dass diese in adäquate Handlungen übersetzt werden.

Beispiel

Max Mustermann benutzt dieses Rollenmodell, um für sich zu reflektieren, was für ihn eine gute Ausübung seiner Managementfunktion ausmacht. Er kommt dabei auf folgende Stichwortliste, die ihm im stressigen Tagesgeschäft immer wieder Orientierung gibt:

- Ressourcenzuteiler: transparente und frühe Budgetierung und Mittelzuweisung.
- Verhandler: gut vorbereitete, faire und wertschätzende Verhandlungsführung.
- Problemlöser: saubere Analyse mit professionellen Diagnostikwerkzeugen.
- Unternehmer: proaktives Handeln, Engagement, Mut zum kalkulierten Risiko.
- Chef: Motivieren und zuhören können, klare, erreichbare Ziele setzen, Feedback geben und entgegennehmen.
- Vernetzer: Menschen im Betrieb und beim Kunden zusammenbringen, die voneinander profitieren können.
- Repräsentant: Die Organisation würdevoll vertreten und an neuen Orten bekannt machen.
- Kontrolleur: Darauf achten, dass Beschlossenes auch wirklich in der richtigen Qualität und Frist umgesetzt wird.
- Kommunikator: Klar, früh, kompakt, human, authentisch und gezielt informieren.
- Vorbild: Nach Maximen handeln, die auch für alle anderen gelten könnten.
- Krisenmanager: In Krisenzeiten die Mannschaft schützen und rasch reagieren; keine Paralyse durch Analyse.
- Privatperson: Einen ausgeglichenen Lebensstil pflegen, in welchem Familie, Freunde, Sport, Kultur und Muße einen angemessenen Platz haben.

So kann Mintzbergs Modell als Checkliste für das eigene Führungsverständnis und dessen Umsetzung verwendet werden.

Grenzen

Als Hauptkritik an den meisten Rollenansätzen ist zu nennen, dass die unterschiedenen Funktionen oft nicht trennscharf formuliert sind und in der Realität stark zusammenfallen. Die Metapher des Jongliers suggeriert korrekterweise ein gewisses Risiko, nicht alle Aufgaben gleichzeitig bewältigen zu können. In der Realität überschneiden sich die verschiedenen Führungsfunktionen jedoch sehr stark, sodass durch eine Aktivität oft mehrere Führungsfunktionen gleichzeitig wahrgenommen werden können.

Hintergrund

Mintzbergs Ansatz der zehn Führungsrollen ist nach wie vor der Klassiker schlechthin der Führungsmodelle für Manager. Mintzberg betont dabei, dass eine gute Führungskraft sowohl soziale wie auch informationelle und entscheidungsorientierte Rollen einnehmen muss. Später wurden daraus *personenorientierte*, *informationsorientierte* und *handlungsorientierte* Rollen. Eine ältere Beschreibung von Managementaufgaben geht auf Luther Gulick zurück (welcher sich wiederum auf Fayol stützt). Er fasst die Tätigkeiten von Führungskräften in der Abkürzung POSDCORB zusammen: Planen, Organisieren, Staffing

 Führen als Jonglieren

(personalorientierte Aufgaben), Directing (führen bzw. entscheiden), Coordination (von Geschäftsprozessen und Einheiten), Reporting (Berichterstattung) sowie Budgetierung. Mintzberg kritisiert dieses Modell jedoch als reduktionistisch und asozial. 1984 formulierte Robert Quinn ein umfassenderes Rollenverständnis. Er unterteilt Managementrollen (basierend auf vier Modellen der Führung) in folgende internen und externen, flexiblen und kontrollierenden Aufgaben: Mentor und Moderator, Innovator und Broker, Koordinator und Überwacher, »Produzent« und »Direktor«. Neuere Ansätze betonen spezifische Managementrollen auf verschiedenen hierarchischen Ebenen, z.B. Norm- und Sinngeber oder Challenger auf Topebene. Zudem untersuchen sie die nötigen *persönlichen Eigenschaften* von Managern, um diese Rollen auch wirklich wahrnehmen zu können. Christopher Bartlett und Sumantra Ghoshal unterscheiden dabei *Persönlichkeitsmerkmale* (wie z.B. visionär, offen, fair), *Erfahrung* (z.B. in verschiedenen Funktionen) und *Wissen* (über die Firma, die Branche, verschiedene Kulturen) sowie *spezifische Fähigkeiten* (wie etwa konzeptionelles Denken).

 Umsetzungsfragen
- Welcher Ball droht bei mir auf den Boden zu fallen?
- Welchen Ball habe ich bisher noch nicht ins Spiel gebracht? Welche Führungsrolle lebe ich noch nicht genug?
- In welchen Bereichen sollte ich mich stark verbessern bzw. dazulernen?
- Welchen Ball fang ich am liebsten? Was fällt mir besonders leicht? Kann ich diese Stärke weiter nutzen?
- Verrichte ich die neun Hauptfunktionen in einer Weise, die für andere Vorbildcharakter haben kann?
- Habe ich genügend Reserven, um gegebenenfalls Krisenfunktionen zu übernehmen sowie für meine privaten Aufgaben und Bedürfnisse?
- Welche Führungsrolle nimmt die meiste Zeit in Anspruch?

Weiterführende Literatur

Bartlett, C. A.; Ghoshal, S. (1997): »The myth of the generic manager: New personal competencies for new management roles«. *California Management Review*, 40 (1), S. 92–116.

Drucker, P.; Paschek, P. (2004): *Kardinaltugenden effektiver Führung*. Frankfurt am Main: Red Line Wirtschaft.

Hart, S. L.; Quinn, R. E. (1993): »Roles executives play: CEOs, behavioral complexity, and firm performance«. *Human Relations*, 46(5), S. 543–574.

Mintzberg, H. (1973): *The Nature of Managerial Work*. New York: Harper & Row.

Mintzberg, H. (1975): »The manager's job: Folklore and fact«. *Harvard Business Review*, 53, S. 49–58.

Mintzberg, H. (1994): »Rounding out the manager's job«. *Sloan Management Review*, Fall, S. 11–26.

Der Ideenvulkan

Wie funktioniert Kreativität?

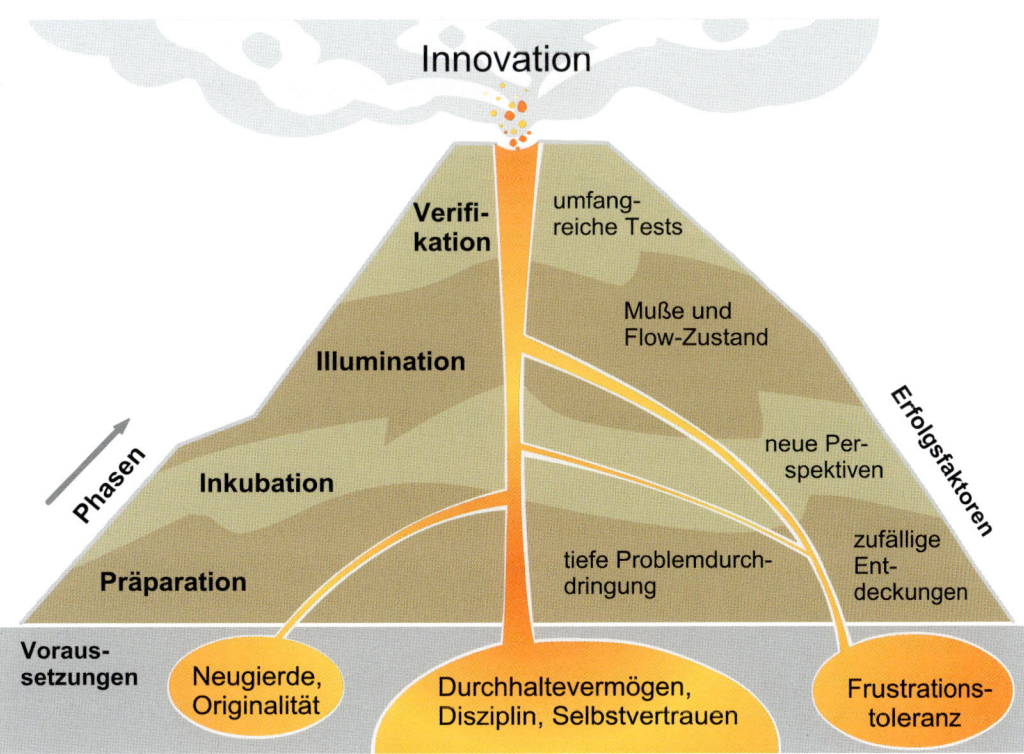

Kreativität ist ein voraussetzungsvoller Prozess, bestehend aus mindestens vier, schwer planbaren Phasen.

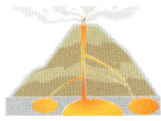

Der Ideenvulkan

Anwendungsbereich

Wie kommt man zu kreativen Ideen? Diese Frage ist in vielen Managementbereichen (Innovationsmanagement, Problemlösungsmanagement, Marketing etc.) zentral. Die Kognitionspsychologie hat den Prozess der Kreativität untersucht und leitet daraus Vorgehensvorschläge für jedermann ab. Neben einem adäquaten Vorgehen erfordert Kreativität jedoch auch Motivation, Mut, Energie, ein entsprechendes Umfeld sowie relevantes Vorwissen.

Grundidee

Graham Wallas hat bereits im Jahr 1926 den kreativen Prozess in vier Hauptphasen unterteilt.

1. *Präparation*: Diese erste Phase besteht aus der Problemwahrnehmung, Definition und sorgfältigen Situationsanalyse.
2. *Inkubation*: Diese (oft langwierige) Phase besteht aus bewusstem und unbewusstem Nachdenken über das Problem (»überschlafen«).
3. *Illumination*: Diese (sehr kurze) Phase kennzeichnet die eigentliche Idee, das Aha-Erlebnis, den Moment der Inspiration.
4. *Verifikation*: Diese Phase besteht aus der Bewertung und Umsetzung der Idee.

In neueren Ansätzen wird die weitere Ausarbeitung der Idee als fünfte Phase der *Elaboration* bezeichnet. An diese schließt dann eigentlich eine sechste Phase an (die zum Teil auch viel Kreativität erfordert), nämlich die der eigentlichen *Innovation*, d. h. z. B. die Umsetzung der Idee in ein marktfähiges Produkt. Dieser letzte Schritt umfasst jedoch viele bürokratische Aktivitäten, wie etwa eine eventuelle Patentanmeldung, Kooperationsvereinbarungen, Distributionsverträge etc.

Vorgehen

Das Modell der vier Kreativitätsphasen hat einen stark normativen Charakter, dient also auch als Leitfaden für die eigene Ideenentwicklung. Es betont dabei die unterschiedlichen Denkprozesse, die in jeder Phase wichtig sind: In der Präparationsphase geht es um *genaue* Problemanalyse. In der Inkubationsphase um intuitives, *spielerisches* Nachdenken (und Durchhaltevermögen). In der Illuminationsphase geht es um mutige, *visionäre* Entwürfe. In der Verifikationsphase schlussendlich ist (selbst)kritisches und *pragmatisches* Denken gefragt (und wiederum viel Disziplin). Versuchen Sie, zur Unterstützung Ihrer eigenen Kreativität, diese Phase bewusst durchzugehen.

Beginnen Sie mit einer ganz genauen Problembeschreibung (z. B. aus Sicht der Endkunden oder Betroffenen) und Situationsanalyse. Lassen Sie dann ganz bewusst ein wenig Zeit verstreichen, in der Sie sich nicht primär um das Problem kümmern, sondern Ihr Unterbewusstsein daran arbeiten lassen (man spricht hier vom unbewussten Inkubieren oder Ausbrüten neuer Ideen). Umgeben Sie sich in dieser Zeit mit möglichst vielen interessanten und neuen Eindrücken und Erlebnissen, die Sie auf originelle Gedanken bringen können. Die darauffolgende *Illuminationsphase* lässt sich nicht erzwingen, sie kann aber in Momenten der Ruhe und Muße eher eintreten als unter ständiger Ablenkung. Versuchen Sie deshalb, nicht jeden Moment des Tages durchzuplanen oder mit Aktivitäten wie E-Mails zu kontrollieren zu verbringen. Manchmal ist es für diese Phase hilfreich, den Computer abzuschalten, das Buch beiseitezulegen, das Radio oder den Fernseher auszuschalten und still den eigenen Gedanken nachzugehen. Schaffen Sie sich in dieser Phase also immer wieder ruhige Momente der Stille und Kontemplation. Sind Ihnen während dieser Ruhezeit gute Ideen in den Sinn gekommen, gilt es, diese weiterzuentwickeln, zu überprüfen und, sofern sie funktionieren, weiter auszuarbeiten. Walt Disney hatte für diesen Teil der Kreativarbeit sogar eigens einen separaten Raum, der, anders als sein Ideenentwicklungsraum, dazu geeignet war, Ideen genau auszuformulieren, aufzumalen oder mit anderen zu besprechen.

Beispiel

Ein Medienunternehmer braucht zur Rettung seiner Zeitschriften kreative Ideen für innovative neue Formate und Geschäftsmodelle. Für die *Präparations-* oder Vorbereitungsphase analysiert er vorerst sein Problem systematisch: Seine Anzeigenerlöse wie auch seine Umsätze mit Abonnenten sind wegen des Internets und der dort verfügbaren Gratisangebote dramatisch eingebrochen. Seine Kunden sehen den Mehrwert eines Abonnements oder von Inseraten in einer gedruckten Zeitschrift nicht mehr. Er muss also sowohl die entfallenen Einnahmen kompensieren, wie auch ein neues Angebot schaffen, welches es übers Internet nicht gleichwertig gibt. Während mehrerer Wochen überlegt er sich verschiedene mögliche Entwicklungslinien und besucht dazu verschiedene Betriebe, wie etwa Diskotheken, Sportvereine, Jugendtreffs, Landboutiquen oder Country Clubs. Zu Beginn lässt er sich von diesen Eindrücken einfach nur inspirieren *(Inkubation)*. Zu Hause reflektiert er die gemachten Erfahrungen jeweils und in einem stillen Moment hat er ein Aha-Erlebnis *(Illumination):* Ihm schwebt eine Zeitschrift für natürliches Leben und Landkultur vor – ein Gegentrend zum virtuellen und elektronischen Hightech-Stress. Er konzipiert ein Hochglanzmagazin für Menschen, die natürlicher, gesünder, gelassener und authentischer leben wollen, sich aber vielleicht nicht gerade ein richtiges Landhaus leisten können oder wollen. Der Medienunternehmer beginnt mit der Ausarbeitung einer ersten Pilotnummer und kontaktiert Garten- und Landmöbelanbieter als Inserenten. Er testet die Pilotnummer ausgiebig mit Fokusgruppen, durch Auslagen und durch Testverkäufe *(Verifikation)*. Das neue Magazin wird tatsächlich ein Renner und löst einen neuen Landtrend aus.

Grenzen

Der Vulkan als Metapher für kreative Prozesse bringt zwar schön zum Ausdruck, dass kreative Ausbrüche eine lange, unscheinbare Vorlaufzeit haben und gute Ideen große Voraussetzungen erfordern. Die Hauptassoziation des Vulkans – als etwas Risikoreiches, Bedrohliches – stimmt jedoch nicht immer für den kreativen Prozess. Dies trifft auch auf

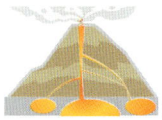

Der Ideenvulkan

die stark individuelle Perspektive dieses Ansatzes zu, denn nicht immer ist Kreativität eine Einzelleistung. Das Modell vernachlässigt die wichtige Rolle des sozialen Umfeldes und der Zusammenarbeit mit anderen bei der Entwicklung neuer Ideen.

Hintergrund

Wallas' Ansatz ist, obwohl kaum empirisch nachgewiesen, zu einem der bekanntesten Kreativitätsmodelle geworden, das auch in aktuellen Lehrbüchern ausgiebig behandelt wird. Neuere Ansätze betonen jedoch mehr die persönlichen Voraussetzungen für kreative Spitzenleistungen als einen vorgegebenen Prozess. So wird in der relevanten Literatur immer wieder auf die Wichtigkeit von sogenannten bipolaren Persönlichkeitsmerkmalen für kreative Leistungen hingewiesen (z. B. stolz und gleichzeitig demütig sein, diszipliniert und spielerisch arbeiten können, weltklug und trotzdem naiv sein).

Umsetzungsfragen

- Verstehen Sie das Problem wirklich genau, das Sie lösen möchten?
- Nutzen Sie unbewusste Inkubationszeiten, um auf gute Ideen zu kommen?
- Welches Umfeld inspiriert Sie zu neuen Ideen?
- Verändern Sie Ihr Umfeld bewusst, um auf neue Gedanken und Sichtweisen zu stoßen?
- Bleiben Sie bei der Erprobung einer neuen Idee hartnäckig und konsequent?

Weiterführende Literatur

Csikszentmihalyi, M. (1996): *Creativity: The Work and Lives of 91 Eminent People*. New York: HarperCollins.

Csikszentmihalyi, M. (2010): *Flow: Das Geheimnis des Glücks*. Stuttgart: Klett-Cotta.

Runco, M. A. (2007): *Creativity: Theories and Themes: Research, Development, and Practice*. London: Elsevier.

Wallas, G. (1926): *The Art of Thought*. New York: Harcourt Brace.

Ward, T. B.; Finke, R. A.; Smith, S. M. (2002): *Creativity and the Mind: Discovering the Genius Within*. New York: Perseus Publishing.

Sisyphusarbeit

Wie kann man Burn-out vermeiden?

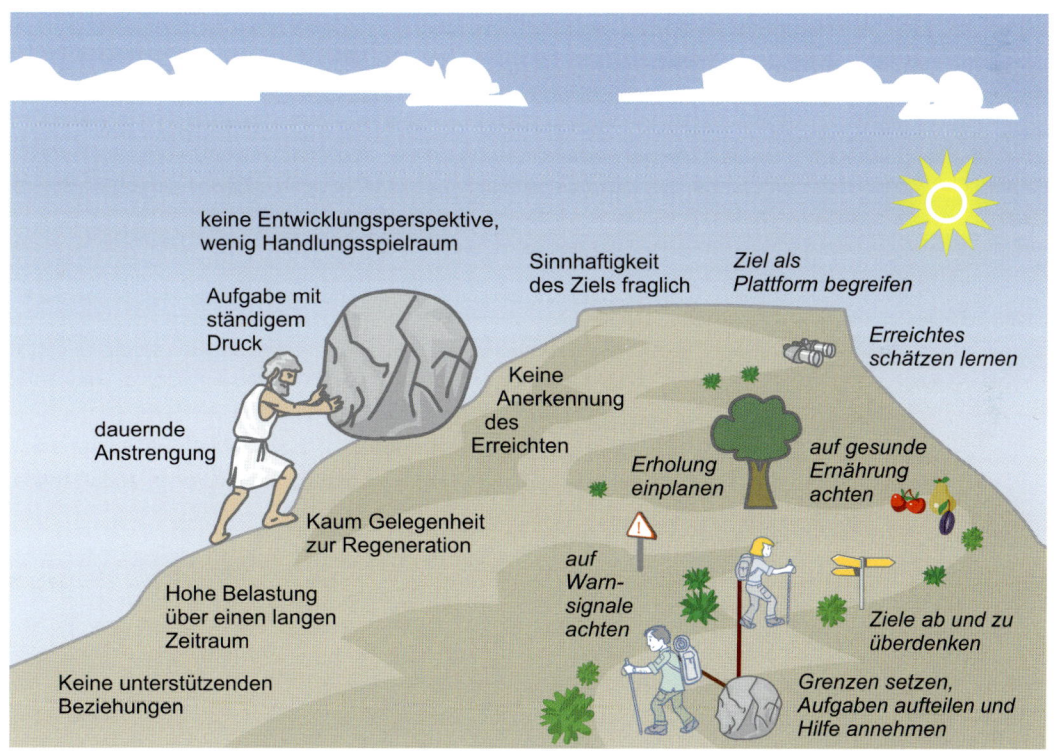

Anstatt dauernde Anstrengungen alleine zu meistern, sollte man Aufgaben aufteilen bzw. staffeln und Erholungsphasen einplanen.

Sisyphusarbeit

Anwendungsbereich

Führungskräfte sind durch ihre Aufgabenspanne (vgl. das Kapitel zu Führen als Jonglieren) und ihren Erfolgsdruck in besonderem Maße für das sogenannte Burn-out-Syndrom, d. h. einer profunden Ermüdung aufgrund einer andauernden Belastung, anfällig. Menschen, die große Herausforderungen meistern müssen und einen hektischen Arbeitsalltag haben, sollten sich deshalb die Theorie des Burn-outs genau anschauen.

Grundidee

Burn-out ist mittlerweile ein anerkanntes Krankheitsbild und ist für viele Führungskräfte ein potenzielles Berufsrisiko. Dieses Risiko lässt sich jedoch durch einige konkrete Schritte wesentlich reduzieren. Die wesentlichen Schritte sind Delegation von Aufgaben und unterstützende Beziehungen, ein gesunder Lebensstil, ein reflektierter Umgang mit den eigenen Zielen und regelmäßige Regenerationsphasen.

Man erkennt die Gefahr von einem potenziellen Burn-out, wenn man sich ähnlich wie Sisyphus aus der griechischen Mythologie quasi an einem steilen Berg wähnt, an dem einen der Stein, den man hinaufschieben muss, kurz vor dem Ende zu entgleiten droht. Man fühlt sich durch die ständige Belastung und den permanenten Druck ausgelaugt. Man hat das Gefühl, große Herausforderungen alleine bewältigen zu müssen, und hat zudem wenig Handlungsspielraum. Hinzu kommen können Rollen- und Zielkonflikte, ermüdende Reisetätigkeiten, hoher Zeitdruck und mangelnde Erfolgserlebnisse bzw. Gelegenheiten, das Erreichte auch ausgiebig zu genießen.

Vorgehen

Wie soll man vorgehen, wenn man das Gefühl hat, dass man Burn-out-gefährdet ist? Folgende Praktiken haben sich im Managementkontext als Verbesserungsschritte bewährt:

Setzen Sie klar Grenzen bezüglich der Erwartungen, die an Sie gestellt werden. Trauen Sie sich, auch einmal Nein zu sagen, wenn sie bereits ausreichend Verpflichtungen eingegangen sind. Delegieren Sie wenn möglich Aufgaben an andere und sagen Sie bei Hilfeangeboten auch bereitwillig zu. Überdenken Sie zudem Ihre Ziele bezüglich deren Prioritäten. Gibt es Ziele, die den Aufwand nicht lohnen, den Sie für sie betreiben? Gibt es Ziele, die Sie getrost streichen können? Des Weiteren gehen in Zeiten großer Belastung oft die gesunde Ernährung und die Bewegung verloren. Achten Sie darauf, dass Sie genügend Vitamine, Mineralien und Wasser zu sich nehmen, und versuchen Sie, mindestens jeden zweiten Tag eine halbe Stunde Sport zu betreiben. Zwingen Sie sich dazu, das Mobiltelefon und die E-Mail-Benachrichtigung an Sonntagen oder spät abends auszuschalten. Feiern Sie darüber hinaus erreichte Ziele mit Freunden und Kollegen bewusst und gönnen Sie sich nach derartigen Meilensteinen oder nach anstrengenden Phasen nicht nur eine materielle Belohnung, sondern auch eine körperliche und geistige Erholungsperiode. Bei einer langwierigen Aufgabe kann es dabei sinnvoll sein, diese in Zwischenziele einzuteilen und aus Erreichtem neue Motivation für das nächste Zwischenziel zu schöpfen. Ziele kann man dabei als eine Art Plattform begreifen, von der aus sich weitere, auch neue oder unvorhergesehene Möglichkeiten für sich selbst ergeben; auch das schafft Motivation und Ansporn.

»Count your blessings«, sagen die Amerikaner, was so viel bedeutet, wie sich des Guten und Schönen im eigenen Leben bewusst zu werden. Auch das ist ein Schritt zu mehr Gelassenheit und Weitblick, zwei Voraussetzungen, um dem Sisyphuseffekt zu entkommen.

Beispiel

Eine Managementberaterin ist nach vier interessanten, jedoch äußerst anspruchsvollen Kundenprojekten an die Grenzen ihrer Leistungsfähigkeit gelangt. Sie fühlt sich ausgelaugt und hat Mühe, sich für ihre aktuelle Aufgabe in einem neuen Projekt zu motivieren. Manchmal fühlt sie sich wie gelähmt und hat morgens Schwierigkeiten, aus dem Bett zu kommen. Obwohl sie spürt, dass sie eine Auszeit bräuchte, möchte sie ihre Karriere nicht aufs Spiel setzen. Generell macht ihr ihre Aufgabe auch Spaß, nur hat sie in letzter Zeit das Gefühl, ständig erschöpft zu sein. Sie bittet deshalb um ein Gespräch mit ihrem Vorgesetzten und legt ihm dar, dass fünf Kundenprojekte hintereinander ohne Pause für sie eine übermäßige Belastung darstellten und sie sich Burn-out-gefährdet fühle. Ihr Chef und Sie planen darauf einen **Maßnahmenplan**, um dieses Risiko zu senken: Sie erhält eine neue Aufgabe im laufenden Projekt, die weniger zeitkritisch ist und auch die Möglichkeit für lange Wochenenden und baldige Ferien zulässt. Zudem erhält sie die Zusage, nach Abschluss des Projektes eine Weiterbildung absolvieren zu können. Ein internes Mandat, das sie parallel zum Projekt übernommen hat, wird an einen Kollegen delegiert. Sie vereinbart mit einer Freundin, sich zweimal in der Woche zum Laufen zu treffen und achtet auf ausgeglichene Ernährung und regelmäßiges Trinken. Als letzter Punkt in ihrem Maßnahmenplan erhält sie von ihrem Chef die Zusage, E-Mails nicht an Wochenenden lesen und erledigen zu müssen sowie Telekonferenzen nur noch an Wochentagen und vor sieben Uhr abzuhalten.

Grenzen

Der griechische Mythos von Sisyphus, der in der Unterwelt dazu verdammt wurde, unermüdlich einen Stein den Berg hochzuschieben, nur um ihn dann – kurz vor dem Ziel – wieder herunterrollen zu sehen, ist ein sehr starkes Bild für den Arbeitsalltag eines Managers; dies umso mehr, als Sisyphus selbst in der Sage als der verschlagenste aller Menschen bezeichnet wird. Immerhin hat er den Tod überlisten und ausschalten können. Das Bild gibt wohl aber das beklemmende Gefühl vieler Manager wieder, die aus einer anstrengenden Aufgabe keinen Ausweg sehen, bis sie völlig erschöpft aufgeben müssen. Denn den wenigsten gelingt das, was Albert Camus einst existenzialistisch formuliert hat, nämlich sich den Sisyphus glücklich vorzustellen, da er sich seinem Schicksal voll hingibt und seine Aufgabe ohne Widerspruch immer wieder neu (er)lebt.

Sisyphusarbeit

Hintergrund

Der eigentlich aus der Technik stammende metaphorische Begriff des Burn-outs oder Ausbrennens kann bis ins 16. Jahrhundert zu William Shakespeare zurückverfolgt werden, der das Wort in dieser Form mehrfach verwendete. Den Kerngedanken des Konzeptes findet man jedoch bereits ausführlich in Senecas 50 nach Christus verfasstem Werk über die Kürze des Lebens. Doch erst im späten 20. Jahrhundert wurde die chronische Überlastung zu einem Thema mit breiter Aufmerksamkeit in der Öffentlichkeit. Vor Herbert Freudenberger (vgl. die Referenz unten), der oft als neuzeitlicher Erfinder der Burn-out-Theorie bezeichnet wird, wurde das Phänomen mehr im Sport und in der Kunst als in der normalen Arbeitswelt untersucht. Obwohl die oben beschriebenen Faktoren generell akzeptiert sind, ist die Burn-out-Literatur alles andere als einheitlich. Man unterscheidet beispielsweise individualpsychologische Erklärungen des Phänomens, von arbeitsorganisatorischen, soziologischen und sozialpsychologischen Ansätzen. Ein gängiges Instrument, um Burn-out zu messen, ist das Maslach Burnout Inventory, das drei Dimensionen des Burn-out-Syndroms erfasst: Emotionale Erschöpfung, Depersonalisation und reduzierte persönliche Leistungsfähigkeit.

Umsetzungsfragen

- Welche Faktoren, die zu Burn-out führen können, sind in Ihrer Arbeit gegeben?
- Gibt es Warnzeichen, dass Sie an übermäßiger Belastung leiden (körperliche Beschwerden, Depression, Lustlosigkeit)?
- Achten Sie auf einen Ausgleich zur beruflichen Belastung? Gibt es Freizeitaktivitäten, in denen Sie Ihre Batterien aufladen können?
- Können Sie Ihren Arbeitsrhythmus in die Richtung planen, dass auf große Belastungen immer wieder auch Ruhezeiten folgen?
- Nehmen Sie sich ab und zu bewusst Zeit, die erreichten Ziele zu genießen und Rückschau auf das Geleistete zu halten?

Weiterführende Literatur

Freudenberger, H. J. (1974): »Staff burnout«. *Journal of Social Issues*, Vol. 30, No. 1, S. 159–165.

Litzke, S. M.; Schuh, H. (2007): *Stress, Mobbing, Burn-out am Arbeitsplatz*. Berlin: Springer.

Maslach, C.; Jackson, S. E. (1981): »The Measurement of Experienced Burnout«. *Journal of Occupational Behavior*, 2, S. 99–113.

Maslach, C.; Jackson, S. E. (1986): *Maslach Burnout Inventory*. 2. Auflage, Palo Alto, CA: Consulting Psychologists Press.

Seneca (1977): *De brevitate vitae. Von der Kürze des Lebens*. Stuttgart: Reclam.

Die Erkenntnisleiter

Wie machen wir aus Fakten Handlungen?

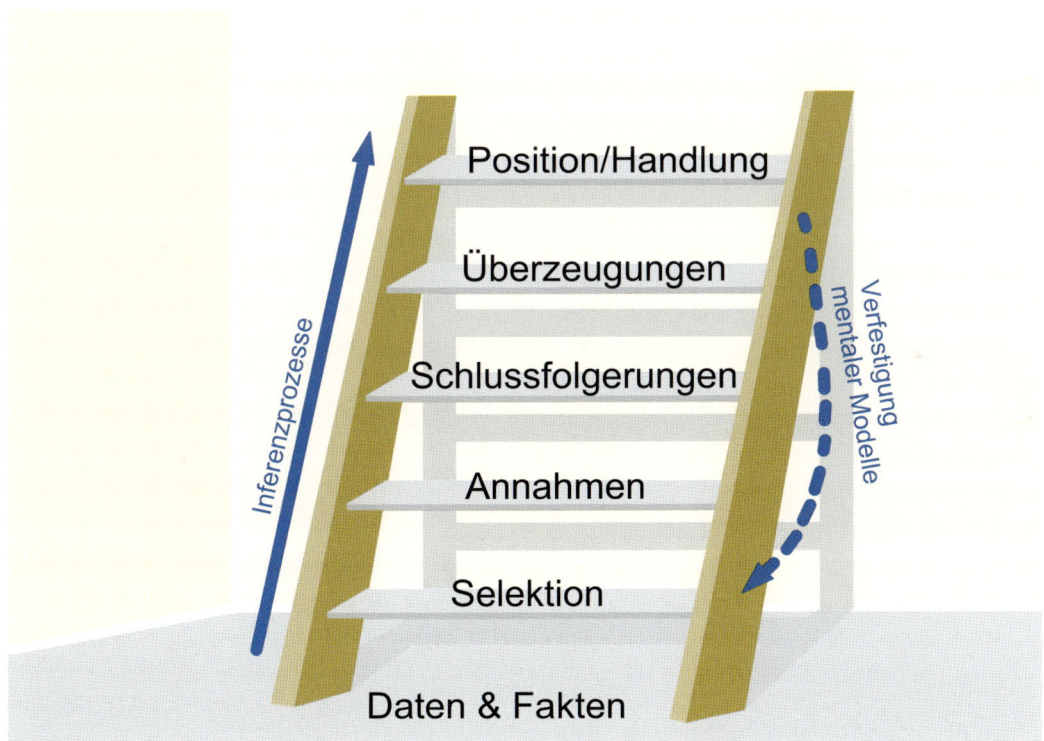

Die Wahrnehmung und Interpretation von Fakten ist ein aktiver, doch meist unbewusster Prozess.

 Die Erkenntnisleiter

Anwendungsbereich

Die Erkenntnisleiter ist ein Modell unseres individuellen Meinungsbildungsprozesses, das uns vor Augen führt, warum wir oft in Konflikte geraten und warum es uns meist schwerfällt, Einigungen zu erzielen. Sie legt die einzelnen Stufen offen, die wir blitzschnell erklimmen, wenn wir uns eine Meinung über eine gegebene Situation bilden. Dabei zeigt sie uns, wann und wie wir die Fakten mit unseren persönlichen Überzeugungen vermischen, und macht die Ursachen unserer Konflikte sichtbar.

Konsequent angewendet kann uns die Erkenntnisleiter für unsere Interpretationsprozesse sensibilisieren und zur Konsensfindung bei Meinungsverschiedenheiten beitragen. Sie ist sowohl für individuelle Reflexionen als auch für moderierte Gruppensituationen geeignet.

 ### Grundidee

In Gesprächssituationen empfinden wir das Zuhören oft als passive Leistung, bei der wir als »Empfänger« bestimmte Nachrichten schlicht »erhalten«. Dabei vergessen wir, dass wir reflexartig und in Windeseile eine Serie von Annahmen treffen, Schlussfolgerungen ziehen, das Gesagte interpretieren und uns eine Meinung bilden. Metaphorisch gesprochen klettern wir, ohne es zu merken, in einer Hundertstelsekunde eine komplexe Erkenntnisleiter hoch und turnen auf der obersten Sprosse ganz so, als befänden wir uns noch immer auf dem Boden der Fakten. Wir nehmen unsere dauernde Kletterübung nicht bewusst wahr und vermischen Fakten mit unseren persönlichen Interpretationen und Überzeugungen, was zu Missverständnissen und Konfrontationen führen kann. Da wir schon seit Jahren auf Erkenntnisleitern klettern, verfestigen sich unsere mentalen Modelle aufgrund wiederholender Rückkoppelungsschlaufen (d. h., unsere Positionen und Überzeugungen beeinflussen, welche Daten wir in Zukunft auswählen). Während es uns also immer leichter fällt, schnell eine Meinung zu bilden, wird es immer schwerer, unseren Meinungsbildungsprozess kritisch zu hinterfragen und sein Konfliktpotenzial zu erkennen. Um trotzdem eine kritische Reflexion unseres Inferenzprozesses zu erreichen, müssen wir uns der einzelnen Sprossen der Erkenntnisleiter bewusst werden. Dies kann z. B. durch Reflexionsfragen erreicht werden oder durch Übungen, in denen versucht wird, die Leiter rückwärts wieder hinabzusteigen. Durch solche Analysemethoden können Schlussfolgerungen, Überzeugungen und Werte sichtbar werden und es darf mit alternativen Leitern experimentiert werden.

Vorgehen

Die Erkenntnisleiter kann vielfältig verwendet werden, so in Lehrkontexten (z. B. in Seminaren), als Instrument zur kritischen Selbstreflexion eigener Meinungsbildungsprozesse, sowie während hitziger Gespräche oder Sitzungen zur Förderung des Dialogs und des Lernens in der Gruppe. Bei Letzteren kann die Erkenntnisleiter insbesondere helfen, Gesprächspartner aus einer Sackgasse zu führen, die starr auf ihren Positionen beharren. Der Moderator leitet hier durch ein entsprechendes Zeichen ein Time-out ein und skizziert auf einem Flipchart oder einer Wandtafel zwei Erkenntnisleitern. Zuoberst auf beiden Leitern zeichnet er als Symbol für den Konflikt zwei Menschen, die sich mit Schwertern bekämpfen. Er erklärt der Gruppe die Idee der Erkenntnisleiter, ihrer Teilprozesse und wie diese zu Konflikten führen können. Nun werden die einzelnen Sitzungsteilnehmer eingeladen, eine eigene Leiter auf einem Blatt Papier zu skizzieren und oben bei den Handlungen ihre Position festzuhalten. In einem zweiten Schritt sollen sie nun die Leiter hinuntersteigen und von oben nach unten ihre persönlichen Überzeugungen, Schlussfolgerungen, Annahmen und Bedeutungen, die sie den Fakten beigemessen haben, eintragen.

Für diese nicht ganz einfache Arbeit können folgende Hinweise hilfreich sein:

Position/Handlung: Notieren Sie die Gründe für die eigene Position oder Handlung und überlegen Sie, ob Alternativpositionen und Handlungen möglich wären.

Überzeugungen: Schreiben Sie dann stichwortartig Ihre Grundüberzeugungen hinter dieser Position auf.

Schlussfolgerungen: Überlegen Sie nun, wie Sie wiederum zu diesen Überzeugungen gelangt sind und ob diese die einzig möglichen sind.

Annahmen: Machen Sie sodann Ihre Annahmen hinter den Schlussfolgerungen explizit (bei Annahmen handelt es sich um Ihre relativ konkreten Vermutungen bezüglich der Datenlage).

Selektion von Daten: Überdenken Sie, welche der verfügbaren Daten Sie besonders beachtet und welche Sie vernachlässigt haben? Versuchen Sie, weitere Fakten zu berücksichtigen.

Wenn jeder seinen Inferenzprozess nachvollzogen hat, tauschen die Gesprächspartner ihre Erkenntnisleitern untereinander aus und besprechen die unterschiedlichen Sprossen im Inferenzprozess. Auf diese Weise kann die Gruppe gemeinsam entdecken, wie die verschiedenen Positionen zustande kamen und ob sich die einzelnen Gesprächspartner möglicherweise auf ähnliche Werte, aber unterschiedliche Annahmen stützten.

Beispiel

Der CEO einer weltweit tätigen Präzisionsinstrumentenfirma trifft sich wie jeden Monat mit dem Leiter der Marketingabteilung, Herrn Seufert. Nachdem sich die beiden Manager über allgemeine Befindlichkeiten und verschiedene Neuigkeiten unterhalten haben, verlagert sich das Gespräch nun auf aktuelle Marketingaktivitäten und besonders auf die Entwicklung von aufstrebenden Märkten. Die Situation in Osteuropa kommentiert der Marketingmanager folgendermaßen: »Wir brauchen ein stärkeres Vertriebsteam in Ost-

Die Erkenntnisleiter

europa. Ansonsten werden wir es nicht schaffen, dort wirklich Fuß zu fassen. Und Sie wissen ja, die Konkurrenz schläft nicht. Lange werden wir nicht mehr als Einzige in diesem Markt tätig sein.«

Der CEO schaut den Marketingmanager ruhig an, sieht, wie dieser nervös mit seinem Bein zuckt, und fragt dann nach einer kurzen Pause. »Wie meinen Sie das? Sollten wir nicht besser ein strafferes Marketingcontrolling einführen?« In weniger als zehn Sekunden ist der CEO eine komplexe Inferenzleiter hochgeklettert und hat verschiedene Annahmen und Folgerungen gemacht. Sein erster Gedanke in diesem Inferenzprozess war, dass Herr Seufert die Wachstumsziele für Osteuropa wohl nicht erreicht hat (Annahme). Dieser hatte vor drei Monaten dem Topmanagement eine Marketingstrategie mit Wachstumszielen vorgeschlagen. Der CEO dachte weiter: Anstatt Mängel in der Marketingstrategie zu identifizieren und diese möglicherweise zu ändern, will Herr Seufert das Problem einfach mit einem größeren Vertriebsteam bewältigen (Schlussfolgerung). Und weiter: Wie so viele in unserem Betrieb sucht auch Herr Seufert das Problem zuerst bei anderen und nur zuletzt bei sich selbst (Überzeugung). Und schließlich: Ich muss Controllingtools aufsetzen, welche kürzere Feedbackschleifen und eine genauere Analyse der Gründe von schlechter Performance erlauben (Handlung).

Es ist mehr als unwahrscheinlich, dass die Erkenntnisleiter des CEOs, dieser mentale Weg wachsender Abstraktion, zu einer korrekten Interpretation geführt hat. Man kann in einem ersten Schritt beobachten, dass der CEO sehr selektiv zugehört hat (Selektion). Er fokussiert sich auf das Zittern des Beines, nicht aber auf die Gefahren der Konkurrenz. Er sucht nicht in erster Linie nach einer Lösung für den osteuropäischen Markt, sondern interessiert sich für die Führung und Kontrolle des Marketingleiters und macht eine sehr personenorientierte Interpretation. Aufgrund dieser ersten Selektion sucht er nach Bedeutungen, macht Annahmen und Schlussfolgerungen und untermauert diese mit allgemeinen Überzeugungen. Das Schwierige an der Erkenntnisleiter ist, dass sie sehr schnell und unbewusst erklommen wird und es im Gespräch wenige Möglichkeiten gibt, die einzelnen Sprossen aufzudecken. Der Marketingdirektor ist lediglich einer scheinbar offenen Frage ausgesetzt: »Wie meinen Sie das?« Er kann aus dieser Frage vielleicht die Skepsis des CEOs ablesen, der Inferenzprozess bleibt ihm jedoch verborgen, was eine mögliche Korrektur der Interpretation des CEOs sehr unwahrscheinlich macht.

Grenzen

Die Leitermetapher suggeriert, dass Interpretationsprozesse umso riskanter werden, je weiter man sich von den Daten entfernt, respektive je höher man sich auf der Leiter befindet. Dies bedeutet nicht, dass man die Leiter nicht hochklettern sollte. In der Tat ist es unmöglich, Gespräche zu führen, ohne bestimmte Erkenntnisstufen zu »erklimmen«. Die Metapher weist jedoch darauf hin, dass man in der Höhe vorsichtig sein und sich vergewissern sollte, dass die einzelnen Sprossen stabil sind und Annahmen und Sinnzuweisungen überprüft werden müssen.

Problematisch an der Leitermetapher ist, dass sie Interpretationsprozesse rein individuell und aus einer kognitiven Perspektive erklärt. In der Modellvorstellung ist es nur eine

Einzelperson, die auf der Leiter hoch- und runterklettert. Eine solch individualistische Perspektive wurde von Sprach- und Kommunikationswissenschaftlern wie z.B. Michail Bachtin oder John Shotter kritisiert. Nach ihrer Vorstellung wird Erkenntnis und Sinn kollaborativ in Gesprächen entwickelt und ist nicht in erster Linie kognitiver Natur.

Hintergrund

Anfang der 90er-Jahre entwickelte Chris Argyris eine Methode, um das aktive Wirken von Interpretationsprozessen in Gesprächen aufzudecken und damit die Fähigkeit von Gruppen zu stärken, echte Dialoge zu führen (siehe den Beitrag zur »Dialogwaage« in diesem Buch) und anstelle defensiver Routinen gemeinsam Wissen zu entwickeln. Er nannte diese Methode metaphorisch »ladder of inference« oder Erkenntnisleiter. Sie war Teil einer großen Initiative des Massachusetts Institute of Technology (MIT), in welcher mittels Forschungs- und Beratungsaktivitäten der Frage nachgegangen wurde, wie Unternehmungen sich in »lernende Organisationen« verwandeln können. Managementgurus wie Peter Senge, Chris Argyris und William Isaacs waren sehr aktiv in diese Initiative involviert. Das Team identifizierte fünf »Lerndisziplinen«, in die eine Organisation investieren muss, damit sie sich weiterentwickeln kann. Die Erkenntnisleiter hilft insbesondere in zwei dieser Disziplinen, nämlich »mentale Modelle« und »Teamlernen«. In Bezug auf mentale Modelle ermöglicht die Erkenntnisleiter die Reflexion über unsere inneren Bilder der Welt und wie diese unsere Handlungen und Entscheide beeinflussen. Beim Teamlernen geht es darum, die Fähigkeiten des gemeinsamen Denkens im Gespräch zu verbessern. Die Erkenntnisleiter kann dabei helfen, defensive Haltungen in Gesprächen abzubauen und Interaktionen kollaborativer zu gestalten.

Umsetzungsfragen

Fragen zur Selbstreflexion:
- Ist meine Folgerung »richtig«? Könnte man auch andere Schlüsse ziehen?
- Welche beobachtbaren Fakten stehen hinter meiner Aussage?
- Woher stammen meine Annahmen?

Fragen an Gesprächspartner:
- Als Sie X sagten, meinten Sie dann Y (Ihre Interpretation von X)?
- Können Sie mir zeigen, welche Überlegungen hinter dieser Schlussfolgerung stehen?
- Können Sie mir nochmals helfen, einen Schritt zurückzugehen: Wie kamen wir aufgrund der zur Verfügung stehenden Daten zu unseren Schlussfolgerungen?

 Die Erkenntnisleiter

Weiterführende Literatur

Argyris, C. (1997): *Wissen in Aktion. Eine Fallstudie zur lernenden Organisation*. Stuttgart: Klett-Cotta.

Senge, P. et al. (Hrsg.) (1996): *Die fünfte Disziplin. Kunst und Praxis der lernenden Organisation*. Stuttgart: Klett-Cotta.

Das Planungsdiabolo

Wie setzt man Pläne um?

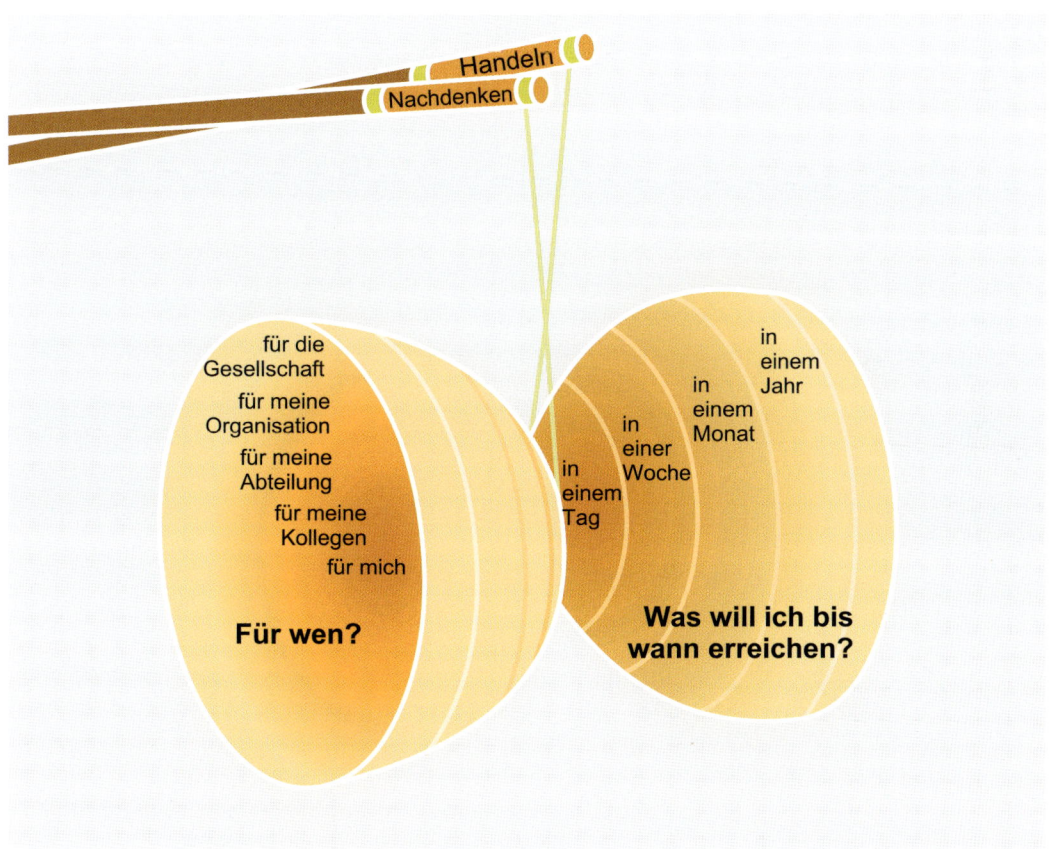

Dynamik allein sichert keinen Fortschritt, es braucht die Balance von Denken und Handeln.

Das Planungsdiabolo

Anwendungsbereich

Sich Ziele zu setzen ist eine grundlegende und äußerst wichtige kognitive Aufgabe – nicht nur für Führungskräfte, sondern für jeden Menschen, besonders wenn er in eine Organisation eingebunden ist. Denn in Organisationen werden die persönlichen Ziele oft durch Gruppen-, Abteilungs- oder Organisationsziele überlagert, sodass individuelle Bedürfnisse zeitweise in den Hintergrund rücken. Zudem herrscht in Unternehmen ein permanenter Druck, Ziele rasch zu erreichen. Dieser Druck macht es schwierig, mittel- und langfristige Ziele nicht aus den Augen zu verlieren. Das Planungsdiabolo ist auf diese Problematik ausgerichtet und ist deshalb vor allem für Führungskräfte geeignet, die unter großem permanentem Druck stehen und einer Vielzahl von Ansprüchen genügen müssen. Es lädt zu einem systematischen und doch spielerischen Umgang mit den eigenen Zielen ein.

Grundidee

Wie Dwight Eisenhower richtig festgestellt hat, gibt es in unserer täglichen Arbeit eine Tendenz dazu, langfristige Ziele aufgrund von kurzfristigen Dringlichkeiten zu vernachlässigen. Deshalb ist es wichtig, eigene Ziele in unterschiedlichen Zeithorizonten festzuhalten und entsprechend zu überprüfen. Anstatt sich nur Monatsziele zu setzen, sollte man diese in Wochen- und Tagesziele gliedern, um so eine regelmäßige und rasche Erfolgs- bzw. Fortschrittskontrolle zu erhalten. Als anderer Teil der Balance ist es wichtig, sich die jeweiligen Bezugspunkte der eigenen Ziele vor Augen zu halten (auch während man beschäftigt ist bzw. das Diabolo in Schwung hält). So sollte man beispielsweise nicht nur Ziele für die eigenen Kollegen verfolgen und dabei persönliche oder übergeordnete Ziele vernachlässigen. Persönliche Ziele sollten neben Zielen für das Team, die Familie, die Abteilung, die Organisation und, sofern möglich, die Gesellschaft gestellt werden.

Es gilt also den Fokus auf Aktivitäten mit einem Fokus auf Personen oder Gruppen auszubalancieren und dabei sowohl das Handeln wie auch Nachdenken nicht zu vernachlässigen.

Vorgehen

Bei der Planung und Umsetzung der eigenen Ziele und Vorhaben ist eine Strukturierung vom langfristigen (mehr als einem Jahr) zum kurzfristigen (Tages-)Ziel empfehlenswert, um sicherzustellen, dass man nicht nur die Dinge richtig tut, sondern auch die richtigen Dinge tut. Deshalb sollte man bewusst mit den großen, langfristigen (Jahres-)Zielen beginnen und diese in mittel- und kurzfristige Ziele herunterbrechen. Das eigentliche Abarbeiten sollte immer wieder durch ein Überdenken der Ziele unterbrochen werden. Gegebenenfalls müssen Ziele angepasst oder gar fallen gelassen werden.

Versuchen Sie bei der Formulierung von Jahreszielen bewusst und systematisch, Synergien (positive Abhängigkeiten) zwischen Ihren Zielen zu finden. Das kann bedeuten, dass

Sie ein Ziel so angehen, dass es Ihnen für ein anderes Ziel hilft, oder etwas zusätzlich tun, das Ihnen gleichzeitig bei zwei Zielen hilft. Eine Methode, dies systematisch zu tun, ist die sogenannte Synergy Map (aus Reinmann/Eppler 2008). Sie unterstützt Sie durch die Platzierung Ihrer Ziele auf einem gezeichneten Zeitkreis (mit vier Quartalsabschnitten auf der Kreislinie) und der grafischen Verknüpfung von Zielen durch Pfeile. Setzen Sie sich auf dieser Basis jeweils Monatsziele, beispielsweise am Ende des Vormonats, und überprüfen Sie das Erreichen dieser Ziele nach 30 Tagen. Reservieren Sie zehn Minuten am Sonntagabend, um die vor Ihnen liegende Woche zu planen und Wochenziele zu formulieren. Überprüfen Sie am Freitagnachmittag, ob Sie diese Ziele erfüllt haben und falls nicht, weshalb. Setzen Sie sich davon abgeleitet auch Tagesziele und überprüfen Sie im Laufe des Tages, ob Sie sich diesen nähern. Gerade durch das Internet und E-Mail lassen wir uns nämlich oft von unseren Zielen ablenken und sind erstaunt, wie wenig wir am Ende des Tages vom Geplanten erreicht haben.

Achten Sie dabei immer auf Ihren (nach Ben Schneiderman) Einflussradius: Was erreichen Sie für sich selbst, was für Ihre Kollegen, was für Ihre Abteilung oder Gesamtorganisation? Was leisten Sie, das der Gesellschaft zugutekommt? Und vor allem: Sind Ihre Ziele ausbalanciert in Bezug auf deren Fristigkeiten und Bezugspunkte?

Beispiel

Anstatt eines konventionellen Beispiels für die Anwendung der relativ einfachen Prinzipien der langfristigen Priorisierung in einer kurzfristigen Zeit, der Balance von Aufgaben und Menschen wie auch von Handeln und Nachdenken, geben wir an dieser Stelle lieber die folgende Geschichte wieder. Sie kursiert seit einiger Zeit im Internet und ist eine schöne (alternative) Metapher für den Kerngedanken des Planungsdiabolos. Wir zitieren den folgenden Abschnitt leicht angepasst aus der Website http://forum-marinearchiv.de/smf/index.php?topic=9305. Die Geschichte stammt jedoch ursprünglich aus den USA und heißt »The Mayonnaise Jar and 2 Bottles of Beer«.

Ein Professor stand vor seiner Philosophieklasse und hatte einige Gegenstände vor sich. Als die Vorlesung begann, nahm er wortlos ein sehr großes Mayonnaiseglas hervor und begann dieses mit Golfbällen zu füllen. Er fragte die Studenten, ob das Glas nun voll sei.

Die Studenten bejahten dies. Dann nahm der Professor einen Sack mit Kieselsteinen und schüttete den Inhalt in das Glas. Er bewegte das Glas vorsichtig und die Kieselsteine rollten in die Leerräume zwischen den Golfbällen. Dann fragte er die Studenten erneut, ob das Glas nun voll sei. Sie stimmten zu. Der Professor nahm als Nächstes eine Dose mit Sand und schüttete diesen in das Glas. Natürlich füllte der Sand den kleinsten verbliebenen Freiraum. Er fragte wiederum, ob das Glas nun voll sei. Die Studenten antworteten einstimmig »Ja«.

Der Professor holte nun zwei Flaschen Bier unter dem Tisch hervor und schüttete beide in das Glas und füllte somit den letzten Raum zwischen den Sandkörnern aus. Die Studenten lachten. »Nun«, sagte der Professor, als das Lachen langsam nachließ, »ich möchte, dass Sie diesen Topf als eine Metapher Ihres Lebens ansehen: Die Golfbälle sind die wichtigen Dinge in Ihrem Leben: Ihre Familie, Ihre Kinder, Ihre Gesundheit, Ihre Freunde, die bevorzugten, ja leidenschaftlichen Aspekte Ihres Lebens, die, falls in Ihrem Leben alles

Das Planungsdiabolo

verloren ginge und nur noch diese verbleiben würden, Ihr Leben trotzdem noch erfüllt machen. Die Kieselsteine symbolisieren die anderen Dinge im Leben, wie Ihre Arbeit und Ihren Beruf, Ihr Haus, Ihr Auto und Ihre Hobbys. Der Sand ist alles andere, die Kleinigkeiten.

»Falls Sie den Sand zuerst in das Glas geben«, fuhr der Professor fort, »gibt es weder Platz für die Kieselsteine noch für die Golfbälle. Dasselbe gilt für Ihr Leben: Wenn Sie all Ihre Zeit und Energie in Kleinigkeiten investieren, werden Sie nie Platz haben für die wichtigen Dinge. Achten Sie auf die Dinge, welche Ihr Glück gefährden. Achten Sie zuerst auf die Golfbälle und die Dinge, die wirklich wichtig sind. Setzen Sie Ihre Prioritäten. Der Rest ist nur Sand.« Die Studenten dachten über das Gesagte nach und schwiegen zunächst. Einer der Studenten erhob die Hand und wollte wissen, was denn das Bier darstellen sollte. Der Professor schmunzelte: »Ich bin froh, dass Sie das fragen. Es ist dafür da, Ihnen zu zeigen, dass, egal wie schwierig oder voll Ihr Leben auch sein mag, immer noch Platz und Zeit für ein paar Bierchen mit Freunden ist!«

Grenzen

Die Metapher des Diabolos drückt zwar eine stetige Dynamik aus, die durch Sie als Führungskraft mit beiden Händen kontrolliert wird. Das Gerät ist jedoch mit seinem Drehen am Ort auch eine negative Metapher für Planungs- und Umsetzungsthemen. Aus dieser Perspektive weist die Diabolometapher auf eine große Gefahr hin, nämlich trotz großer Dynamik bzw. Aktivismus nicht wirklich vorwärtszukommen. Die Kernassoziation des Diabolos jedoch, die der Balance, Dynamik und Sorgfalt bzw. Justierung treffen sehr gut die Anforderungen an die stetige Planung und Anpassung der eigenen Ziele und Aktivitäten.

Auch die Metapher des gefüllten Glases aus der Beispielgeschichte hat ihre Grenzen. Sie zeigt z. B. nicht, dass die kleinen Dinge noch andere Auswirkungen auf die großen haben können, als nur deren Zeit zu rauben. So können sie beispielsweise wertvolle Kontakte ermöglichen, Motivation schaffen oder neue Impulse geben.

Hintergrund

Dass das Ziele-Setzen und Planen nicht einfach eine automatische, unreflektierte, quasi logistische Aufgabe sein sollte, wird in vielen Büchern für Führungskräfte thematisiert. Seit dem Wiederaufkommen des Modethemas Burn-out wird dieses Thema nun sogar in Managementbüchern mit einem Hauch Philosophie und Lebensklugheit behandelt. Dabei betonen einige Autoren, dass auch in Zeiten der Quartalsresultate langfristige Ziele, die im Einklang mit den eigenen Werten stehen, den einzig richtigen, nachhaltigen Orientierungspunkt darstellen. Parallel dazu wird in einigen Bestsellern (z. B. in den Büchern von Ben Schneiderman oder Randy Pausch) betont, dass diese langfristigen Ziele nicht nur auf die Organisation selbst bezogen sein sollten, sondern das ganze soziale Spektrum einer Führungskraft berücksichtigen sollten, angefangen mit ihren persönlichen Wünschen, der eigenen Familie und Freunden über das Unternehmen bis hin zur Gesellschaft und zu zukünftigen Generationen. Dies ist natürlich ein ungemein ambitiöses Unterfangen. Doch es ist zumindest ein spannendes Gedankenexperiment, seine eigenen Ziele in dieser Art und Weise neu zu denken und so einen ganz anderen Zugang zur eigenen Arbeit zu erlangen.

 Umsetzungsfragen
- Habe ich mir Ziele in verschiedenen Zeithorizonten gesetzt (Tagesziele, Wochenziele, Monatsziele, Jahresziele)?
- Habe ich an Ziele für unterschiedliche Bezugsbereiche gedacht? Welches sind meine Ziele in Bezug auf mich, auf meine Kollegen oder Familienmitglieder, meine Abteilung, meine Organisation und meinen Beitrag zur Gesellschaft?
- Breche ich langfristige Jahresziele in Monats-, Wochen- und Tagesziele herunter, um sicherzustellen, dass ich mich ihnen schrittweise nähere?
- Habe ich Zeit fürs Nachdenken reserviert, um meine Handlungen und deren Sinn zu reflektieren? Überprüfe ich meine Ziele und deren Erreichungsgrad periodisch?
- Wie kann ich einen blinden Aktivismus vermeiden, der zwar Dynamik auslöst, mich aber nicht wirklich weiterbringt?
- Welche meiner Ziele sollte ich nicht weiterverfolgen, weil Sie mir persönlich zu wenig bringen?

Weiterführende Literatur

Carlson, R. (1996): *Don't Sweat the Small Stuff ... and it's all small stuff*. New York: Hyperion.

Pausch, R.; Zaslow, J. (2008): *The Last Lecture*. New York: Hyperion.

Reinmann, G.; Eppler, M. J. (2008): *Wissenswege: Methoden für das persönliche Wissensmanagement*. Bern: Huber.

Schneiderman, B. (2003): *Leonardo's Laptop*. Boston: MIT Press.

METHODEN FÜR DEN EINZELNEN

Der Paretohebel

Wie wird man effizient?

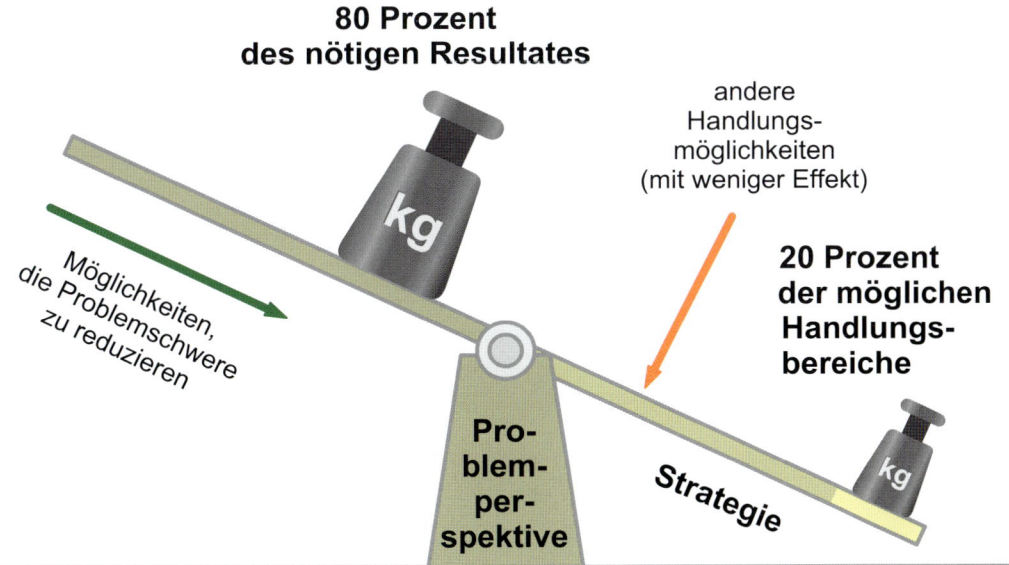

Hebelwirkung erreicht man beim Problemlösen durch die Perspektive und den richtigen Ansatz.

Der Paretohebel

Anwendungsbereich

Das sogenannte Pareto- oder 80/20-Prinzip kann auf jedes Problem angewandt werden, bei dem eine Lösung durch Fokussierung auf die Problemtreiber, d. h. die 20 Prozent aller möglichen Ursachen bzw. Lösungsaktivitäten, Erfolg versprechend ist und so 80 Prozent des Zieles ermöglicht. Besonders in den folgenden Gebieten kommt das Prinzip oft zur Anwendung: Qualitätsmanagement, Rentabilitätsfragen, Marketinganalysen und Krisenmanagement.

Grundidee

Wird bei der Lösung eines Problems auf die wenigen wesentlichen Problemtreiber geachtet, so kann dieses schneller und wirksamer gelöst werden. Statt gleich eine 100-Prozent-Lösung anzustreben, sollte man sich auf die 20 Prozent der beeinflussbaren Faktoren konzentrieren, welche 80 Prozent des Problems zu lösen vermögen.

Vorgehen

Der erste Schritt zur Anwendung des Pareto-Prinzips besteht aus einer Analyse bzw. Messung. In welcher Häufigkeit treten Fehler/Probleme auf? Wie sieht die Rangfolge dieser Fehler aus und welcher Fehler ist für die größten Konsequenzen verantwortlich? Der zweite Schritt besteht darin, Maßnahmen abzuleiten, welche vor allem auf die einflussreichsten Problemursachen abzielen. Der dritte und letzte Schritt besteht darin, die effektivsten Maßnahmen umzusetzen und kontinuierlich zu überprüfen, ob sie in der Tat den größten Mehrwert leisten.

Beispiele

Nehmen wir als erstes Beispiel den Fall der Kundenreklamationen. Sie haben festgestellt, dass sich viele Ihrer Kunden über Ihr Produkt beschweren. Finden Sie nun zunächst heraus, welches die häufigsten Reklamationsgründe sind. Achten Sie auf die 20 Prozent aller möglichen Mängelpunkte, die 80 Prozent der eingegangenen Kundenreklamationen erklären bzw. verursachen. Gehen Sie in der Folge diese Mängelpunkte zügig und konsequent an. So kann in vielen Fällen ein Großteil der Kundenreklamationen eliminiert werden. Als ein zweites, gänzlich unterschiedliches Beispiel nehmen wir eine Change-Management-Initiative, die scheinbar nicht vorangeht. Anstatt die gesamte Initiative neu zu gestalten oder breitflächig an die Belegschaft zu kommunizieren, kann es sinnvoller sein, diejenigen (20 Prozent) Mitarbeiter zu identifizieren, welche am meisten Widerstand gegen die Initiative leisten oder signalisieren (und andere dadurch negativ beeinflussen). Eine gezielte Auseinandersetzung mit den Ängsten und Wünschen dieser wenigen kann viel mehr bewirken als ein Rundumschlag.

Grenzen

Die Hebelmetapher suggeriert vielleicht, dass es bei allen Problemen möglich ist, auf eine Hebelwirkung der wesentlichen Faktoren zu zählen. Diese Ungleichverteilung der Problemtreiber muss jedoch nicht unbedingt gegeben sein. Nicht immer gibt es das günstige 80-zu-20-Verhältnis, mittels dessen man Aufwand sparen kann und mit weniger mehr erreicht. Gewisse Probleme erfordern auch schlicht eine 100-Prozent-Lösung und lassen sich nicht mit dem Schnellansatz nach Pareto erledigen, denken Sie etwa an die Wartung eines Flugzeuges oder die Vorbereitung einer kritischen Operation.

Hintergrund

Der italienische Soziologe und Ökonom Vilfredo Pareto entdeckte 1897 bei der Analyse der Einkommensverteilung in Italien ein interessantes Muster: 80 Prozent des gesamten Volksvermögens waren in den Händen von nur 20 Prozent der Bevölkerung. Dieses Muster von 80 zu 20 konnte später in vielen anderen Bereichen identifiziert werden: 80 Prozent des Umsatzes werden mit nur 20 Prozent der Kunden erreicht. 80 Prozent des Gewinnes stammen von 20 Prozent der Produkte. 80 Prozent aller Fehler entstehen durch nur 20 Prozent aller möglichen Fehlerquellen. Generell formuliert: 80 Prozent des Resultates können erreicht werden durch Fokussierung auf 20 Prozent der denkbaren Maßnahmen.

Umsetzungsfragen

- Welches sind die Treiber des Problems?
- Mit welchen Maßnahmen erreiche ich proportional am meisten?
- Wie kann ich die Hebelwirkung meiner Handlungen vergrößern?
- Gibt es ein Problem, bei dem ich auf die falschen 20 Prozent fokussiert habe?
- Wie lässt sich die Problemschwere reduzieren?
- Was wäre eine neue Problemperspektive, die das Problem leichter lösbar macht?

Weiterführende Literatur

Koch, E. (1999): *The 80/20 Principle*. London: Brealey.

Koch, E.; Mader, F. (2008): *Das 80/20 Prinzip: Mehr Erfolg mit weniger Aufwand*. Frankfurt am Main: Campus.

METHODEN FÜR DEN EINZELNEN

Die Verhandlungsbrücke

Wie kommt man zu einvernehmlichen Vereinbarungen?

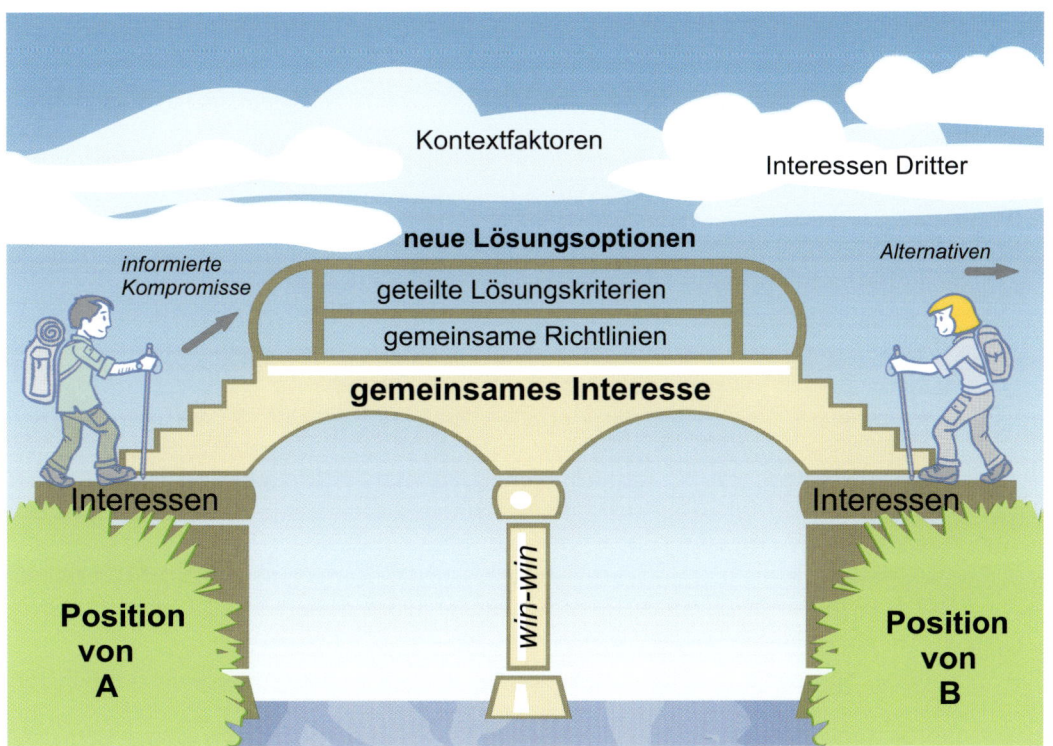

Verhandlungen gelingen durch Fokussierung auf gemeinsame Interessen anstatt auf unvereinbare Positionen.

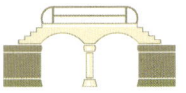 Die Verhandlungsbrücke

Anwendungsbereich

Die Verhandlungsbrücke beruht auf dem Harvard-Verhandlungskonzept und kann für jede Art von offener Verhandlungsführung eingesetzt werden, z. B. bei Preisverhandlungen, Lohnbesprechungen, Kooperationsvereinbarungen, Konfliktlösungsverfahren oder bei Vertragsverhandlungen. Sie kann immer dann zum Einsatz kommen, wenn eine Einigung zwischen zwei oder mehr Parteien auf *faire* Art und Weise zustande kommen soll, sodass jede der beteiligten Parteien von der Verhandlungslösung profitieren kann.

Grundidee

Wird eine Verhandlung als sogenannte Win-win-Situation gesehen, bei der nicht unbedingt eine Partei verlieren muss, damit die andere gewinnt, ergeben sich oft neue Möglichkeiten für Verhandlungslösungen. Dazu muss aber systematisch vorgegangen werden, wichtige Fragen müssen früh und klar geklärt und Verhandlungsfallen bzw. Denk- und Kommunikationsfehler vermieden werden. Das Fundament einer guten Verhandlungslösung sind klare, (transparente) geteilte Interessen sowie kreative Ideen, um gegenseitige Kompromisse zu ermöglichen. Statt auf den eigenen (unter Umständen unvereinbaren) Positionen zu beharren, sucht man das Verbindende und geht, basierend darauf, systematisch kleine Schritte aufeinander zu.

Vorgehen

Die Harvard-Verhandlungsmethode beginnt bereits vor der eigentlichen Verhandlung, indem man den Kontext der Verhandlung sowie die Interessen weiterer Beteiligter klärt und sich seine beste Alternative zu einer Verhandlungslösung überlegt. Man fragt sich also: Was hat alles einen Einfluss auf die Verhandlungspartner? Wessen Interessen sind im Spiel? Und was würde mir bleiben, falls wir uns nicht einigen? Wohin gehe ich, mit anderen Worten, falls wir uns nicht auf der Mitte der Brücke wiederfinden? Und wann wäre der Punkt für einen Verhandlungsabbruch gekommen? Zudem überlegt man sich auch, was die sogenannte BATNA *(best alternative to a negotiated agreement)* oder *Alternative* des Verhandlungspartners ist bzw. was dieser im schlimmsten Fall zu verlieren hat. Man informiert sich also vor der Verhandlung so gut wie möglich über Situation, Absichten und Interessen aller Verhandlungspartner.

In der Verhandlung selbst gilt es zunächst die Verhandlungsform und ihre Rahmenbedingungen (Vorgeschichte, verfügbare Zeit, Verhandlungsregeln, gemeinsames Interesse bzw. Verhandlungsziele) festzulegen. Danach werden gemeinsam *Kriterien* definiert, die eine akzeptierbare Verhandlungslösung erfüllen sollte. Auf dieser Basis entwickelt man möglichst viele neue Lösungsmöglichkeiten, die danach anhand der vereinbarten Kriterien bewertet werden. Im Gespräch versuchen die Verhandlungspartner dabei, die als am besten bewerteten Optionen miteinander zu kombinieren und am Schluss als Entscheid, inklusive Rechte und Pflichten der beiden Parteien, klar zu dokumentieren. Damit es überhaupt dazu kommen kann, ist es überaus wichtig, dass in der Frühphase der Verhandlung möglichst viele Informationen über die jeweiligen Interessen (jenseits der vertretenen Positionen) ausgetauscht werden. Nur so kommen informierte Kompromisse zustande, die gerade zu Beginn einer Verhandlung vertrauensbildend wirken.

Beispiel

Nehmen wir das folgende einfache Beispiel einer Verhandlungssituation: Sie möchten eine Gehaltserhöhung von Ihrem Chef aufgrund Ihrer außerordentlichen Leistungen in den letzten Monaten sowie neu übernommener, wichtiger Verantwortungen. Ihr Hauptinteresse ist eine angemessene Anerkennung des Geleisteten. Wie sie jedoch vor dem Treffen mit Ihrem Chef in Erfahrung bringen konnten, sind ihm zurzeit finanziell die Hände gebunden. Er hat momentan nicht die Budgetressourcen, um Ihnen eine substanzielle Gehaltserhöhung zu ermöglichen. Ihre beste Alternative zu einer Verhandlungslösung wäre somit der Status quo ohne Zusatzlohn, was wohl auch für Ihren Chef das angenehmste Resultat wäre. Sollte ihr Chef jedoch keinerlei Anstalten für irgendeine Anerkennung Ihrer Leistungen machen, würden Sie sich sogar einen Stellenwechsel überlegen. Sie wollen dies im Gespräch jedoch nicht als Drohung explizit erwähnen. Zu Beginn des Treffens klären Sie die für das Gespräch zur Verfügung stehende Zeit und die Zielsetzung. Sie einigen sich mit Ihrem Chef auf ein zweistufiges Vorgehen: eine Diskussion über das Geleistete und daran anschließend ein Dialog über eine mögliche Anerkennung dieses Engagements. Nach einer gemeinsamen »Auslegeordnung« arbeiten Sie mit dem Vorgesetzten an Kriterien für eine gemeinsame Lösung: Diese darf das bestehende Budget Ihres Chefs nicht gefährden, muss aber Ihre Sonderleistungen angemessen berücksichtigen. Nach einer kurzen Diskussion finden sie eine Win-win-Lösung, die diese Kriterien erfüllt: eine sofortige Beförderung inklusive Bonus mit einer späteren Gehaltserhöhung. Auf diese Weise entsteht eine Brücke zwischen zwei vermeintlich unvereinbaren Positionen (keine Budgetveränderungen versus eine sofortige finanzielle Anerkennung von Sonderleistungen), und zwar dadurch, dass man den typischen Fokus von Verhandlungen verändert – anstatt die *eigene Position* zu verteidigen, achtet man auf das *gemeinsame Interesse* (in diesem Fall faire Anstellungsbedingungen). Durch diese Fokussierung auf das, was die Verhandlungspartner verbindet, lassen sich oft auch große Differenzen überbrücken.

Grenzen

Nicht jede Verhandlungssituation lässt sich dermaßen transparent strukturieren, wie dies die Metapher der Verhandlungsbrücke suggeriert. Oft sind in der Realität Verhandlungspartner nicht bereit, ihre Interessen offenzulegen oder sich auch nur auf gemeinsame Verhandlungsregeln oder Lösungskriterien zu einigen. Auch beruht nicht jede Verhandlungssituation auf gemeinsamen Interessen. Es kann durchaus auch Situationen geben, in denen jeder ausgehandelte Vorteil direkt zu einem Nachteil für den anderen gerät. Denken Sie z. B. an extreme Kontexte wie etwa eine Geiselnahme.

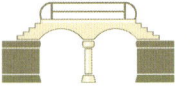 Die Verhandlungsbrücke

Hintergrund

Das Harvard-Konzept der Verhandlungsführung ist das zurzeit wohl am weitesten verbreitete Konzept zur Verhandlungsführung. Seine Anwendung reicht von Geschäftskontexten bis zu politischen Verfahren. Es unterscheidet sich durch zwei Merkmale von anderen Verhandlungsmethoden: Erstens wurde es anhand wissenschaftlicher Kriterien ausgearbeitet und evaluiert. Zweitens richtet es sich konsequent an ethischen Grundsätzen aus und vermeidet es, manipulative Techniken für den Verhandlungserfolg vorzuschlagen.

 Umsetzungsfragen
- Was wäre für mich ein gerade noch akzeptables Verhandlungsergebnis?
- An welchem Punkt würde das Gegenüber wohl die Verhandlungen abbrechen?
- Was wäre eigentlich die Alternative zu einem Verhandlungserfolg?
- Welche gemeinsamen Interessen verbinden die Verhandlungspartner? Sind diese allen Beteiligten klar?
- Welche verbindlichen Verhandlungsregeln sollten die Verhandlungspartner von Beginn weg vereinbaren?
- Wo kann ich Zugeständnisse an den anderen machen, die mir gar nicht so schwerfallen?
- Welchen ersten Schritt kann ich auf den anderen zugehen?

Weiterführende Literatur

Fisher, R.; Ury, W. (1981): *Getting To Yes*. Boston: Houghton Mifflin.

Fisher, R.; Ury, W.; Patton. B. M. (2003): *Das Harvard-Konzept. Das Standardwerk der Verhandlungstechnik*. Frankfurt am Main: Campus Verlag.

Lewicki, R. J.; Saunders, D. M.; Minton, J. W. (1997): *Essentials of Negotiation*. Boston: Irwin/McGraw-Hill.

Der Fragetrichter

Wie führt man ein Interview?

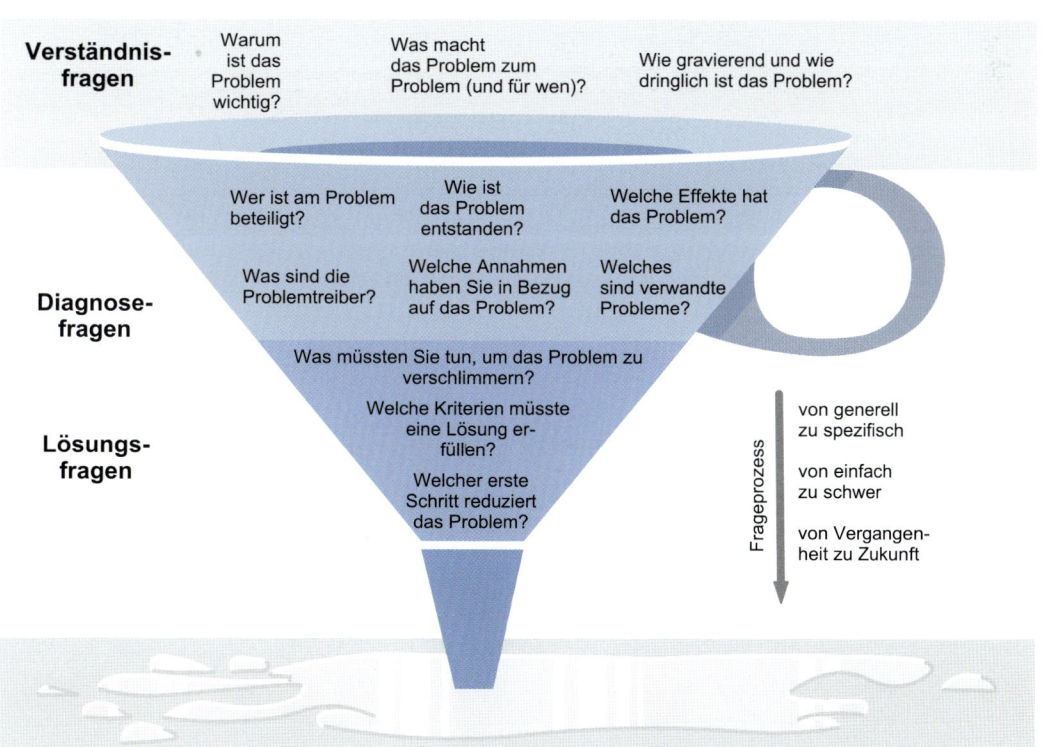

Eine gute Befragung geht stufenweise vom Verständis des Vergangenen zur Gestaltung des Zukünftigen.

Der Fragetrichter

Anwendungsbereich

Der verstorbene Doyen der Managementlehre, Peter Drucker, soll von sich behauptet haben, dass seine größte Stärke als Berater seine Ignoranz und seine Fragen seien. Gute Fragen richtig zu stellen ist denn auch eine Kernkompetenz von wirkungsvollen Beratern, Managern, Personalverantwortlichen oder Marktforschern. Doch die richtige Frage zur richtigen Zeit in der richtigen Form an die richtige Person zu stellen (und deren Antwort richtig einzuschätzen) ist eine permanente Herausforderung in der Management- und Beratungsarbeit. Typische Fragesituationen im Managementkontext sind beispielsweise Bewerbungsgespräche, Kundenbefragungen, Experteninterviews oder Interviews im Rahmen von Projektübergaben.

Grundidee

Die aufgeführten Fragen können dabei helfen, den Kontext eines Problems, einer Aufgabe oder eines Themas besser zu verstehen, die Probleme gemeinsam mit anderen (z. B. Kunden) zu analysieren, sowie gemeinsam mögliche Lösungen zu entwickeln. Dabei gibt der Trichter ein generelles Vorgehensmodell für Befragungen vor: vom Generellen, Einfachen, Vergangenen zum Spezifischen, Schwierigen, Zukünftigen.

Vorgehen

Die Auswahl illustriert verschiedene mögliche Frageformen, welche man (z. B. in der Unternehmensberatung) nutzen kann, um Wissen über ein Mandat oder Problem zu entwickeln, so etwa Kontextfragen, Bedeutungsfragen, Informationsfragen, schürfende Fragen (z. B. nach Annahmen), Meinungsfragen, hypothetische Fragen oder paradoxe Fragen (z. B.: Wie kann das Problem verschlimmert werden?).

Alle Fragen sind dabei bewusst offen, nicht suggestiv und oft persönlich formuliert. Vom Prozess her ist es sinnvoll, zuerst generelle Verständnisfragen zum Problemkontext zu stellen, dann spezifische Diagnostikfragen zu stellen, um ein gemeinsames Verständnis zu entwickeln, und zum Schluss den Blick in Richtung Zukunft oder Lösungen zu richten und dies in den Fragen entsprechend zum Ausdruck zu bringen.

Während des Frageprozesses sollte man insbesondere auf folgende Merkpunkte achten:

- Schaffen Sie eine angenehme Gesprächsatmosphäre. Vermeiden Sie es, dem Gespräch einen Verhörcharakter zu geben. Achten Sie auf ein angenehmes Gesprächsumfeld (Ruhe, angenehme Beleuchtung, Getränke etc.).
- Klären Sie zu Beginn des Gesprächs das Ziel der Befragung sowie den dafür vorgesehenen Zeitrahmen.
- Fallen Sie den befragten Personen nicht ins Wort. Beenden Sie deren Sätze nie selbst (auch nicht mental). Bauen Sie im Gegenteil bewusst Pausen am Ende einer Antwort ein (sodass eine peinliche Stille entsteht). So motivieren Sie den Befragten, noch weiter in die Tiefe zu gehen und mehr von sich zu offenbaren als ursprünglich geplant.

- Vermeiden Sie es, Suggestivfragen zu stellen, die eine mögliche Antwort bereits vorwegnehmen.
- Achten Sie auch auf das, was nicht gesagt wird, bzw. auf nonverbale Körpersignale, auf Mimik (z. B. Händeringen, Kopfkratzen) und Gestik (z. B. ein unsicherer Gesichtsausdruck).

Beispiel

Stellen Sie sich vor, Sie haben als Berater ein neues Mandat übernommen und sollen Ihrem Kunden helfen, seine Probleme im Bereich der Dienstleistungsqualität in den Griff zu bekommen. Wie gehen Sie vor? Gemäß dem Fragetrichter beginnen Sie zuerst mit generellen Verständnisfragen, wie z. B. diesen: Was verstehen Sie unter Dienstleistungsqualität? Woran erkennt man, dass Ihr Betrieb im Bereich Dienstleistungsqualität ein Problem hat? Welche Kunden leiden unter diesem Mangel? Was würde passieren, wenn sich das Problem weiter verschlimmert? Danach stellen Sie Diagnosefragen, in unserem Beispiel etwa diese: Welche negativen Konsequenzen hat das zu tiefe Niveau der Dienstleistungsqualität für Sie? Kann man dies belegen oder messen? Welche Hauptursachen haben diese Mängel Ihrer Meinung nach? Gibt es Probleme, die mit diesem zusammenhängen? Nachdem Sie gemeinsam mit dem Kunden ein Verständnis der Problematik erarbeitet haben, stellen Sie nun lösungsorientierte Fragen; Beispiele von solchen Fragen für den beschriebenen Kontext wären dabei etwa: Wann glauben Sie würde der Kunde bemerken, dass sich Ihre Dienstleistungsqualität radikal verbessert hat? Gibt es ganz einfache Wege, Ihre Mitarbeiter für mehr Dienstleistungsqualität zu motivieren? Welche wären dies? Wie und wann könnte man diese Methoden pilotieren?

Durch einen derartigen Frageprozess lernen Sie nicht nur Ihren Kunden und dessen Problemkontext besser kennen, Sie signalisieren ihm gleichzeitig auch Zuhörkompetenz, echtes Interesse und ein Stück weit natürlich auch Beratungs- bzw. Coachingkompetenzen.

Grenzen

Die grafische Metapher des Trichters suggeriert einen linearen Filterprozess, bei dem am Ende genau die Antwort herauskommt, die Sie weiterbringt. Dies entspricht nicht unbedingt dem normalen Verlauf eines derartigen Gespräches in der Realität, das vor allem von Wiederholungen und Abschweifungen gekennzeichnet ist.

Hintergrund

Die Kunst des gezielten und ergiebigen Fragens hat eine lange Geschichte und muss wohl mit Sokrates beginnen. Seine als sokratische Methode bekannte Fragetechnik bestand darin, den Befragten systematisch an die Grenzen seines eigenen Wissens zu führen. Durch einen Prozess des schürfenden Fragens wurde der Gesprächspartner so weit gebracht, dass er von sich aus bemerken konnte, wie er etwas vermeintlich Klares eigentlich gar nicht begriffen hatte. Für den Managementkontext ist diese entlarvende Form des Fragens jedoch nicht unbedingt eine vertrauensbildende Form der Gesprächsführung. Eines der Gebiete, in dem sich Wissenschaftler und Praktiker (z. B. Marktforscher, Coachs oder Personalverantwortliche) seit mehr als 100 Jahren vertieft mit Fragen auseinander-

Der Fragetrichter

setzen, ist die sozialwissenschaftliche Methodenforschung und dort besonders die Literatur zur Interviewführung. Neben den Fragetechniken des Tiefeninterviews und des narrativen Interviews (bei dem man die Befragten Episoden aus ihrem Leben erzählen lässt) ist dabei besonders das sogenannte ethnografische Interview hervorzuheben, da es eine Fülle von Frageformen zusammenfasst und in pragmatischen Richtlinien aufbereitet. Ethnografische Fragen zielen dabei darauf ab, den Kontext der befragten Person möglichst genau und authentisch zu erfassen und suggestive Fragen so weit wie möglich zu vermeiden. James Spradleys Werk aus dem Jahr 1979 ist nach wie vor ein viel zitierter Klassiker auf diesem Gebiet mit vielen praktischen Hinweisen zu ergiebigen Fragen und potenziellen Befragungsfehlern.

Umsetzungsfragen

- Bin ich auf das Gespräch richtig vorbereitet? Kenne ich den Hintergrund der befragten Person und kann ich ihre Antworten deshalb richtig einschätzen?
- Bin ich mir im Klaren darüber, was als Resultat der Befragung herauskommen sollte? Sind meine Fragen darauf ausgerichtet?
- Wie kann ich den Frageprozess so gestalten, dass beide Seiten voneinander lernen und es nicht zu einer Verhörsituation kommt?
- Stelle ich die Fragen in einer angemessenen Reihenfolge (von den einfachen, generellen vergangenheitsorientierten zu den immer schwierigeren, spezifischen und zukunftsorientierten Fragen)?
- Achte ich auch auf nonverbale (körpersprachliche) Antworten bzw. Signale während der Befragung?

Weiterführende Literatur

Brunner, A. (2007): *Die Kunst des Fragens*. München: Carl Hanser.
Finlayson, A. (2001): *Questions that Work*. New York: Amacom.
Schein, E. H. (2009): *Helping*. New York: McGraw-Hill.
Spradley, J. (1979): *The Ethnographic Interview*. New York: Thomson.

Lernen im Looping

Wie lernt man effektiv?

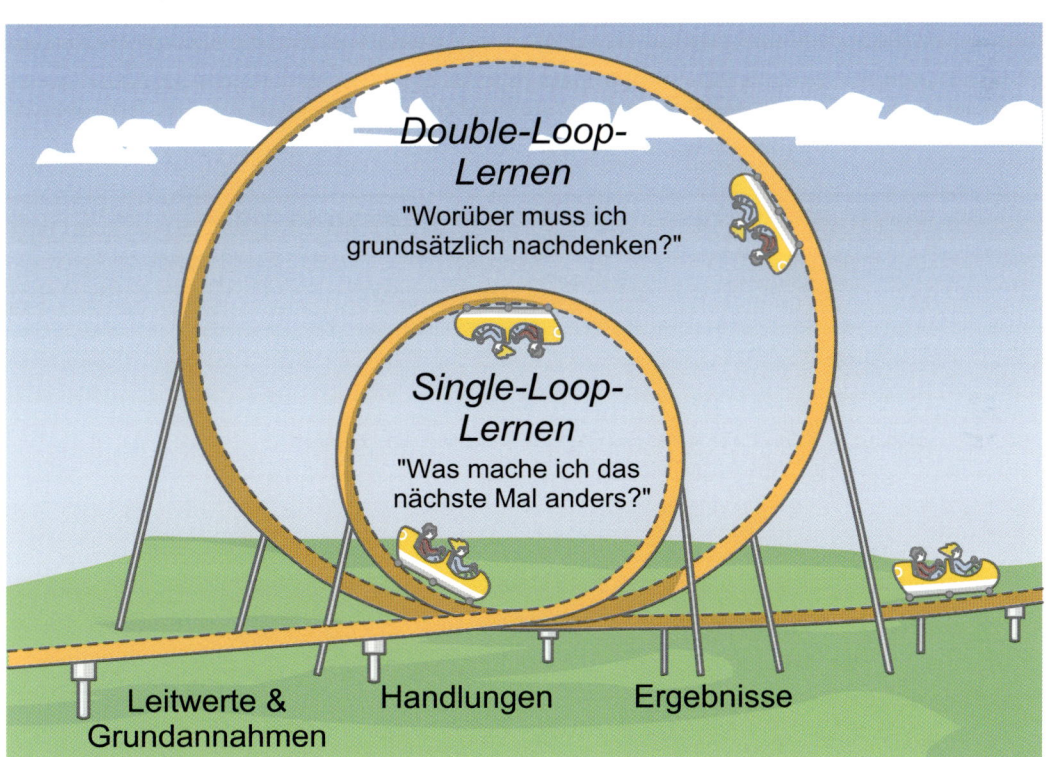

Das »Double Loop«-Lernen hinterfragt handlungsleitende Werte und Grundannahmen durch eine zusätzliche Reflexionsrunde.

Lernen im Looping

Anwendungsbereich

Das Prinzip des Double-Loop-Lernens (Lernen in einer Doppelschlaufe) kann sowohl einzelnen Mitarbeitenden als auch Teams, Abteilungen und ganzen Konzernen helfen, von negativen oder suboptimalen Ergebnissen zu profitieren. Man katapultiert sich dabei mithilfe von Rückwärtsloopings weiter nach vorne, als man auf gerader Fahrbahn je gekommen wäre.

Grundidee

Lernen in Organisationen ist keine theoretische Angelegenheit, bei der man durch Lektüre und Reflexion zur Weisheit gelangt. Ebenso ist das reine Ausprobieren oder die Versuch-und-Irrtum-Methode, nach der man eine Lösung erprobt und abhängig vom Resultat das Verhalten korrigiert (»Single Loop«-Lernen oder Lernen in einer Einzelschlaufe), nicht der effektivste Weg, auf dem Organisationen lernen. Es braucht ein enges Zusammenspiel von Handlung und Reflexion, indem man aufgrund eines Ergebnisses nicht nur Handlungen infrage stellt, sondern auch die Leitwerte und Grundannahmen, die zu ihnen geführt haben (Double-Loop-Lernen).

Vorgehen

Die meisten Menschen, aber auch Organisationen, beschränken sich auf Single-Loop-Lernen. Im Falle eines negativen Resultats korrigieren sie geringfügig ihre Handlungsstrategie und erhoffen sich dadurch eine Verbesserung ihrer Leistung. Double-Loop-Lernen ist rar. Das liegt vor allem daran, dass wir uns der Werte und Prämissen, die unseren Handlungen zugrunde liegen, nur wenig bewusst sind und sie daher nur schwierig in unsere normalen Reflexionsprozesse einbeziehen können.

Wie kann Double-Loop-Lernen gefördert werden?

1. Leitwerte und Handlungsstrategien fördern, die sich an *Öffnung und Zusammenarbeit* orientieren.

	Leitwerte	Handlungs-strategien	Ergebnisse
Single-Loop-Lernen	Gewinnen, nicht verlieren	Aufgaben beherrschen und kontrollieren	Defensives Verhalten und distanzierte Beziehungen
Double-Loop-Lernen	Freie und informierte Entscheide	Aufgaben gemeinsam meistern	Offene Lernkultur

2. Mittels geeigneter Methoden eine *reflexive Praxis* während und nach der eigenen Arbeit systematisch fördern. Dies lässt sich am Beispiel der Projektarbeit gut illustrieren.

- Die *Reflexion über die Arbeit* (englisch: reflection on practice) findet sowohl vor dem Start wie auch nach Abschluss eines Projekts statt. Vor dem Projektstart überdenkt die Projektleitung, wie das Team zusammengestellt und geführt werden sollte und welche Erkenntnisse (Lessons Learned) von früheren Projekten in welcher Form einbezogen werden. Nach dem Projekt werden Debriefing-Workshops durchgeführt, in denen Aspekte wie Leistung, Prozesse und Zusammenarbeit gemeinsam kritisch hinterfragt werden können.
- Die *Reflexion während der Arbeit* (englisch: reflection in practice) soll eine kontinuierliche kritische Betrachtung während der Projektarbeit fördern. Probleme müssen ständig gelöst und Ziele und Prozesse angepasst werden. Insbesondere in dynamischen Kontexten braucht es die richtige Balance zwischen standardisierten Strukturen und Ad-hoc-Entscheidungen und Improvisation.
- Eine bewährte Methode, um auch während des Projektablaufs das *Nachdenken über die Handlung* zu fördern, ist, Projektmitgliedern einen Sparringspartner zur Verfügung zu stellen, der im Dialog die Möglichkeit bietet, die eigene Arbeit aus einer zweiten Perspektive zu betrachten. Lernen ist nicht damit getan, einmal einen Looping zu fahren, die kreisende Bewegung zwischen Aktion und Reflexion ist ein kontinuierlicher Prozess.

Beispiel

Untersuchungen von katastrophalen Unfällen wie das Challenger-Unglück bei der NASA oder die Ölkatastrophe im Golf von Mexiko zeigen immer wieder: Die Kommunikation ist oft eine der Hauptursachen. Auch in Spitälern sind gravierende Behandlungsfehler meist auf Kommunikationsprobleme zurückzuführen. Insbesondere Schichtwechsel oder die Kommunikation zwischen klinischen Abteilungen können zu Problemen und Risiken führen.

Damit sich das Krankenhauspersonal der Konsequenzen seiner Arbeit besser bewusst wird und riskante Praktiken korrigieren kann, greift man heute in vielen Spitälern auf systematische Reflexionstechniken zurück. Besonders interessant ist dabei die Videoreflexion, die Double-Loop-Lernen fördern kann.

Stellen Sie sich die Arbeit eines Anästhesisten in der Kinderstation eines Spitals vor. Vor einer Operation tauscht er sich mit der behandelnden Ärztin, dem jungen Patienten und seinen Eltern aus, damit er die Anästhesie möglichst gut und risikoarm durchführen kann. Seine Aufgabe ist jedoch schwierig. Das Kind ist noch zu klein, um genaue Angaben zu den Schmerzen machen zu können, die es empfindet. Die Eltern sind verängstigt und können die Befindlichkeit ihres Kindes nur vage abschätzen, auch wenn sie es sehr gut kennen. Die Ärztin schließlich hat nur sehr wenig Zeit für den Fall und ihre Notizen in den Behandlungsunterlagen sind lückenhaft.

Trotz dieser Situation hatten die meisten Anästhesisten anfänglich wenig interessiert reagiert, als man sie für die Bedeutung der Kommunikation in ihrer Arbeit sensibilisieren wollte (defensive Haltung). Sie vertraten die Meinung, dass Behandlungsfehler vor allem durch gute klinische Arbeit und Expertise vermieden werden können. Als sie jedoch eine Videoaufnahme ihrer Konsultationen sahen, änderte sich diese Position radikal. Sie konnten nicht nur sehen, dass ihre Arbeit zu einem großen Teil aus Kommunikation besteht. Es wurde ihnen auch bewusst, wie sehr sie selbst das Gespräch aufgrund ihrer eigenen Annahmen und Leitwerte steuerten, nur schlecht auf die Patienten eingingen und ihnen wenig zuhörten.

Seither nimmt ein Team bestehend aus Anästhesisten, einer Psychologin und einer Kommunikationsexpertin die Anästhesie-Konsultationen einmal wöchentlich mit einer Videokamera auf. Sequenzen dieser Aufnahmen werden in der ebenfalls wöchentlichen Abteilungssitzung der Anästhesisten gezeigt und gemeinsam reflektiert. Durch diese reflexive Praxis wurde ein interessanter Lernraum entwickelt, in welchem Routinen, Leitwerte und unausgesprochene Regeln der Anästhesisten an die Oberfläche treten konnten. So konnten sie zur Diskussion gestellt und alternative Praktiken diskutiert werden.

Das Beispiel zeigt, dass Double-Loop-Lernen nur dann nachhaltig gefördert werden kann, wenn die Loopings zwischen Aktion und Reflexion nicht nur einmal, sondern wiederholt durchlaufen werden. Die wiederholten Videoreflexionen führten nicht nur zu einer distanzierten Reflexion über die Handlung. Die Anästhesisten entwickelten allmählich die Fähigkeit, sich während ihrer Arbeit selbst über die Schulter zu schauen und ihre klinische Arbeit aus einer zweiten Perspektive, z. B. derjenigen der Patientensicherheit, zu reflektieren und zu ändern.

Grenzen

Die Loopingmetapher verdeutlicht, dass man vor allem dann lernt, wenn man die tägliche Vorwärtsbewegung gelegentlich unterbricht, nicht nur um zurückzuschauen, sondern auch um einen Schritt zurückzugehen. Dabei kommt man nach diesem vermeintlichen Rückschritt wieder an den gleichen Punkt zurück, an dem man gestartet ist, trifft mit mehr Schwung wieder auf die gerade Linie und kann sich danach besser und schneller weiterentwickeln. Ebenso zeigt die Loopingmetapher, dass, wenn man sich auf das Lernabenteuer einlässt, man einen Perspektivenwechsel erlebt. Dadurch steht man selbst und die Welt auch schon mal Kopf.

Eine Schwierigkeit der Metapher liegt darin, dass die Lernschlaufen scheinbar ohne eigenes Zutun abgefahren und sozusagen vom Achterbahnbetreiber gesteuert werden. Automatisch schleudert es einen durch das Double-Loop-Lernen. Dieses Bild ist problematisch, denn es braucht ein gewisses Maß an Eigeninitiative und Engagement, um den »Double Loop« zu schaffen. Ähnlich ist die vermeintliche Geschwindigkeit, mit der man durch den Loop saust, einzuschätzen. In einer herkömmlichen Achterbahn würden wir uns rasant und mit ungefähr gleichbleibender Geschwindigkeit bewegen. Die kritische Betrachtung der handlungsweisenden Werte eines Unternehmens verlangt jedoch ein zeitweiliges Innehalten, eine Öffnung gegenüber anderen Positionen und eine bestimmte institutionelle und emotionale Sicherheit. Diese Arbeit muss im Innern der Unternehmung aktiv entwickelt werden und kein externer Berater kann sie umfänglich übernehmen. Nur ganz selten schaffen es Organisationen daher auch, sich von ihren defensiven Routinen zu trennen, ihre Grundwerte und Annahmen auf den Kopf zu stellen und im doppelten Looping zu lernen.

Hintergrund

Das Double-Loop-Lernen und die reflexive Praxis entstanden Ende der 70er-, Anfang der 80er-Jahre aus Arbeiten des Massachusetts Institute of Technology (MIT) in Boston. Insbesondere Chris Argyris und Donald Schön gingen der Frage nach, wie Organisationen lernen und sich an dauernd verändernde Kontexte und Märkte anpassen können. Sie knüpften die Möglichkeit, eine »lernende Organisation« zu werden, vor allem an die Fähigkeit der reflexiven Praxis und des Double-Loop-Lernens. Echter Dialog (siehe Dialogwaage), in welchem Partner gemeinsam ihre Grundannahmen und Leitideen aufdecken und hinterfragen konnten (und nicht defensiv ihre eigenen Standpunkte verteidigen mussten), wurde als ein wichtiger Grundpfeiler dieser Fähigkeit betrachtet. Ebenso wurde das Lernen über das Lernen – welches in Anlehnung an Gregory Bateson auch »Deutero-Lernen« genannt wird – als eine wichtige Voraussetzung der lernenden Organisation betrachtet.

Seither haben sich in Praxis und Forschung ein breites Wissen und ein reichhaltiges Instrumentarium entwickelt, wie sich Organisationen kontinuierlich und flexibel weiterentwickeln können. Vielen dieser Ansätze ist gemein, dass Lernen nicht in erster Linie in den Köpfen der Lernenden stattfindet, sondern dass man vorwiegend in der Praxis und aus Erfahrung lernt. Es braucht somit nicht nur eine enge und dynamische Verknüpfung zwischen Praxis und Theorie, sondern auch eine kontinuierliche Reflexion über die eigene Arbeit.

Umsetzungsfragen

- Geht es bei Entscheidungen in erster Linie darum, bestehende Positionen und Machtverhältnisse zu bestätigen, oder werden Andersdenkende aktiv von Führungspersonen involviert, damit Entscheidungen möglichst informiert getroffen werden können?
- Geht es in Managementsitzungen darum, die eigene Position zu vertreten, andere davon zu überzeugen und bei Fehlern das eigene Gesicht zu wahren? Oder:
- Kann man sich und andere in Sitzungen infrage stellen und gemeinsam untersuchen, wie valide eine bestimmte Position ist?
- Überlegen Sie, weshalb es zu einem Fehler oder einer ungünstigen Situation in Ihrer Organisation gekommen ist: Ist sie auf Ursachen zurückzuführen, die nicht nur mit unseren direkten Handlungen zu tun haben, sondern tiefer in unseren Überzeugungen, Annahmen und Werten verankert sind?

 Lernen im Looping

Weiterführende Literatur

Argyris, C. (1997): *Wissen in Aktion. Eine Fallstudie zur lernenden Organisation*. Stuttgart: Klett-Cotta.

Argyris, C.; Rhiel, W.; Schön, D. A. (2006): *Die lernende Organisation: Grundlagen, Methode, Praxis*. Stuttgart: Klett-Cotta.

Carroll, K.; Iedema, R.; Kerridge, R. (2008): »Reshaping ICU Ward round Practices Using Video-Reflexive Ethnography«. *Qualitative Health Research*, 18, S. 380–390.

Wahrnehmung im Rahmen

Was beeinflusst unsere Wahrnehmung?

Die Wahrnehmung von Situationen und ihren Risiken wird vom kognitiven Rahmen beeinflusst.

 Wahrnehmung im Rahmen

Anwendungsbereich

Ist das Glas halb voll oder halb leer? Lösungen zu Problemen, Entscheide und Einschätzungen hängen in erster Linie davon ab, wie wir eine Situation umrahmen und in welchem »Frame« (Rahmen) wir sie betrachten. Die nachfolgende Thematisierung des Framing-Effekts mag all jene interessieren, die über Neigungen (Biases) der Wahrnehmung und Beurteilung der Umwelt mehr erfahren möchten. Insbesondere wendet sich dieser Beitrag an Entscheidungsträger, z. B. Finanzanalysten, die Risiken einschätzen und handhaben müssen.

Grundidee

Ein Manager kann sein Umfeld nie losgelöst von seinem eigenen Bezugsrahmen wahrnehmen. Risiken, Chancen und Probleme sind nicht von außen gegeben, sondern hängen unmittelbar vom Wissen, Wertesystem und der emotionalen Gefühlslage des Betrachtenden ab. Dennoch glaubt man, beispielsweise bei einer Risikoeinschätzung, das Risiko liege in der Situation (z. B. im Markt), und vergisst, dass dieses auch immer vom eigenen Bezugsrahmen beeinflusst wird und durch die Kommunikation gesteuert werden kann. Wird einem Manager eine Entscheidungssituation als wahrscheinlicher Verlust oder als möglicher Gewinn präsentiert, ändert sich dessen Risikoverhalten markant. Bei potenziellen Gewinnen agiert er konservativ, ist er hingegen mit möglichen Verlusten konfrontiert, verhält er sich gefährlich risikofreudig. Manager müssen sich deswegen ihres Bezugsrahmens bewusst werden und immer wieder versuchen, eine Situation aus verschiedenen Perspektiven anzuschauen und mit Szenarien zu arbeiten.

Vorgehen

Bezugsrahmen sind nicht prinzipiell problematisch. Ohne sie können wir Situationen weder wahrnehmen noch einschätzen. Rahmen werden dann zum Problem, wenn einem deren Einfluss nicht bewusst ist und sie zu gewichtig und rigide werden. Folgende Hinweise können zu einem konstruktiven Umgang mit diesen ständigen Begleitern führen:

- Das Setzen von Rahmen (Framing) sollte als ein ständiger Prozess und nicht als ein einmaliges Ereignis verstanden werden. In dem dauernden Selektions- und Interpretationsprozess der Wahrnehmung entwickelt sich der eigene Bezugsrahmen dauernd weiter. Deswegen sollen Bezugsrahmen immer wieder ins Bewusstsein gerückt und hinterfragt werden.
- Während Entscheidungsprozessen sollten in der Gruppenkommunikation (z. B. zwischen Experten und Entscheidungsträgern) besonders sehr einfache (z. B. Entweder-oder-Formulierungen) oder überaus komplexe Bezugsrahmen kritisch hinterfragt werden. Geschichten (auch unter dem Begriff »Storytelling« diskutiert) bieten eine gute Möglichkeit, den roten Faden und das Ziel nicht aus den Augen zu verlieren und

dennoch verschiedene Stränge und Alternativen zu verfolgen. Mit visuellen Karten kann das Storytelling unterstützt werden.
- Fest zementierte Bezugsrahmen sollen gelockert werden, z. B. indem man mit Provokationen, ungewohnten Assoziationen und Bildern arbeitet. Mit deren Hilfe kann man eine Situation aus einer neuen Perspektive betrachten.
- Ein spielerischer Umgang mit Bezugsrahmen soll gefördert werden, indem mit Szenarien (was, wenn?), unterschiedlichen Referenzpunkten und mehreren, alternativen Lösungen gearbeitet wird. Dabei soll versucht werden, eine Situation nicht nur als potenzielle Gefahr (Verlust) darzustellen, sondern auch mögliche Gewinne und Synergien zu identifizieren.

Beispiel

Stellen Sie sich vor, Sie sind der CEO einer weltweit führenden Fluggesellschaft. Im letzten halben Jahr hatten Sie mit steigenden Ölpreisen zu kämpfen und waren in harte Verhandlungen mit den Gewerkschaften verwickelt. Letztere versuchten, die im Vergleich zur Konkurrenz hohen Löhne der Flugcrew zu verteidigen. Das Geschäftsergebnis wurde weiter negativ beeinflusst als, aufgrund unvorhersehbarer Naturereignisse (Schneestürme, Vulkanausbrüche), ein Großteil der Flotte während Tagen am Boden bleiben musste. Die Kosten müssen dringend reduziert werden und nach diversen Analysen scheint es, dass Sie drei Business Units schließen (Low-Cost-Tochtergesellschaft, Cargo, regionale Airline-Tochtergesellschaft) und 4.000 Leute entlassen müssen. Ihre Berater schlagen Ihnen in einer ersten Phase zwei unterschiedliche Pläne vor, wie vorgegangen werden kann:

- *Plan A:* Dieser Plan wird es Ihnen erlauben, eines der drei Business Units und 1.000 Arbeitsstellen zu retten.
- *Plan B:* Mit diesem Plan haben Sie eine Chance von 25 Prozent, dass Sie alle drei Business Units und alle 4.000 Jobs retten können. Mit einer Wahrscheinlichkeit von 75 Prozent jedoch können keine Business Units und keine Arbeitsstellen gerettet werden.

Welchen Plan bevorzugen Sie, A oder B? Eine Reihe von Überlegungen sollten in dieser Entscheidung berücksichtigt werden. Wie werden die Gewerkschaften reagieren? Welche Auswirkungen auf die Moral der bleibenden Mitarbeitenden werden die beiden Varianten haben? Wie wird der Markt reagieren?

Stellen Sie sich nun vor, aufgrund der heiklen Lage werden Ihnen zwei weitere Pläne vorgeschlagen:

- *Plan C:* Mit diesem Plan müssen zwei von drei Business Units geschlossen und 3.000 Arbeitsstellen gestrichen werden.
- *Plan D:* Mit diesem Plan werden Sie zu 75 Prozent alle drei Business Units und 4.000 Arbeitsstellen verlieren. In 25 Prozent der Fälle gehen keine Business Units und keine Arbeitsstellen verloren.

Welchen von diesen beiden letzten Plänen bevorzugen Sie, C oder D?

Wahrnehmung im Rahmen

Die meisten Menschen (über 80 Prozent) bevorzugen im ersten Szenario Plan A und im zweiten Plan B. Auf einen zweiten Blick ist jedoch einfach erkennbar, dass A und C identisch sind, sowie auch B und D. Wie kommt es zu diesem Präferenzwechsel? A und B bieten rein ökonomisch betrachtet denselben Nutzen (zu 100 Prozent 1.000 Arbeitsplätze retten, zu 25 Prozent 4.000 Arbeitsplätze = 1.000 Arbeitsplätze retten). Da hier die Frage als möglicher Gewinn formuliert ist (Arbeitsstellen können gerettet werden), verhalten sich die meisten Menschen risikoscheu und bevorzugen A. In der zweiten Situation hingegen (C und D versprechen wiederum den gleichen Nutzen), muss zwischen zwei Lösungen gewählt werden, welche mögliche Verluste mit sich bringen (Arbeitsstellen gehen verloren). Im Anblick dieser Verluste bevorzugen die meisten Menschen ein risikoreiches Verhalten und entscheiden sich für Plan D. Obwohl A, B, C, D aus einer ökonomischen Perspektive denselben Nutzen bringen, verändert sich unser Risikoverhalten je nachdem, ob der Bezugsrahmen einen Verlust oder einen Gewinn suggeriert.

Grenzen

Die Rahmenmetapher genießt in Bezug auf Wahrnehmung und Interpretation eine reiche Geschichte. In der Kunsttheorie beispielsweise ist das berühmte Motiv des Blicks aus dem Fenster immer auch eine Referenz zum Maler. Er schaut durch den Fensterrahmen in die Welt und bestimmt so den Ausschnitt der Landschaft, den wir kennenlernen dürfen. Analog dazu wird erst durch unsere selektive Wahrnehmung (die Rahmung) ein Teilaspekt der Welt von Bedeutung und wertvoll. Rahmen wählen aus und vergolden. Dadurch bleiben aber auch andere Dinge außen weg, sodass Rahmen gleichzeitig auch auf jene Teile der Welt verweisen, die wir nicht beachten und die »aus dem Rahmen fallen«. Schließlich verweisen Rahmen darauf, dass unsere Bezugsrahmen ganz unterschiedlich sein können, dies nicht nur in der Oberfläche (sie sind vergoldet, aus Holz, schlicht oder pompös), sondern auch in der Form (oval, rechteckig, rund). Problematisch an der Metapher ist jedoch, dass sie zu statisch ist und es in ihrem Universum nicht von Vorteil ist, Fensterrahmen immer wieder herauszureißen und Bilder neu zu rahmen. In Wirklichkeit jedoch ist die Aktivität der andauernden Hinterfragung des eigenen Bezugsrahmens ein zentraler Aspekt im Umgang mit Frames.

Hintergrund

Framing-Effekte und ihre Zusammenhänge mit anderen kognitiven und psychologischen »Fallen« wurden in den letzten drei Jahrzehnten eingehend von Psychologen und Entscheidungswissenschaftlern untersucht. Ein kommunikativ gesetzter Rahmen definiert den Status quo, dient als Anker oder führt dazu, dass man sich nur auf Informationen fokussiert, welche in die bereits gegebenen Rahmen passen und die bisherige Haltung unterstützen.

Aus diesen ersten Arbeiten entwickelten die Entscheidungswissenschaftler Daniel Kahneman und Amos Tversky 1979 die »Prospect Theory« (eine neue Erwartungstheorie), in welcher sie aufzeigten, wie Frames die Risikoeinschätzungen beeinflussen können. Mit ihrer Theorie rüttelten sie an einem der Grundpilaster des ökonomischen Gedankenguts: Die Nutzenfunktion gilt nicht absolut, sondern ist immer relativ zu einem Referenzpunkt, welcher durch Frames beeinflusst werden kann.

Insbesondere konnten Kahneman und Tversky mit ihren Experimenten aufzeigen, dass wir Risiken nicht objektiv oder rationell einschätzen, sondern dass Frames unseren Referenzpunkt verschieben und wir unser Risikoverhalten ändern, je nachdem ob der Bezugsrahmen einen möglichen Gewinn oder Verlust suggeriert (dies ist insbesondere in unsicheren, ambiguen Situationen der Fall). Bei möglichen Gewinnen verhalten wir uns konservativ, fürchten wir jedoch einen möglichen Verlust, gehen wir unverhältnismäßig große Risiken ein. Des Weiteren konnten die beiden Wissenschaftler aufzeigen, dass wir auf Verlust stärker reagieren als auf mögliche Gewinne. Zum Beispiel sind wir viel trauriger, 100 Euro zu verlieren, als wir glücklich sind, wenn wir 100 Euro gewinnen. Für diese grundlegende Infragestellung weit akzeptierter ökonomischer Prämissen wurde Kahneman 2002 mit dem Nobelpreis für Ökonomie ausgezeichnet (Tversky war zu diesem Zeitpunkt leider bereits verstorben).

Umsetzungsfragen

- Durch welchen Bezugsrahmen betrachte ich das Problem? Könnte man die Situation auch anders umrahmen? Wie würde sich deswegen meine Position ändern?
- Drücke ich meinem Gegenüber meine eigenen Vorstellungen und Werte auf?
- Von welchen problematischen Annahmen und Neigungen ist meine Betrachtung beeinflusst?
- Mit welchen Rahmen operieren meine Kollegen? Welche Grenzen hat ihre Art der Betrachtung?
- Verhalte ich mich hier risikoscheu? Eine rein objektive Betrachtung würde zum gleichen Verhalten führen?
- Gehe ich nur aufgrund eines möglichen Verlusts zu hohe Risiken ein?

Weiterführende Literatur

Bazerman, M. H. (2002): *Judgment in managerial decision making*. 5. Auflage, Hoboken (NJ): Wiley & Sons.

Hammond, J. S.; Keeney, R. L.; Raiffa, H. (2006): »The hidden traps in decision making«. *Harvard Business Review*, 84(1), S. 118–126.

Theil, M. (2002): Versicherungsentscheidungen und Prospect Theory. Die Risikoeinschätzung der Versicherungsnehmer als Entscheidungsgrundlage. Wien: Springer.

METHODEN FÜR DAS TEAM

METHODEN FÜR DAS TEAM

Der Sitzungsturm

Wie führt man Sitzungen?

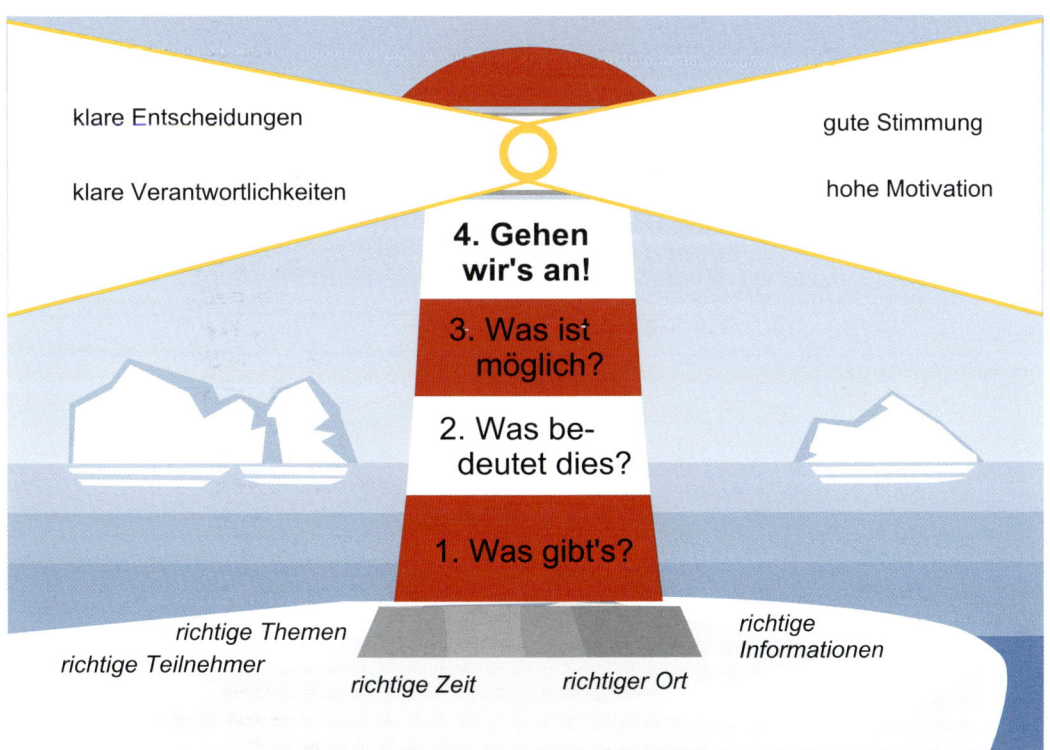

Vier einfache Schritte geben einer Sitzung Orientierung und Richtung.

Der Sitzungsturm

Anwendungsbereich

Die sogenannte Tower-of-Power-Methode wurde von Phil Harkins entwickelt mit dem Ziel, Gruppensitzungen und -gespräche wirksamer zu gestalten. Die Methode kann für alle arbeitsbezogenen Gespräche verwendet werden, die zum Ziel haben, Probleme gemeinsam zu lösen.

>
> ### Grundidee
> Gruppensitzungen sollten nicht dem Zufall überlassen werden. Es gibt eine logische Schrittfolge von Fragen, die für eine effiziente Umsetzung geklärt werden müssen. Diese müssen auf ein gemeinsames Verständnis, gute, stabile Beziehungen und das Voranbringen der gemeinsamen Ziele durch konkrete Pläne ausgerichtet sein.

Vorgehen

Zur Optimierung von Sitzungen schlägt Phil Harkins ein Vorgehen in vier Phasen vor: In der ersten Phase werden die Fakten zur aktuellen Situation gesammelt und es werden neue Informationen ausgetauscht. In der zweiten Sitzungsphase werden diese Informationen interpretiert, bewertet und auf die eigenen Gruppenziele angewendet bzw. deren Konsequenzen für die momentane Situation beurteilt. In einem dritten Schritt wird diskutiert, was die Gruppe nun unternehmen kann bzw. muss. In einem vierten Schritt werden die entwickelten Handlungsmöglichkeiten priorisiert, und es werden Verantwortlichkeiten festgelegt und dokumentiert. Harkins fasst diese vier Phasen mit folgenden Merksätzen zusammen:

1. Status quo: What's up?
2. Konsequenzen: What's so?
3. Lösungen: What's possible?
4. Verantwortungen: Let's go!

Wird diese Sequenz befolgt, so werden Sitzungen zu Orientierungshilfen, die lange über das Sitzungsende hinaus richtungsweisend sind.

Beispiel

Ein Projektteam trifft sich zur wöchentlichen Projektsitzung. Die Projektleiterin führt die Sitzung nach dem Tower-of-Power-Ansatz und fragt zuerst nach den jüngsten Vorkommnissen und Projektresultaten (»What's up?«). Dabei kommen zwei Reklamationen bezüglich Projektlieferanten zur Sprache. Im zweiten Teil der Sitzung analysiert die Projektgruppe die Konsequenzen dieser Reklamationen für das Projekt (»What's so?«). Im dritten Abschnitt der Sitzung werden mögliche Lösungsansätze diskutiert und verglichen, wie etwa Nachbesserungen vonseiten der Lieferanten (»What's possible?«). Zum Schluss werden zwei konkrete Maßnahmen zur Behandlung der Beschwerden verabschiedet und Verantwortlichen zugewiesen (»Let's go!«).

Grenzen

Harkins' Turm weist eine nützliche Reihenfolge von Agendapunkten auf, die aufeinander aufbauen und es ermöglichen, eine Sitzung systematisch aufzubauen. Die Metapher des Turms signalisiert jedoch auch etwas Statisches, Unbewegbares und Unflexibles. Dies entspricht nicht dem typischen Verlauf einer Sitzung und zeigt auch nicht die Anforderungen an Sitzungen auf. Zudem ist dieser Verlauf auch nicht für jede Art von Sitzung geeignet, denken Sie z. B. an Debriefing- oder Projektreview-Sitzungen.

Hintergrund

Phil Harkins ist ein US-amerikanischer Kommunikationstrainer für Manager. Sein praktisches Vorgehen für Sitzungen entspricht denn auch dem idealtypischen Sitzungsverlauf im nordamerikanischen Kulturkreis. Für Teams in Unternehmenskontexten ist dies ein sicherlich hilfreicher Orientierungsrahmen. Für andere Kulturkreise oder Organisationstypen mag dieser direkte, konfrontative Ansatz hingegen nicht gleichermaßen geeignet sein. Falls Sie sich für andere Sitzungsverläufe in verschiedenen Kulturen interessieren oder gar Sitzungen in kulturell gemischten Teams führen müssen, dann empfehlen wir Ihnen dringend das Buch von Lewis.

Umsetzungsfragen

- Was ist das Hauptthema der Sitzung? Was wollen wir erreichen?
- Wer kann zu der Sitzung etwas beitragen und sollte deshalb mit dabei sein?
- Ist eine Sitzung in diesem Fall die beste Art der Kommunikation und Koordination?
- Haben wir ein gemeinsames Verständnis der Situation?
- Haben wir alle Lösungsmöglichkeiten in Betracht gezogen?
- Ist zum Schluss allen klar, was sie bis wann erledigen müssen?

Weiterführende Literatur

Harkins, P. (1999): *Powerful Conversations: How High Impact Leaders Communicate*. New York: McGraw-Hill.

Lewis, R. D. (2008): *Cross-Cultural Communication: A Visual Approach*. Winchester: Transcreen.

METHODEN FÜR DAS TEAM

Der Gesprächseinheitsbrei

Wie nutzt man das Wissen aller Beteiligten?

Die Orientierung am allgemein Bekannten und Vernachlässigung der eigenen Beiträge führt zu faden, wenig profunden Entscheiden.

Der Gesprächseinheitsbrei

Anwendungsbereich

Wie sollen interdisziplinäre Arbeitsgruppen und Teams geführt werden, damit sie von ihrer Wissens- und Perspektivenvielfalt profitieren und innovative Lösungen entwickeln können? Der Gesprächseinheitsbrei zeigt auf, mit welchen Herausforderungen die interdisziplinäre Arbeit konfrontiert ist und wie sie überwunden werden kann.

Grundidee

Eine weitverbreitete Managementweisheit besagt, dass Gruppen Probleme besser und effizienter lösen als Einzelpersonen, da sie auf eine größere Basis aus Erfahrungen und Fähigkeiten zurückgreifen können. Leider trifft dies nur teilweise zu, denn Gruppen neigen dazu, nur diejenigen Informationen zu besprechen, welche der Mehrheit der Teilnehmer bereits *vor* Beginn der Diskussion bekannt waren. Informationen hingegen, die nur einzelnen Teilnehmern bekannt sind, werden weit seltener ausgetauscht und tragen umso weniger zur Lösungsfindung bei. Das versteckte Wissen oder »Hidden Profile« wird so nicht aufgedeckt und Gruppen profitieren von der Vielfalt ihrer Mitglieder nur ungenügend.

Dieses Phänomen wird auch unter dem Namen des »Common Knowledge Effect« (die Wirkung des gemeinsamen Wissens) diskutiert und ist insbesondere für das Management multidisziplinärer und multikultureller Teams problematisch. Komplexe Aufgaben können nur gelöst werden, wenn das Wissen verschiedenster Experten integriert wird. Aber auch bei einfacheren Aufgaben führt der Common Knowledge Effect zu suboptimalen Resultaten. Stellen Sie sich vor, drei internationale Kollegen – ein Italiener, ein Chinese und ein Schweizer – treffen sich zu einem Kochabend und möchten ein gemeinsames Nudelgericht zubereiten. Jeder bringt kulturspezifisches Wissen über Nudelgerichte mit – von der italienischen Pasta über chinesische Mah-Mee bis zu den Schweizer Älpler Makkaroni. In der Interaktion fokussieren sich die drei Kollegen jedoch dann vorwiegend auf den gemeinsamen Nenner, die Nudeln. Die individuellen, kulturspezifischen Zutaten werden nicht hinzugefügt und das Resultat ist eine fade »Pasta in bianco« (Nudeln ohne Soße), weit von einem reichhaltigen und leckeren Nudelgericht entfernt.

Vorgehen

Dem Common Knowledge Effect kann auf verschiedenen Ebenen entgegengewirkt werden. Mit folgenden Maßnahmen können die Gruppenkonstellation und der Kommunikations- und Entscheidungsprozess aktiv gestaltet werden, sodass verstecktes Wissen aufgedeckt und in Entscheidungen integriert werden kann:

- Konflikt aufzeigen und kritische Auseinandersetzung fördern: Gruppen sind dem Common Knowledge Effect weniger ausgesetzt, wenn unterschiedliche Meinungen in der Gruppe bestehen. Dies kann z. B. gefördert werden, indem die einzelnen Mitglieder vor der Diskussion eines Entscheidungsproblems gebeten werden, ihre eigenen Standpunkte niederzuschreiben.
- In Varianten denken: Wenn in einem Entscheidungsprozess mit verschiedenen Lösungsvarianten experimentiert wird, erhöht sich die Chance, dass das spezifische Wissen der einzelnen Teilnehmer miteinbezogen wird.
- Mehrspurig kommunizieren: Beiträge sollten nicht nur verbal in die Gruppendiskussion einfließen, sondern auch visuell festgehalten werden (z. B. mittels einer interaktiven Visualisierungssoftware wie let's focus). Dadurch werden ungeteilte Informationen festgehalten, bleiben besser in Erinnerung und werden eher wieder aufgegriffen.
- Entschleunigen: Je weniger Zeit eine Gruppe für die Diskussion zur Verfügung hat, desto unwahrscheinlicher ist es, dass sie das Hidden Profile (zu Deutsch: das versteckte Profil) aufdeckt und neue Informationen zulässt. Gruppen brauchen ein bisschen Zeit, um sich zu öffnen und bisherige Annahmen und Standpunkte zu hinterfragen.
- Statusdifferenzen gekonnt einsetzen: Gruppenmitglieder ohne besonderes Ansehen fokussieren sich mehr als andere auf gemeinsames Wissen. Hingegen fällt es etablierten Experten und angesehenen Managern einfacher, exklusive Informationen zu erwähnen und für deren Relevanz zu werben. Letztere haben deswegen die Aufgabe, die Meinung von Minderheiten zu betonen und zurück in die Diskussion zu bringen.

Beispiel

Eine Gruppe von Financiers hat sich entschieden, ein Erlebnisschwimmbad der besonderen Art zu finanzieren. Anstatt der klassischen Saunen, Rutschen und Wellen soll die Erkennungsmarke dieses Projekts eine riesige, interaktive Kuppel sein, die den gesamten Wasserpark überdacht und mit Multimediaprojektionen bespielt ist. Die Projektionen sollen das Verhalten der Badenden durch Video, Audio und Lichtdesign widerspiegeln und dadurch eine angenehme und spielerische Stimmung schaffen. 15 Multimediakünstler wurden eingeladen, ihre Ideen einzureichen und den Financiers zu präsentieren.

Die Praxis zeigt, dass spannende Projekte dieser Art oft hinter den Erwartungen zurückbleiben und in ihrer Umsetzung meist weit weniger innovativ sind als geplant und erhofft. Doch wie kommt es zu dieser Entwicklung?

Financiers und Medienkünstler befinden sich während des Pitchs (d. h. des Treffens, in welchem die Künstler ihre Konzepte vorstellen) in einer klassischen Hidden-Profile-Situation. Die Financiers haben ein profundes Hintergrundwissen des Wasserparkprojekts. Auf der anderen Seite kennen die eingeladenen Künstler die neuesten Trends und Entwicklungen im Multimediabereich. Nicht nur haben sie bestimmte künstlerische Vorstellungen, sie kennen auch die technischen Herausforderungen, die es bei Projektionen auf eine gewölbte Oberfläche und unter Tageslichteinfall zu bewältigen gilt.

Dieses Spezialistenwissen beider Parteien fließt jedoch nur ungenügend in die Präsentation und anschließende Diskussion ein. Die Multimediakünstler tendieren beispielsweise

Der Gesprächseinheitsbrei

dazu, sich stark an den Präferenzen der potenziellen Arbeitgeber zu orientieren. Welche Ästhetik bevorzugen sie, welche Aussagen und Inhalte sprechen sie an und welche technischen Lösungen sind finanziell machbar? Allzu schräge und nonkonforme Ideen werden ausgefiltert und nicht präsentiert. Bei den wenigen Gelegenheiten, in welchen solche Ideen erwähnt werden, fehlt den Investoren das nötige Wissen, diese Informationen einzuordnen und darauf einzugehen. Somit bleibt viel Spezialistenwissen versteckt und innovative Lösungen werden verpasst.

Dieses Beispiel steht nicht alleine. Managemententscheide werden oft von Expertengruppen vorbereitet. Eine kleine Gruppe von internen oder externen Experten wird beauftragt, Szenarien für eine Problemlösung auszuarbeiten. In Managementsitzungen stellen diese Experten ihre Lösungen in nur knapp fünf Minuten vor. In einer solchen Situation ist die Zeit besonders knapp, verschiedenste Interessen stehen sich unausgesprochen gegenüber und es bestehen klare Rollen- und Statusdifferenzen. Die Experten versuchen aktiv, Anschlusspunkte mit dem Management zu finden, und fokussieren sich auf die Aspekte und Positionen, welche das Management bereits kennt oder hören will. All diese Gegebenheiten machen es wenig wahrscheinlich, dass das Hidden Profile aufgedeckt werden kann und dass die Manager vom Wissen der Experten wirklich profitieren.

Grenzen

Die Kochmetapher hinkt insofern, als dass in Küchen meist eine hierarchische Organisation herrscht und es einen klaren Chef gibt. Er definiert das Menü, und die Souschefs kochen nach seinen klaren Anweisungen. Zu viele Köche verderben bekanntlich den Brei. Dieses Bild stimmt nicht für die interdisziplinäre Zusammenarbeit in Teams. Insbesondere in innovativen und wissensintensiven Kontexten braucht es die gemeinschaftliche Zusammenarbeit, die nicht auf hierarchische Strukturen baut. Oft kennt der Teamleiter oder die Teamleiterin die beste Lösung für ein Problem nicht alleine, sondern diese kann nur in der Zusammenarbeit entwickelt werden.

Hintergrund

Vor gut 25 Jahren machten die Sozialpsychologen Garold Stasser und William Titus die überraschende Entdeckung, dass Gruppen Entscheide nicht informierter fällen als Einzelpersonen. In Experimenten hatten sie eine Situation simuliert, ein Hidden Profile, in der nur wenige entscheidungsrelevante Informationen der ganzen Gruppe bekannt waren, während wichtige entscheidungsrelevante Fakten bei einzelnen Gruppenmitgliedern lagen. Diese letzteren, in der Gruppe verteilten Informationen hätten ausgetauscht und kombiniert werden müssen, um eine optimale Entscheidung fällen zu können. Es zeigte sich jedoch in verschiedenen Studien, dass die Gruppenmitglieder diese dezentralisierten Informationen nicht austauschten und so auch nicht auf die bestmögliche Lösung stießen. Der Effekt zeigte sich noch verstärkt, wenn die verteilten Informationen von der Mehrheitsmeinung abwichen. Des Weiteren stellte man fest, dass, auch wenn die Teilnehmenden trotz der ursprünglichen Barriere ihre eigenen, abweichenden Informationen mit der Gruppe teilten, diese von der Gruppe nicht weiter kommentiert und diskutiert wurden. Im Gegenteil, die neuen Informationen wurden von der Gruppe wie eine heiße Kartoffel fallen gelassen. Es zeichnete sich eine deutliche Schlussfolgerung ab: Individuelle, personenspezifische Informationen beeinflussen Entscheidungen nur sehr selten; dies gilt auch in Fällen, in denen sie von der Gruppe ausgetauscht und diskutiert werden.

Wie lassen sich diese unglücklichen Tendenzen des Common Knowledge Effect erklären? Ganz allgemein bevorzugen wir Informationen, die unsere ursprüngliche Haltung stützen oder diese zumindest nicht widerlegen. Informationen, welche den verschiedenen Entscheidungsträgern gemein sind, scheinen stichhaltiger zu sein und bestätigen, was man bereits weiß. Die in der Gruppe verteilten Informationen hingegen fügen zusätzliche und zum Teil widersprüchliche Aspekte hinzu und werden tendenziell eher kritisiert.

Zum anderen vergleichen Gesprächspartner in Diskussionen fortlaufend ihre Positionen und Informationen untereinander und schätzen ab, wie diese von ihren Kollegen bewertet werden. Sehen sie, dass ihre Meinung von anderen geteilt wird, fühlen sie sich in ihrer Position unterstützt und vertreten sie in der Folge mit mehr Sicherheit.

Entscheidungspartner teilen ihr Wissen schließlich auch aufgrund von persönlichen, strategischen Zielen. Beispielsweise möchten sie vor dem Chef in einem guten Licht dastehen, ihren Status verbessern, Konflikt vermeiden und nicht als Querschläger wahrgenommen werden. Solche Ziele führen dazu, dass in Gesprächen diejenigen Informationen hervorgehoben werden, die von den Kollegen geteilt werden.

Umsetzungsfragen

- Auf welches Wissen unserer Teammitglieder greifen wir nur selten zurück und lassen es brachliegen?
- Was können wir tun, damit wir exklusives Wissen zukünftig besser in unsere Team- und Projektarbeiten integrieren?
- Welche Personen sind in Gruppendiskussionen eher still und wie könnte man sie besser involvieren?

Weiterführende Literatur

Stasser, G.; Titus, W. (2003): »Hidden Profiles: A Brief History«. *Psychological Inquiry*, 14(3), S. 304–313.

Wittenbaum, G.M.; Hollingshead, A.B.; Botero, I.C. (2004): »From Cooperative to Motivated Information Sharing in Groups: Moving beyond the Hidden Profile Paradigm«. *Communication Monographs*, 71(3), S. 286–310.

Gretemeyer, T., Schulz-Hardt, S. & Frey, D. (2003): Präferenzkonsistenz und Geteiltheit von Informationen, Zeitschrift für Sozialpsychologie, 34(1): 9–23.

METHODEN FÜR DAS TEAM

Das Kommunikationslabyrinth

Woran scheitern Gespräche?

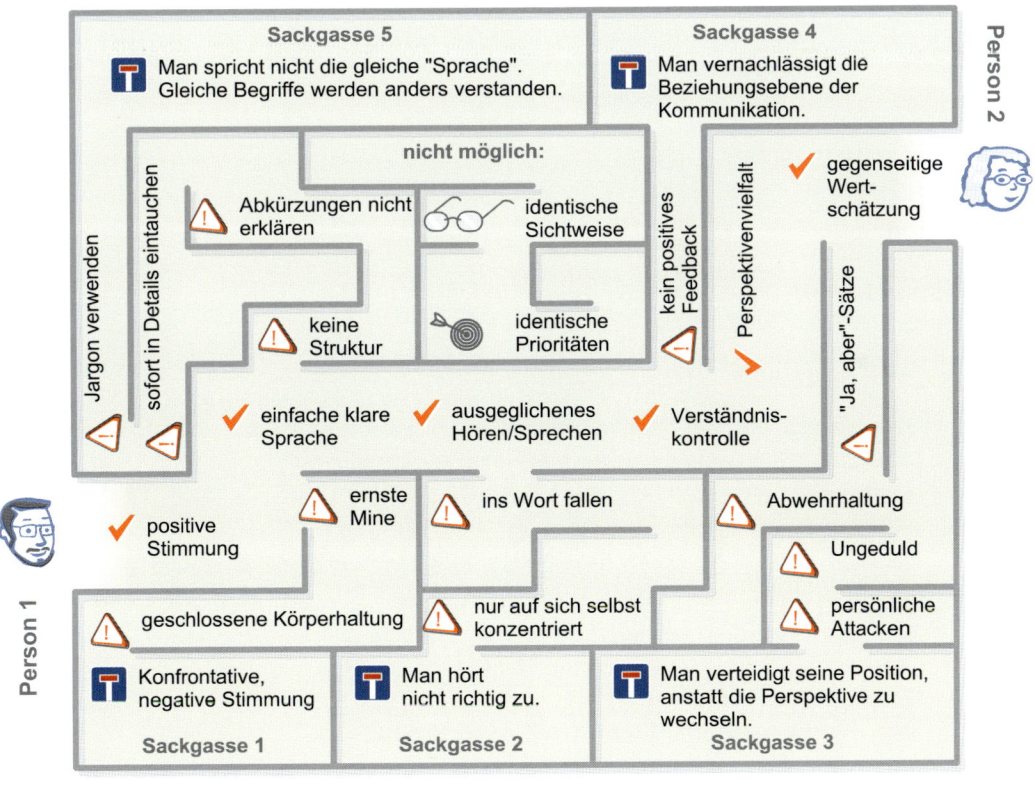

Es gibt viele Gründe, weshalb Gespräche in Sackgassen münden.

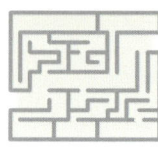 Das Kommunikationslabyrinth

Anwendungsbereich

Zwischenmenschliche Kommunikation betrifft jede Person in einer Organisation. Sie ist jedoch besonders anspruchsvoll, wenn sie zwischen Managern und Experten stattfindet oder gar zwischen Spezialisten mit unterschiedlichem beruflichem Hintergrund. Dabei entstehen nämlich einige Kommunikationsfallen, die man als Managerin oder Manager kennen und berücksichtigen sollte.

Vor diesem Hintergrund ist diese Metapher vor allem für Führungskräfte relevant, die in ihrer Arbeit mit unterschiedlichen Spezialisten zusammenarbeiten müssen oder eine Gruppe von Experten führen und koordinieren.

Grundidee

Wie es der irische Nobelpreisträger George Bernard Shaw einmal geistreich formuliert hat: Das Hauptproblem mit der Kommunikation ist die Illusion, sie sei gelungen. Kommunikation zwischen Menschen in Organisationen kann aus unterschiedlichen Gründen scheitern. Die wichtigsten dieser kommunikativen Einbahnstraßen zu kennen, ist eine Grundvoraussetzung, um hochwertige Kommunikation am Arbeitsplatz zu ermöglichen. Zudem lohnt es sich vor wichtigen Gesprächen, die Erfolgsfaktoren gelungener Kommunikation (hier als direkter Weg zwischen den zwei Personen eingezeichnet) in Erinnerung zu rufen.

Vorgehen

Nichts ist so frustrierend und doch so häufig wie das Scheitern von Kommunikation: Missverständnisse, Meinungsverschiedenheiten, Konflikte oder destruktive Kritik belasten oft die Beziehungen von Menschen in Organisationen. Obwohl es eine Vielzahl von Faktoren gibt, die zum Scheitern eines Gespräches führen können, sind es doch oft dieselben Verhaltensweisen, welche aus einem wichtigen Gespräch eine verpasste Chance machen.

Das Gesprächslabyrinth soll diese Irrwege bei Diskussionen exemplarisch aufzeigen. Es visualisiert einige typische Kommunikationsrisiken und Sackgassen und betont grundlegende Erfolgsfaktoren für erfolgreiche Gespräche.

Die Gesprächsrisiken können dabei als Warnsignale interpretiert werden, welche ohne Gegensteuern schnell zu Kommunikationsbarrieren werden können. In diesem Sinne ist diese plakative Visualisierung eine einfache grafische Checkliste vor wichtigen Gesprächen, die mit eigenen Punkten ergänzt werden kann.

Natürlich können Gespräche auch indirekt über organisatorische Maßnahmen beeinflusst werden. Organisationen versuchen dies, indem sie Gesprächstrainings anbieten, Betriebsglossare entwickeln, Kommunikationsstandards und -werte festlegen und einüben, positive Sitzungsräume einrichten oder explizite Gruppen- und Kooperationsanreize schaffen.

Beispiel

Eine Produktmanagerin eines großen Nahrungsmittelherstellers hat die undankbare Aufgabe, eine Scharnierfunktion zwischen den Lebensmittelingenieuren aus der Entwicklungsabteilung und den Verkaufsspezialisten aus dem Marketing einzunehmen. Zum Thema Produktinnovation treffen sich die beiden Spezialistengruppen wiederholt unter ihrer Federführung, doch leider ohne konkretes Resultat – außer dass beide Gruppen nun noch weniger voneinander halten als vor den Treffen. Die Managerin lässt nun die letzten zwei Sitzungen anhand des Kommunikationslabyrinths Revue passieren und stellt fest: in die Kommunikationsfalle getappt! Bereits durch die Sitzordnung in den Meetings wurden die Fronten zwischen den Abteilungen klar signalisiert und es entstand eine konfrontative, *negative* Stimmung. Das würde sie beim nächsten Treffen durch kleine gemischte Gruppentische bewusst anders gestalten.

Dann benutzten die beiden Gruppen ausgiebig ihr eigenes *Fachvokabular*, wohl um den anderen zu imponieren. Anstatt sich auf die Sichtweise der anderen Abteilung einzulassen, fielen sich die Spezialisten immer wieder *gegenseitig ins Wort*. Die Marketingspezialisten warfen den Ingenieuren beispielsweise »marktfernes Experimentieren« vor, während die Ingenieure den Verkaufsprofis fehlendes technologisches Verständnis und Interesse vorwarfen. Generell waren es jedoch beide Male die Marketingleute gewesen, welche die Diskussionen dominierten. Die Produktmanagerin nimmt sich deshalb vor, bei der nächsten Sitzung auf mehr Ausgeglichenheit zu achten und stille Teilnehmer aktiv anzusprechen. Sie plant zudem, bei der Eröffnung des nächsten Treffens von allen anwesenden Spezialisten eine klare, einfache und respektvolle Sprache einzufordern.

Als weiteren Verbesserungspunkt nimmt sie sich vor, *vage oder mehrdeutige Begriffe* sofort klären bzw. definieren zu lassen. Denn in der letzten Sitzung hatten die beiden Gruppen über 20 Minuten das Thema Qualität diskutiert, bis sie bemerkte, dass man sich über grundlegend verschiedene Dinge unterhielt: Für die Ingenieure bedeutete Qualität vor allem Konsistenz im Sinne von gleichbleibenden Größen und Proportionen in der Produktion sowie eine klar eingehaltene Haltbarkeit der Lebensmittel. Für die Verkaufsprofis hingegen war Qualität gleichbedeutend mit hochwertigem optischem Eindruck und Geschmacksstärke. Diese Begriffsdeutungen hätten sie allen Beteiligten schneller transparent machen sollen, um so einen unnötigen Konflikt zu vermeiden. Wichtig ist der Produktmanagerin schließlich, dass in der Sitzung auch Erfolgsmomente möglich sind und so das gegenseitige Vertrauen der Beteiligten ineinander stetig steigen kann.

Grenzen

Etwas derart Positives und Wichtiges wie zwischenmenschliche Kommunikation als Labyrinth darzustellen, kann auf den ersten Blick unnütz oder gar kontraproduktiv erscheinen. Schließlich schafft das Irrgartenbild ja nicht unbedingt Motivation, um sich auf die Wirren und Windungen der Kommunikation einzulassen. Die problematisierende Metapher des Labyrinths erfüllt jedoch einen wichtigen Zweck: Sie bewahrt uns vor dem optimistischen Irrglauben, dass Kommunikation im Regelfall ohne Probleme funktioniert und unsere Botschaft bei anderen genau so ankommt, wie wir es beabsichtigt haben. Das Labyrinthbild sensibilisiert uns dafür, dass dieser direkte Weg einer Botschaft eher die

 Das Kommunikationslabyrinth

Ausnahme ist und der Kommunikationspfad von vielen falschen Abzweigungen und Sackgassen gekennzeichnet ist. Das Bild sollte aber trotzdem nicht für Motivationszwecke verwendet werden. Hier sind lösungsorientierte Metaphern wie diejenige der vier Ohren und vier Zungen sicherlich geeigneter.

Hintergrund

Man kann nicht nicht kommunizieren, diese wohl bekannteste aller Kommunikationsregeln formulierte Paul Watzlawick bereits Ende der 60er-Jahre. Er brachte damit zum Ausdruck, dass alles – also auch nichts tun – von anderen als Kommunikation, als absichtsvolle Mitteilung gedeutet wird. Aus diesem Sachverhalt heraus ergibt sich die Notwendigkeit, Kommunikation sorgfältig zu planen und auf typische Probleme zu achten. Die Zusammenstellung von Kommunikationsfallen im obigen Labyrinth hilft dabei, indem es bekannte Probleme der zwischenmenschlichen Kommunikation in einem Bild zusammenfasst. Die Probleme stammen dabei aus der sozialen Psychologie, aus der Kommunikationsforschung sowie aus unseren eigenen Experimenten und Befragungen (vgl. z. B. Eppler/Mengis 2009).

 Umsetzungsfragen
- Welche Kommunikationssituationen sind in Ihrer Arbeit besonders wichtig und sollten entsprechend sorgfältig angegangen werden?
- Für welche Kommunikationsprobleme im Labyrinth sind Sie besonders gefährdet?
- Welchen Erfolgsfaktor gelungener Kommunikation berücksichtigen Sie noch zu wenig?
- Welche typischen Kommunikationssackgassen oder Irrwege fehlen im Bild und sollten ergänzt werden?

Weiterführende Literatur

Eppler, M. J.; Mengis, J. (2009): »Wie Entscheider und Experten reden lernen«. *Harvard Businessmanager*, April, S. 50–58.

Schulz von Thun, F. (1981): *Miteinander reden 1 – Störungen und Klärungen. Allgemeine Psychologie der Kommunikation*. Reinbek: Rowohlt.

Watzlawick, P.; Beavin, J. H.; Jackson, D. D. (1969): *Menschliche Kommunikation – Formen, Störungen, Paradoxien*. Bern: Huber.

Die vier Kommunikationsohren

Was steckt in einer Botschaft?

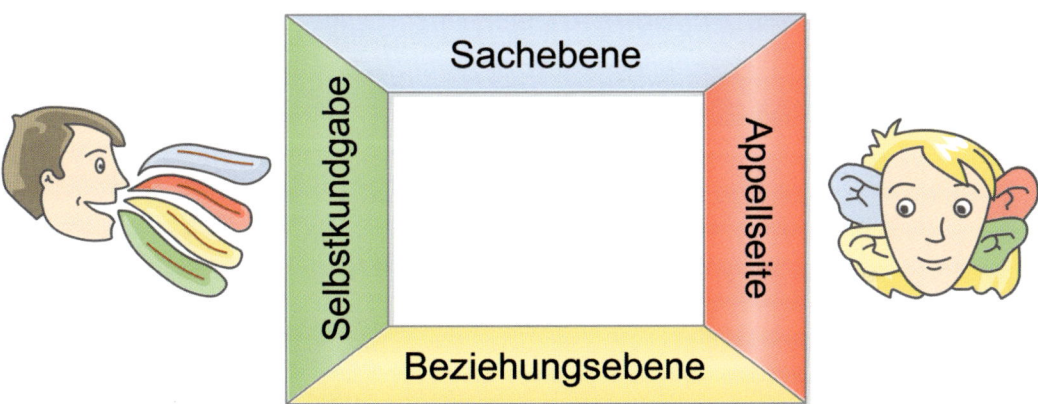

Eine Mitteilung umfasst mehr als nur die Sachebene.

Die vier Kommunikationsohren

Anwendungsbereich

Das nachfolgend beschriebene Kommunikationsmodell sensibilisiert für die Vielschichtigkeit zwischenmenschlicher Kommunikation und dient all jenen, die ihre Kommunikationsfähigkeit verbessern möchten. Im Organisationskontext wird das Vier-Ohren-Modell vorwiegend dafür eingesetzt, die Sozialkompetenz von Führungskräften zu stärken. Es gilt: Wir kommunizieren nie nur auf einer Sachebene. Stattdessen können wir zwischen vier Ebenen unterscheiden, auf denen wir kommunizieren. Wir sprechen also mit viererlei Zungen und hören mit viererlei Ohren.

Grundidee

Bestimmt kennen Sie die folgende Situation: Als Sie Ihrem Gegenüber etwas vermeintlich Sachliches kommunizieren wollten, reagierte dieser auf ihre Äußerung ziemlich eingeschnappt. Solche Missverständnisse in der Kommunikation sind meist darauf zurückzuführen, dass der Empfänger bildlich gesprochen mit vier Ohren zuhört und die Nachricht nicht nur auf der Sachebene interpretiert, sondern auch auf den Ebenen der Selbstkundgabe, der Beziehung und des Appells. Während Sie einen Kommentar sachlich gedacht haben, wurde dieser von ihrem Gesprächspartner auf der Beziehungsebene verstanden und als Attacke gegen seine Person interpretiert. Um solche Missverständnisse zu vermeiden, sollte man in der Kommunikation immer alle vier Ebenen bewusst gestalten.

Vorgehen

Das Kommunikationsquadrat oder Vier-Ohren-Modell gibt Hinweise, welche Aspekte der Kommunikation aktiv gestaltet werden sollten und wie man lernen kann, alle vier Ebenen bewusst einzusetzen.

- Achten Sie als Sender einer Nachricht darauf, dass Sie nie nur die Sachebene gestalten. Ihre Nachricht enthält immer auch einen Appell an Ihr Gegenüber, sagt etwas über Sie selbst aus und über Ihre Beziehung zu Ihren Kommunikationspartnern.
Es ist deswegen besonders wichtig, nicht nur die Sachebene, sondern auch die drei weiteren Ebenen der Kommunikation aktiv zu gestalten. Während die Sachebene vorwiegend durch die verbale Kommunikation gesteuert werden kann, müssen die Beziehungsebene und die Ebene der Selbstkundgabe durch das *Wie* der Kommunikation (z. B. Format, visuelle Sprache, Gestik, Tonfall) gepflegt werden.
Beispiel: Der Internetauftritt einer Unternehmung informiert nicht nur sachlich über ihre Produkte und Dienstleistungen. Die visuelle Sprache, die Interaktionsmöglichkeiten und der Stil der verbalen Kommunikation machen eine Aussage über das Selbstverständnis der Organisation (international, technologisch-avantgardistisch oder experimentell) und über die Art von Beziehung, die mit den verschiedenen Akteuren und Interessensvertretern gepflegt wird (zurückhaltend-distanziert oder nah und partizipierend)?

- Entstehen Missverständnisse oder Komplikationen in der Kommunikation, ist es wahrscheinlich, dass die verschiedenen Kommunikationspartner die vier Ebenen der Kommunikation unterschiedlich gewichteten. Es gilt: Für eine erfolgreiche Kommunikation muss die Größe der Ohren und Zungen aufeinander abgestimmt sein, denn die Qualität der Kommunikation hängt davon ab, in welcher Weise die vier Ebenen zusammenspielen.
Beispiel: In der interkulturellen Businesskommunikation gilt, dass je nach kulturellem Hintergrund unterschiedliche Zungen und Ohren von besonderer Bedeutung sind. Man stellte beispielsweise fest, dass deutsche Kommunikatoren dazu neigen, Appelle sehr stark auszudrücken, gleichzeitig aber nur wenige Möglichkeiten besitzen, Beziehungsaspekte zum Ausdruck zu bringen. Japaner hingegen formulieren Appelle nur indirekt, und es ist die Aufgabe des Empfängers, diese zu erspüren. Die Beziehungsebene ist hier jedoch klar codiert und findet in der Sprache einen expliziten Ausdruck. Bei internationalen Verhandlungen kann es daher entscheidend sein, solche Differenzen zu beachten und die eigene Kommunikation gemäß den Präferenzen und Praktiken der anderen Kultur anzupassen.

Beispiel

Nach dem Mittagessen findet ein Mitarbeiter auf seinem Schreibtisch einen 200-seitigen Bericht. Darauf klebt ein Post-it: »Zur Info für die morgige Sitzung«. Wie soll diese Nachricht verstanden werden?

- *Sachebene:* Der Bericht bietet Hintergrundinformationen über einen Kunden, den man am nächsten Tag zu einem Meeting trifft.
- *Selbstkundgabe:* Der Arbeitskollege, welcher den Bericht hingelegt hat, besitzt Hintergrundinformationen über den Kunden. Er ist willig, diese zu teilen. Weiter könnte der Mitarbeiter auf diesem Ohr hören, dass der Kollege sich als Alleswisser sieht, der andere belehren muss.
- *Beziehungsebene:* Es handelt sich um Arbeitskollegen, die sich kennen und keine formelle Kommunikation pflegen (z. B. Post-it, keine Anschrift). Es ist wahrscheinlich eine hierarchische Beziehung, in der ein Vorgesetzter seinem Mitarbeiter Aufgaben abgeben kann. Weiter könnte der Letztere auf dem Beziehungsohr Folgendes hören: »Wieso kommt er immer in der letzten Sekunde mit solchen Aufgaben? Der denkt wohl, ich habe nichts anderes zu tun?« Oder aber: »Das ist aber nett. Er hat extra für mich den Bericht ausgedruckt und ihn mir vorbeigebracht.«
- *Appellfunktion* – »Lies mal!«: Der Mitarbeiter sollte den ganzen 200-seitigen Bericht bis am nächsten Morgen gelesen haben.

Das Beispiel zeigt, wie vielschichtig die Kommunikation auch bei einer relativ einfachen Kommunikation sein kann. Der Mitarbeiter kann die Nachricht auf vier Ebenen verstehen. Um herauszufinden, welche Ebene er wie gewichten soll, bezieht er sich nicht nur auf die verbale Nachricht, sondern auch auf nonverbale Aspekte (z. B. Post-it, Kurznachricht). Ist der Tonfall der Nachricht informell, aber nett? Ist er arrogant? Je reichhaltiger die Elemente, auf die sich der Mitarbeiter beziehen kann, desto einfacher ist es, Missverständnisse zu vermeiden und mit den Ohren zu hören, mit deren Zungen sein Vorgesetzter

Die vier Kommunikationsohren

gesprochen hat (z. B. bei Face-to-Face-Gesprächen hört man einfacher heraus, wie eine Nachricht gemeint ist).

Grenzen

Das Vier-Ohren-Modell zeigt selbstverständlich nicht alle Funktionen oder Ebenen der Kommunikation auf. Obwohl die vier Ebenen in der direkten Kommunikation (z. B. in Gesprächen, Briefen oder E-Mails) von größter Bedeutung sind, sind in anderen Kontexten weitere Ebenen wichtig. In der Werbung beispielsweise kann ein Slogan auf einer poetischen Ebene verstanden werden. »Have a break, have a KitKat« überzeugt nicht nur durch die Doppeldeutigkeit des Breaks (»break« als Pause und »break« beim Abbrechen des Schokoriegels) (Sachebene), sondern auch dadurch, wie mit dem Rhythmus des Satzes gearbeitet wir (die Wiederholung von »have a«) und wie mit dem »K« umgegangen wird (brea»k« und »K«it»K«at).

Des Weiteren erreicht die Zungen-Ohren-Metapher ihre Grenzen, wenn man Kommunikation als einen Prozess verstehen möchte, in dem Sender und Empfänger sich kollektiv in Sinnstiftungs- und Meinungsbildungsprozesse engagieren (siehe den Beitrag zur Erkenntnisleiter in diesem Band). So lernen wir vom Modell nichts darüber, weshalb eine Botschaft mit dem einen oder anderen Ohr wahrgenommen wird (dies hängt beispielsweise vom momentanen Gefühlszustand, den mentalen Modellen oder dem sozialen Umfeld des Zuhörers ab).

Hintergrund

Das Kommunikationsquadrat oder Vier-Ohren-Modell wurde vom Psychologen und Kommunikationswissenschaftler Schulz von Thun entwickelt. Es baut auf einem Kerngedanken Paul Watzlawicks auf, der in seiner Kommunikationstheorie prägnant formulierte: »Jede Kommunikation hat einen Inhalts- und einen Beziehungsaspekt, wobei der Letztere Ersteren bestimmt.« Zwischenmenschliche Kommunikation ist also nicht nur mehrschichtig, es zeigt sich auch, dass der Beziehungsaspekt der Kommunikation einen Einfluss darauf hat, *wie* der Sachinhalt wahrgenommen wird, dass also das *Wie* der Kommunikation (z. B. Format, Gestik, Tonlage) das *Was* (d.h. den Inhalt) zu einem großen Teil bestimmt.

Welche der vier Kommunikationsebenen besonders gewichtet wird, hängt nicht nur vom direkten Kontext der Kommunikation ab (in einem Gerichtsverfahren wird beispielsweise vor allem auf der Sachebene kommuniziert, während in einem persönlichen Gespräch die Beziehungsebene im Vordergrund steht). Es gibt Menschen, die ein größeres Appellohr haben und sich bei einer Mitteilung gleich zur Handlung aufgefordert fühlen. Dies kann dann problematisch werden kann, wenn sich der Sprecher vor allem Empathie wünscht. Andere, deren Beziehungsohr besonders ausgeprägt ist, nehmen eine Nachricht oft persönlich und erschweren rein sachliche Diskussionen.

Umsetzungsfragen
- Worüber möchte ich/er informieren? Welches sind die Sachverhalte und Fakten?
- Was möchte ich/er von mir/sich kundgeben? Wie sehe ich meine/ sieht er seine Rolle, wie ist mein/sein Gemütszustand?
- Welche Art von Beziehung möchte ich/er? Was halte ich/hält er von dem Gegenüber?
- Wozu möchte ich ihn/er mich bewegen? Welche Ratschläge, Handlungsanweisungen, Wünsche habe ich/hat er?

Weiterführende Literatur

Emrich, C. (2008): *Multi-Channel-Communications- und Marketing-Management*. Wiesbaden: Gabler.

Schulz von Thun, F. (1981): *Miteinander reden 1, Störungen und Klärungen*. Reinbek: Rowohlt.

Schulz von Thun, F.; Ruppel, J.; Stratmann, R. (2000): *Miteinander reden für Führungskräfte*. Reinbek: Rowohlt, S. 33–41.

Watzlawick, P.; Beavin, J.; Jackson, D. (1967): *Pragmatics of Human Communication*. New York: W. W. Norton.

METHODEN FÜR DAS TEAM

Die Polarisierungsschaukel

Was führt zu riskanten Entscheiden?

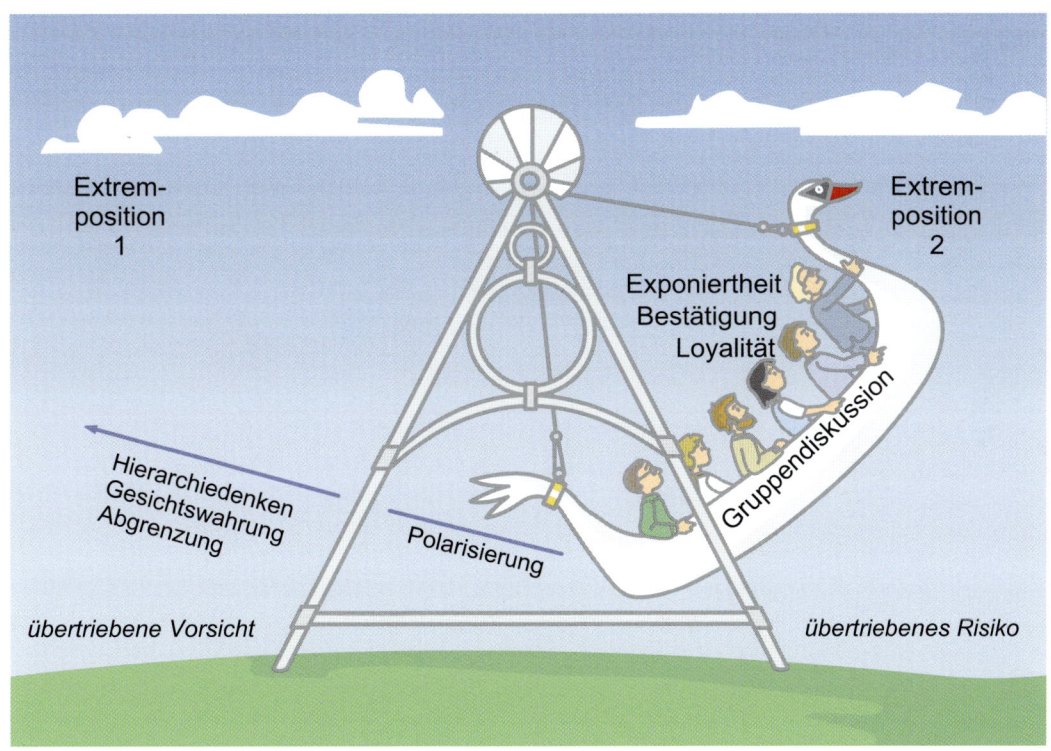

Moderate Positionen schaukeln sich in Gruppen hoch, was zu risikoreichen Entscheiden führen kann.

Die Polarisierungsschaukel

Anwendungsbereich

Die Polarisierungsschaukel wendet sich zum einen an all jene, die Risiken einschätzen und managen müssen (z. B. Finanzanalysten, Manager). Zum anderen können Gruppenleiter, Teamentwickler und Teammitglieder lernen, welche Dynamiken Gruppen dazu verleiten, radikale Entscheidungen zu treffen.

Grundidee

Gruppen sind im Vergleich zu Einzelpersonen Extremisten. Sie nehmen radikalere Positionen ein und agieren bei Entscheidungen entweder gefährlich risikofreudig oder auch sehr risikoscheu. Personen, die bezüglich eines Themas eine leichte Präferenz haben, schaukeln in der Gruppe ihre Positionen hoch. Sie sind nach einer Gruppenbesprechung nicht nur selbstsicherer, sondern verstärken auch ihre ursprüngliche Haltung auf signifikante Weise. Diese Tendenz zeigt sich umso mehr, wenn die einzelnen Gesprächspartner bereits vorab eine ähnliche Orientierung teilen.

Historisch zeigt sich dieses Phänomen der Gruppenpolarisierung immer wieder in Bezug auf Religionen und Ethnien. Haben wir als Einzelpersonen eine leicht fremdenfeindliche Position, verstärkt sich diese markant, nachdem wir uns in Gemeinschaften ausgetauscht haben. Auf einer nationalen Ebene kann dies zu Katastrophen führen. Doch auch im Berufsalltag ist die Gruppenpolarisierung ein erst zu nehmendes Phänomen. Finanzexperten schaukeln sich in der Gruppe zu sehr riskanten Geschäften hoch, bei Verhandlungen (z. B. zwischen Gewerkschaften und Arbeitgebern) verhärten und radikalisieren sich die Positionen, anstatt sich anzunähern, und Vorstandsmitglieder geben gefährlichen Akquisitionsentscheiden ihre Zustimmung.

Vorgehen

Wie kann man die Gruppe und die Teamkommunikation leiten, damit es nicht zu einer Polarisierung und Radikalisierung von Standpunkten kommt?

In erster Linie sollte der Kontext der Gruppe bewusst gestaltet werden. Die Gruppenkonstellation sollte so sein, dass Personen mit verschiedensten Perspektiven eingebunden werden, die Gruppenmitglieder also nicht schon im Voraus eine ähnliche Meinung teilen. Ebenso sollte man konkurrierende Gruppen nicht als Rivalen hochstilisieren, sondern einen Raum kreieren, in dem unabhängige Positionen möglich sind. Denn die Forschung zeigt, dass sowohl Abhängigkeit wie auch Konfrontation zu einer Verstärkung der Polarisierung führen.

Zweitens sollte man versuchen, die Gruppeninteraktion aktiv zu gestalten und Polarisierungstendenzen entgegenzuwirken. Insbesondere sollte man divergierende Meinungen und eine qualifizierte Konsensfindung fördern, durch Techniken wie z. B. Advocatus Diaboli, einer Methode, bei der mit Gegenargumenten der Gruppenmeinung entgegengewirkt wird. Alfred Sloan, der Begründer der berühmten Wirtschaftsschule des Massachusetts Institute of Technology (MIT), förderte Divergenz dadurch, dass er Entscheidungen, bei denen die gesamte Gruppe einer Meinung war, aufschob und den Teilnehmern auftrug, bis zum nächsten Treffen gegenteilige Standpunkte zu erarbeiten. Schließlich gilt folgende Regel: Je mehr Information und Expertenmeinungen aktiv in eine Gruppendiskussion eingebunden werden, desto differenzierter kann die Diskussion geführt werden. Experimente zeigen darüber hinaus immer wieder, dass Personen, die eng mit einem Thema vertraut sind, dem Polarisationseffekt weniger unterliegen.

Beispiel

Die Arbeit von Firmenvorständen steht spätestens seit der Finanzkrise von 2008 im kritischen Blick der Öffentlichkeit. In der Schweiz waren es die Vorstandsmitglieder (Verwaltungsräte) der Finanzinstitute, welche die exorbitanten Bonusentscheidungen guthießen, und dies vor, während und nach der Krise. Es stellt sich die Frage, weshalb die Vorstandsmitglieder in der Zeit vor dem Ausbruch der Krise Bonuszahlungen in Milliardenhöhe gewährten, obwohl sich die finanziellen und ökonomischen Bedingungen verschlechtert hatten. Was hat sie dazu bewogen, solch riskante Entscheidungen zu fällen und die finanzielle Gesundheit ihrer Finanzinstitute zu gefährden?

Das Phänomen der Gruppenpolarisierung kann einen Teil dieser Frage beantworten. Die Vorstandsmitglieder, die das Management der Firma vertreten oder Insiderinformationen vom Sektor und der Firma besitzen (beispielsweise ehemalige Geschäftsführer), genießen gegenüber Outsider-Vorstandsmitgliedern einen Wissensvorsprung. Zudem teilen sie untereinander ähnliche Sichtweisen und eine gemeinsame Identität. Sie bilden im Vorstand eine relativ homogene Expertengruppe und vertreten ähnliche Positionen mit viel Detailwissen. Dies führt dazu, dass die Debatte bereits zu Anfang leicht von einer bestimmten Sichtweise dominiert wird, beispielsweise von der Vorstellung, die Auszahlung hoher Boni an die Mitarbeiter sei im Interesse der gesamten Unternehmung und ihrer Stakeholder (z. B. können die besten Mitarbeiter nur durch hohe Bonuszahlungen gehalten werden).

Da die Outsider-Vorstandsmitglieder in ihrem Urteil größtenteils auf ihre Expertenkollegen vertrauen, äußern sie ihre Meinungen, Fragen und mögliche Kritik nur leise. Sie möchten ihren Ruf nicht aufs Spiel setzen und als ignorant abgestempelt werden. Solche sozialen Vergleichsprozesse führen dazu, dass die Position, Boni seien eine notwendige und gute Sache, immer mehr positive Argumente findet. Gemäßigte Befürworter werden bestärkt und wagen nun, extremere Haltungen einzunehmen und diese zu diskutieren. Auf diese Weise verschiebt sich die Position des Vorstands und wird radikaler. Schlussendlich wird eine extreme und sehr risikoreiche Entscheidung getroffen, was nicht im Interesse aller Interessengruppen ist und die Gesundheit der Bank in Gefahr bringt.

Ähnliche Vorgänge im Firmenvorstand konnte man auch im Fall Enron feststellen, wo Vorstandsmitglieder vermehrt vom gängigen Verhaltungskodex absahen und es dem Finanzchef erlaubten, den berüchtigten LJM Fund zu gründen und die Bilanz von Enron zu manipulieren.

Die Polarisierungsschaukel

Grenzen

Das Phänomen der Gruppenpolarisierung wurde in zahlreichen Studien immer wieder belegt. Der Effekt zeigt sich umso stärker, je jünger, homogener und uninformierter die Gruppe ist und je mehr sie bereits eine gemeinsame Position vertritt (extreme Gruppierungen sind dem Polarisierungseffekt viel stärker ausgesetzt). Ebenso führt die Konfrontation mit Outsider-Gruppen, die starke Gegenpositionen einnehmen, zu einem verstärkten Effekt.

Dennoch gibt es auch differenzierte Kritik am Polarisierungseffekt. Zum Beispiel wird argumentiert, dass sich Gruppen und ihre Mitglieder in ihren Positionen nur bestärken, ihre Meinungen jedoch nicht radikalisieren. Es gehe nicht um Polarisierung, sondern Verfestigung.

Auch herrscht eine geteilte Meinung, ob es nun sehr homogene oder sehr heterogene Gruppen sind, die dem Polarisationseffekt stärker unterliegen. Man stelle sich beispielsweise die Situation vor, dass eine sehr heterogene Gruppe von Irak-Krieg-Befürwortern und -Gegnern heftig miteinander diskutiert, am Schluss der Diskussion sind die gegensätzlichen Positionen stärker und radikaler. Während der Diskussion wurden neue Argumente gefunden, mit denen der gegenteiligen Meinung widersprochen werden kann, dies bestärkt die eigene Haltung.

Hintergrund

Anfangs der 60er-Jahre gelangte der damals junge Forscher James Stoner zu dem überraschenden Befund, dass Gruppen risikoreicher agieren als Einzelpersonen. Bis dahin nahm man an, dass der Austausch von unterschiedlichen Einzelpositionen zu einer moderateren Haltung in der Gruppe führen würde. Später zeigte die Forschung, dass der »risky shift«, d. h. die Tendenz, im Kollektiv mehr Risiken einzugehen, auch ein »cautious shift« sein kann, eine Verschiebung zu mehr Vorsicht. Gruppen treffen also nicht nur risikoreichere, sondern auch konservativere Entscheide, als es die einzelnen Gruppenmitglieder tun würden. Insgesamt kam man zum Schluss, dass sich die Standpunkte in Gruppen hochschaukeln und verschärfen, sei es Richtung Risikofreude oder -vermeidung, Richtung Chauvinismus oder Feminismus, Richtung Pazifismus oder Militarismus. Der Sozialpsychologe Serge Moscovici nannte dieses Phänomen, dass sich Gruppen Extrempositionen annähern, Gruppenpolarisierung (englisch »group polarization«).

Weshalb kommt es zur Gruppenpolarisierung? Zum einen resultiert sie aus sozialen Vergleichsprozessen: Wenn Gruppenmitglieder während der Diskussion feststellen, dass andere ihre Meinung teilen, fühlen sie sich bestärkt und wagen sich, klarer und extremer Position zu beziehen. Hinzu kommt, dass sie während der Diskussion zusätzliche Argumente kennenlernen, wieso die eine oder andere Position eingenommen werden kann. Sie übernehmen die Argumente auf selektive Art und Weise, nämlich nur die Argumente, die ihre Meinung unterstützen, und radikalisieren allmählich ihre Haltung. Schließlich lässt sich die Gruppenpolarisierung auch auf den Umgang mit Verantwortung zurückführen. Denn bei Gruppenentscheiden fühlt sich oft niemand so richtig für die Entscheidung verantwortlich. Diese Verantwortungsdiffusion führt dazu, dass man in der Gruppe extremere Positionen befürwortet, die man alleine nicht tragen wollen würde. Die Gruppenpolarisierung ist somit das Resultat eines komplexen Zusammenspiels von Überzeugung durch neue Informationen und selektive Wahrnehmung, sozialer Erwünschtheit und Vergleichsprozessen und Verantwortungsdiffusion.

Umsetzungsfragen
- Haben sich unsere Positionen im Verlauf der Diskussion zu Extrempositionen hochgeschaukelt?
- Könnte ich diese Entscheidung auch alleine verantworten, oder wäre sie mir zu extrem?
- Welche Mittelwege haben wir außer Acht gelassen, und welche Vorteile böten sie?

Weiterführende Literatur

Moscovici, S.; Yavalloni, M. (1969): »The Group as a polarizer of attitudes«. J. Pe*rsonality & Soc. Psychology*, 12(2), S. 125–135.

Sunstein, C. R. (2009): *Going to Extremes. How Like Minds Unite and Divide*. Oxford: Oxford University Press.

Sunstein, C. R. (2009): Infotopia. Wie viele Köpfe Wissen produzieren. Frankfurt a. M.: Suhrkamp.

METHODEN FÜR DAS TEAM

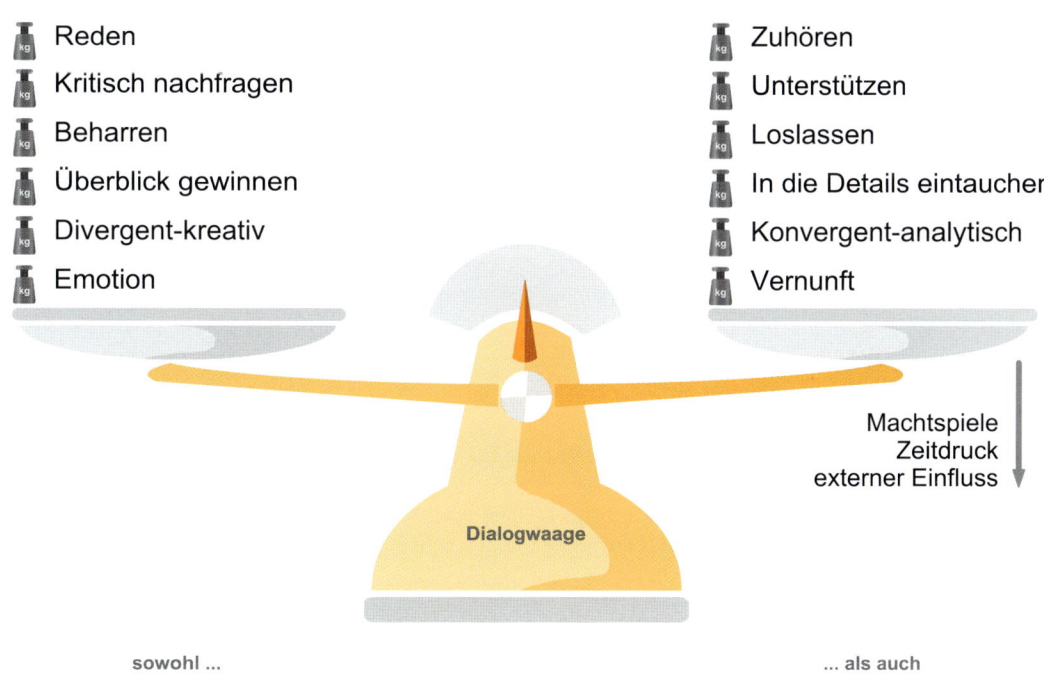

Die Dialogwaage

Anwendungsbereich

Die Dialogwaage zeigt Eigenschaften eines Dialogs auf, der sich als Gesprächsform dem Diskussionsgefecht entgegensetzt. Anstatt sich mit den verschiedenen Argumenten gegenseitig auszustechen, verfolgen die Gesprächspartner im Dialog ein kooperatives Ausbalancieren verschiedener Gesprächsverhaltensweisen. Die Qualität von Dialogen ist für Organisationen von zentraler Bedeutung, da die Wissensentwicklung, die Innovationsfähigkeit, aber auch die Konsensfindung und das Austauschen von bestehendem Wissen direkt von ihnen abhängt.

Grundidee

Im Organisationskontext werden Wissensprozesse bereits auf der Mikroebene des Gesprächs verhindert. Dialoge stehen für hochwertige Gespräche, in denen es im Gegensatz zu Gesprächsgefechten nicht um Gewinnen und Rechthaben geht, sondern um ein gemeinsames Weiterkommen. Dazu müssen im Gespräch verschiedene Diskussionstaktiken angewandt werden: Man wechselt zwischen kreativen, divergenten Phasen und analytischen, konvergenten Phasen. Man spricht, hört dann aber auch zu. Man ist positiv, dann aber auch kritisch. Man geht in die Tiefe, ohne jedoch den Überblick zu verlieren.

Vorgehen

Ein mögliches konkretes Vorgehen zur verbesserten Gesprächsführung nach dem Dialogprinzip ist das folgende: In einem Gespräch werden die Teilnehmer zuerst an einige wichtige Dialogprinzipien erinnert, wie z. B. die Balance zu suchen zwischen eigenem Reden und Zuhören oder dem Beharren und Loslassen von eigenen Meinungen. Der Gesprächsprozess sollte danach nicht zu stark vorstrukturiert werden. Denn: Ein Dialog lässt immer auch Platz für unvorhergesehene Ergebnisse und beginnt mit einer divergenten Phase. Bevor gemeinsam Entscheide gefällt werden, erwerben die Gesprächspartner ein gemeinsames Verständnis des Themas, bewerten verschiedene Optionen mit Fakten und decken mentale Modelle auf. Wichtig ist ebenfalls, dass Gruppendynamiken (aufgrund von Hierarchiestrukturen) nicht zu Tabuthemen werden und die aktive Teilnahme aller Gesprächspartner oder das Austauschen von Wissen verhindern. Zudem ist es wichtig, auf mögliche Faktoren zu achten, die das Gespräch aus dem Gleichgewicht bringen können, so etwa externer (Zeit-)Druck oder Ablenkung, Machtspiele oder bestehende persönliche Konflikte.

Beispiel

Eine typische Dialogsituation in Organisationen sind Gespräche über neue Vorhaben, wie z. B. Investitionen, Übernahmen, neue strategische Initiativen oder Produktinnovationen. Bei derartigen Gesprächen kann es vorkommen, dass neue Ideen zu rasch abgewürgt oder kritisiert werden, weil die Balance zwischen Zuhören und Reden, zwischen Unterstützung und Kritik bzw. zwischen divergenten kreativen und konvergenten analytischen Phasen nicht stimmt. Einfache Brainstormingregeln (z. B. Ideen werden erst in einer zweiten Phase kommentiert und bewertet) können dabei helfen, die Balance zwischen diesen Extremen zu respektieren.

Ein weiterer häufiger Dialogkontext sind Planungsgespräche. Dabei kann es passieren, dass man die Balance zwischen Detail und Überblick verliert und anstatt ein Gesamtvorhaben vom Großen ins Kleine zu planen direkt in die Details eintaucht und den Gesamtkontext vernachlässigt. Um die Balance zwischen Überblick und (notwendigen) Details in Planungsgesprächen zu erhalten, können gemeinsame (Poster-)Visualisierungen wie ein Zeitstrahl, eine Roadmap, oder eine Gantt-Grafik nützlich sein. Diese helfen den Gesprächspartnern, ihre Beiträge im Gesamtkontext zu verorten und so die Balance zwischen Detailaussage und Beitrag zum Gesamtbild zu wahren.

Grenzen

Für einen derart dynamischen Prozess wie ein Gespräch ist die Waage unter Umständen eine zu statische Metapher. Sie zeigt jedoch sehr gut, dass ein Erfolgsfaktor von Dialogen das Ausbalancieren von Extremen ist. Was sie jedoch nicht abzubilden vermag, ist die zeitliche Dimension von Gesprächen, z. B. die Phasen eines Dialoges von der Gesprächseröffnung und Zielklärung bis hin zum Dialogende, bei dem das Besprochene nochmals resümiert wird. Eine alternative Metapher zur Waage wäre deshalb die Reise oder der Pfad, den man gemeinsam beschreitet. Von diesem Pfad kommt man ab und zu ab und muss wieder zurückfinden. Auch gibt es einfachere und schwierigere Passagen auf einer Strecke.

Hintergrund

Das Konzept des Dialoges hat eine weit zurückreichende und äußerst reichhaltige Tradition und reicht von Aristoteles' *Topica* (und den dort diskutierten Dialogfallen) bis zu Peter Senges modernen Dialogwerkzeugen. Für eine systematische Literaturzusammenfassung und ein pragmatisches Modell des Dialogmanagements in Organisationen empfehlen wir unseren Beitrag, der unten aufgeführt ist.

Umsetzungsfragen

- Herrscht im Gespräch ein Ausgleich zwischen Reden und Zuhören?
- Halten wir die Balance bei unseren Diskussionen zwischen Überblick schaffen und Details?
- Folgt kreativen Phasen eine Phase der Konsolidierung und Zusammenfassung?
- Was könnte das Gespräch aus dem Gleichgewicht bringen?
- Wie kann man das Gespräch wieder balancieren? Braucht es einen Moderator, Gesprächsregeln, visuellen Support oder ein Dialogtraining für die Beteiligten?

Weiterführende Literatur

Bohm, D. (1998): *Der Dialog. Das offene Gespräch am Ende der Diskussion*. Stuttgart: Klett-Cotta.

Isaacs, W. (1997): *Dialogue and the Art of Thinking Together: A Pioneering Approach to Communicating in Business and in Life*. New York: Doubleday.

Mengis, J.; Eppler, M. J. (2008): »Understanding and Managing Conversations from a Knowledge Perspective: An Analysis of the Roles and Rules of Face-to-face Conversations in Organizations«. *Organization Studies*, 29, S. 1287–1313.

Senge, P. et al. (Hrsg.) (1996): *Die fünfte Disziplin. Kunst und Praxis der lernenden Organisation*. Stuttgart: Klett-Cotta.

Teamachterbahn

Wie entwickeln sich Arbeitsgruppen?

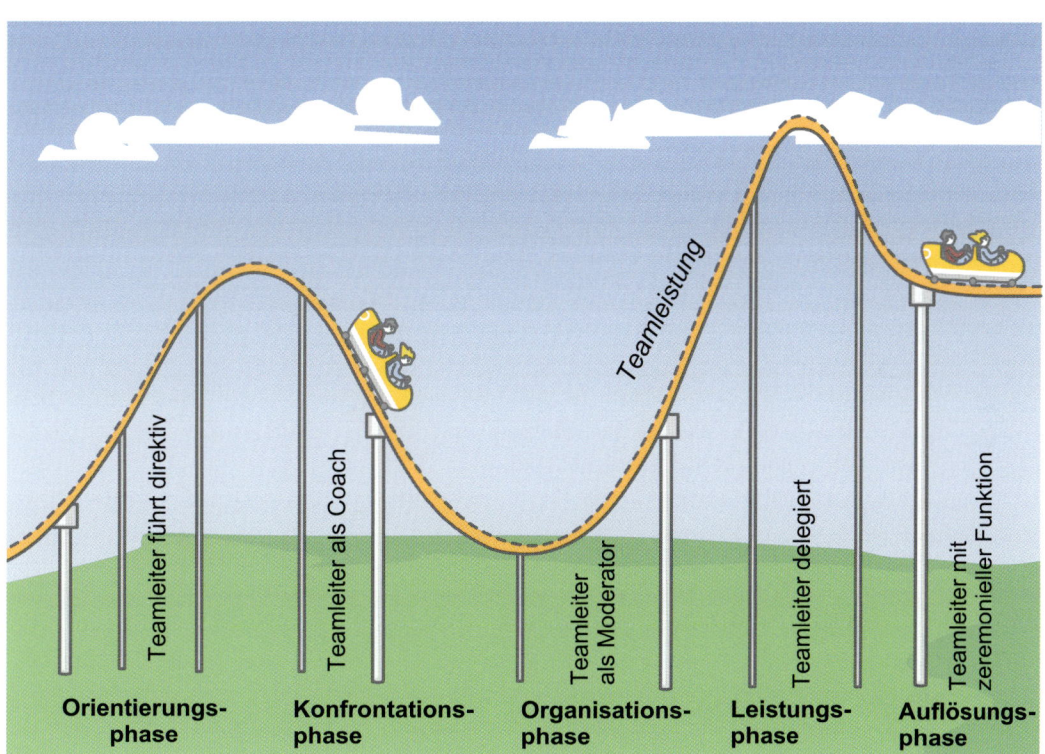

Teams durchfahren verschiedene Phasen der Teamentwicklung.

Anwendungsbereich

Das Phasenmodell der Teamachterbahn wendet sich in erster Linie an Teamleiter, die besser verstehen möchten, welche Phasen ein Team im Verlauf seiner Zusammenarbeit durchfährt und wie sie es am besten durch Berg- und Talfahrten lenken können. Nicht jeder Führungsstil eignet sich für jede Phase.

>
> ### Grundidee
> Teams sind keine statischen Gebilde, sondern verändern sich im Laufe der Zusammenarbeit in Bezug auf ihre Arbeitsprozesse und Aktivitäten, ihre internen Strukturen und die Teamkultur. In ihrer Fahrt durchqueren Teams im Allgemeinen fünf Phasen: eine Phase der Orientierung (auf Englisch: forming), der Konfrontation (storming), der Organisation (norming), der Leistung (performing) und der Auflösung (adjourning). Jede Phase bringt deutliche Veränderungen der *Gruppenstruktur* (z. B. Beziehungen unter den Teammitgliedern) und der *Arbeitstätigkeiten* mit sich und verlangt nach einem entsprechenden Führungsstil.

Vorgehen

Führungskräfte sollten mit den Charakteristiken der fünf Teamphasen vertraut sein, um den Bedürfnissen des Teams nach spezifischer Führung und Unterstützung gerecht werden zu können:

Orientierungsphase: Die neu zusammengeführten Teammitglieder testen die Grenzen, sowohl der Gruppe als auch der vor ihnen liegenden Arbeit: Was soll erreicht werden? Welche Form der Zusammenarbeit ist möglich? Wie fähig ist die Teamleitung und wie schätzt sie Situationen ein? Da man sich noch nicht gut kennt, ist die Orientierungsphase auch mit einem Gefühl der Unsicherheit (und Angst) verbunden. Die Teammitglieder suchen aktiv nach Orientierung und Sinn.
Der Gruppenleiter muss in dieser Phase eine klare Richtung, Ziele und Strukturen vorgeben.

Konfrontationsphase: Nach einer ersten Zeit des Kennenlernens folgt oft eine Phase des Unmuts, der Uneinigkeit und der Konfrontation. Es können sich Fraktionen innerhalb des Teams gebildet haben. Diese konkurrieren sich gegenseitig und möchten sich eine (informelle) Führungsposition verschaffen. Auch Allianzen für oder gegen die Teamleitung können zu Konflikten führen. Generell herrscht in dieser Phase ein Mangel an verbindlichen Regeln und Rollen, um die Zusammenarbeit zu strukturieren und Konflikte zu deeskalieren.
Die Teamleitung sollte in dieser Phase als Coach agieren und die Gruppenmitglieder so weit wie möglich (auch zwischenmenschlich) unterstützen. Man muss auf die Schwierigkeiten der Teammitglieder eingehen können und Konflikte so früh wie möglich schlichten. Es ist gerade auch in dieser Phase wichtig, für die Arbeit eine klare Richtung vorzugeben.

Organisationsphase: Die einzelnen Mitglieder haben viele Konflikte gelöst, teilen nun eine gemeinsame Basis und beginnen, sich mit dem Team zu identifizieren. Dies ist der Anfang einer Phase, in der man sich mehr auf die Arbeit konzentriert und explizite Regeln fürs Zusammenarbeiten definieren kann.

Die Teamleitung wirkt in dieser Phase moderierend und übt einen gemeinschaftlichen Führungsstil aus. Sie unterstützt Initiativen einzelner Teammitglieder und stellt sicher, dass die nötigen Strukturen für eine Zusammenarbeit gegeben sind. Sie hilft der Gruppe, verbindliche Kommunikations-, Konflikt- und Dokumentationsregeln zu entwickeln.

Leistungsphase: Das Team funktioniert nun wie geölt. Nicht nur die einzelnen Mitglieder, sondern das Team als Ganzes schafft es, sehr produktiv zu arbeiten. In dieser Phase werden die zuvor definierten Regeln flexibler, und die Gruppenkultur erweitert sich.

Die Teamleitung delegiert und überschaut die Arbeit der Einzelnen und der Gruppe. Eine aktive Intervention der Teamleitung wäre in dieser Phase kontraproduktiv.

Auflösungsphase: Die Arbeit des Teams nähert sich dem Ende, eine Aufgabe konnte abgeschlossen werden oder ein Termin ist erreicht (z. B. Abschluss eines Projekts).

Die Teamleitung stellt sicher, dass nach der gemeinsamen Arbeit ein sinnvoller Abschluss gefunden wird und das Team nicht einfach abrupt und unvermittelt verschwindet. Einerseits wird ein Debriefing-Workshop abgehalten, um wichtige Erfahrungen zu sichern (siehe auch: Lernen im Looping); andererseits wird die Arbeit symbolisch und emotional abgeschlossen, beispielsweise durch ein gemeinsames Abendessen oder eine kleine Feier.

Beispiel

Die erste Teamsitzung ist für die Entwicklung eines Teams von besonderer Bedeutung. Sie markiert den Beginn der ersten Phase der Orientierung (forming), in welcher eine aktive Führung besonders wichtig ist. Es gilt Orientierung und Richtung zu geben und Regeln für die Zusammenarbeit aufzustellen. Das folgende Beispiel soll auf dieses Ereignis eingehen und aufzeigen, wie einige einfache, aber wichtige Verhaltensregeln nicht nur kommuniziert, sondern auch zelebriert werden können.

Beim ersten Treffen seines Teams schaltete Tim zu Beginn der Sitzung demonstrativ sein Mobiltelefon aus. Um ihn herum waren seine sechs neuen Mitarbeiter versammelt, mit denen er das firmenweite Intranet komplett erneuern sollte. Als nun das ausgeschaltete Telefon auf dem Tisch lag, war allen klar, dass während Sitzungen weder Telefonanrufe angenommen, noch SMS verschickt oder im Internet gesurft werden sollte. Als Nächstes händigte Tim allen ein kleines Dokument aus. Auf dem Blatt konnte man die wichtigsten Statistiken der betrieblichen Intranetnutzung ersehen. Das Dokument diente einerseits der gemeinsamen Diskussion, es zeigte aber auch implizit, dass Tim einen analytischen Ansatz pflegen möchte, der sich auf Fakten und nicht nur auf Spekulationen stützt. Während der Sitzung intervenierte er immer wieder, um kritische, aber freundliche Fragen zu stellen. Manchmal stellte er sogar seine eigenen Positionen schalkhaft infrage. Mit diesem Verhalten führte er vor, dass es in diesem Team keine »heiligen Kühe« geben würde. Gleichzeitig demonstrierte er die Regeln konstruktiver Kritik, indem er stets freundlich blieb und nicht mit dem Finger auf einzelne Teammitglieder zeigte. Am Ende der Sitzung verteilte er nicht nur Aufgaben an die einzelnen Teammitglieder (Orientierung an Endprodukten und Leistung), er ließ die Teammitglieder auch wissen, dass er nun im gegenübergelegenen Restaurant essen gehen würde, und ermutigte diejenigen, die Lust hätten, mitzukommen (Pflege der zwischenmenschlichen Beziehungen).

Tim hatte während der ganzen Sitzung keine offizielle Regel kundgetan, doch schimmerte durch sein Verhalten ein klarer Kodex, nach dem das Team in Zukunft arbeiten und sich koordinieren sollte.

Grenzen

Die Achterbahnmetapher wie auch das Phasenmodell der Teamentwicklung suggerieren, dass Teams genau definierte, aufeinanderfolgende Etappen durchfahren. Teams bewegen sich jedoch nur selten auf festen, linearen Bahnen. Man kann sich die Teamentwicklung daher auch zyklisch oder als Pendel vorstellen. Zyklisch ist sie, da Teams immer wieder mit ähnlichen Themen und Problemen konfrontiert sind: Gruppen sind nicht statisch. Sie stehen immer wieder vor der Herausforderung, neue Mitglieder zu integrieren, neue Aufgaben und Probleme zu bewältigen und neue Fähigkeiten zu entwickeln. Zyklisch braucht es immer wieder eine Neuorientierung, ein erneutes Aushandeln von Prozessen und informellen Gruppenleitern.

Die Gruppenentwicklung ähnelt schließlich auch einem Pendel: Längere Phasen der relativen Stabilität und Trägheit wechseln sich mit revolutionären Phasen des Wandels ab. Stürmische Konfrontationsphasen sollten somit nicht nur nach einer ersten Orientierungsphase erwartet werden, sondern können nach kurzen Momenten des Gleichgewichts immer wieder auftreten. Für das Management von Teams ist es deswegen wichtig, Übergangsphasen gut zu meistern und Treffen, die eine neue Phase einläuten (etwa die allererste Teamsitzung oder das Debriefing), genau zu planen.

Hintergrund

Das wohl berühmteste und am meisten verwendete Phasenmodell von Teams wurde von Bruce Tuckman bereits 1965 entwickelt, als er 55 wissenschaftliche Artikel über Teamentwicklung zusammenführen wollte. In verschiedensten Kontexten (wie HR-Training, biologischen Labors, Gruppentherapie etc.) durchlief die Entwicklung von Kleingruppen ähnliche fünf Phasen: »forming«, »storming«, »norming«, »performing«, »adjourning« (zu Deutsch: Orientierungsphase, Konfrontationsphase, Organisationsphase, Leistungsphase und Auflösungsphase). Dieses Modell wurde in der Folge in vielen Studien bestätigt und erweitert. So z. B. fügten Morgan, Salas und Glickman mit ihrem TEAM Model vier weitere Phasen hinzu, nämlich pre-forming, reforming, conforming, de-forming. Durch diese zusätzlichen Momente zeigten sie auf, dass Gruppen auf zwei Ebenen durch die Entwicklungsphasen schreiten: auf der Arbeits- oder Aufgabenebene und auf der zwischenmenschlichen Ebene.

Der häufigste Kritikpunkt an Tuckmans Modell galt und gilt der Vorstellung, Teams würden diese Phasen immer in einem linearen Prozess durchlaufen. Heute geht man von dynamischeren und zyklischen Entwicklungen aus. Dennoch ist es erstaunlich, dass sich Tuckmans fünf Phasen der Teamentwicklung seit den 60er-Jahren in Forschung und Praxis bestätigt haben. Wir können somit davon ausgehen, dass Teams immer wieder Phasen durchlaufen, in denen sie sich orientieren, konfrontieren, organisieren, leisten und sich auflösen (reformieren). Die Herausforderungen an die Teamleitung stellen sich in jeder Phase anders.

Umsetzungsfragen

- In welcher Phase der Entwicklung befindet sich Ihr Team und welcher Führungsstil eignet sich demzufolge am ehesten?
- Wie können Sie das Team aus einer stürmischen Konfrontationsphase herausführen?
- Welche Regeln sollte sich das Team selbst geben? Was davon sollte schriftlich fixiert werden?
- Was können Sie tun, damit das Team schneller zur Leistungsphase gelangt?
- Werden die Übergänge zwischen zwei Phasen vom Team bewusst erlebt, eventuell durch Rituale oder kleine Feierlichkeiten?
- Gibt es Phasen, in die Ihr Team zurückgefallen ist, d. h., die es mehrmals durchläuft? Weshalb?
- Sind Sie in der Lage, Ihren Führungsstil mit der Entwicklungsstufe des Teams zu verändern?

Weiterführende Literatur

Morgan, B. B.; Salas, E.; Glickman, A. S. (1993): »An analysis of team evolution and maturation«. *The Journal of General Psychology*, 120(3), S. 277–291.

Smith, G. (2001): »Group development: A review of the literature and a commentary on future research directions«. *Group Facilitation*, 3, S. 14–45.

Staehle, W. (1980): *Management. Eine verhaltenswissenschaftliche Einführung*. München: Franz Vahlen.

Tuckman, B. (1965): »Developmental sequence in small groups. American Psychological Association«. *Psychological Bulletin*, 63(6), S. 384–399.

METHODEN FÜR DAS TEAM

Erfolgreiche Teamaufstellung

Was ist das Geheimnis guter Zusammenarbeit?

Kritische Erfolgsfaktoren von Hochleistungsteams lassen sich gezielt planen.

Erfolgreiche Teamaufstellung

Anwendungsbereich

Resultate werden in Organisationen vor allem durch Teams erreicht. Doch was unterscheidet erfolgreiche Teams von Gruppen, die scheitern? Die Teamforschung kann Führungskräften, welche Teams zusammenstellen, führen oder unterstützen, wertvolle Einsichten in die Erfolgsfaktoren erfolgreicher Kooperation in Gruppen geben.

Grundidee

Hochleistungsteams entstehen nicht durch Zufall, sondern sind das Resultat einiger kritischer Faktoren in der Art und Weise, wie die Teammitglieder miteinander umgehen und zusammenarbeiten. Diese Faktoren sind gestaltbar und können durch Führungskräfte bewusst beeinflusst werden. Die wichtigsten Faktoren sind dabei gemäß einer viel zitierten Studie von Jon Katzenbach und Douglas Smith explizite, sinnhafte und messbare Leistungsziele für das Team, individuelle, gegenseitige Verpflichtungen bzw. Verantwortlichkeiten und aufeinander abgestimmte Fähigkeiten der Teammitglieder. Wie in einem Fußballteam braucht es defensive und offensive Qualitäten, gemeinsame Spieltaktiken und die Bereitschaft, einen eigenen, mit anderen abgestimmten Beitrag fürs Ganze zu leisten. Das gelingt am besten in Teams, die nicht viel größer als eine Fußballmannschaft sind. Größere Gruppen leiden am Verlust des individuellen Verantwortungsgefühls der Mitglieder sowie an erschwerter Gruppenkommunikation und Koordination.

Vorgehen

Wie kann ein Teamleiter die Erkenntnisse aus der Teamforschung konkret für die Führung seiner Gruppe verwenden? Neben Teamentwicklungsmaßnahmen (vgl. das Kapitel zur Teamachterbahn) sind es vor allem die folgenden Faktoren bzw. Vorgaben, welche die Leistung eines Teams nachhaltig und positiv beeinflussen können:

Klare Leistungsziele: Ein Team wird durch ambitiöse, klare und von allen mitgetragene Leistungsziele zusammengeschweißt und mobilisiert. Achten Sie also darauf, dass alle Teammitglieder diese Leistungsziele (und deren Notwendigkeit) genau verstanden haben. Denken Sie an die SMART-Formel: Teamziele sollten spezifisch, messbar, ambitiös, realistisch und terminiert sein. Leistungsziele können dabei an Projektteilziele, Qualitätsindikatoren oder auch finanzielle Größen geknüpft werden.

Gemeinsame Vorgehensweise: Auf dem Fußballfeld sieht man relativ rasch, ob ein Team eingespielte Abläufe und Spielzüge trainiert hat oder nicht. In einem Projektteam sind kurzfristige Taktiken weniger notwendig, doch eine gemeinsame, allen klare Vorgehensweise für wichtige Aufgaben ist genauso »matchentscheidend«. Dadurch wird sichergestellt, dass Schnittstellen zwischen Verantwortungsbereichen funktionieren und Aufgaben falls nötig auch von anderen Teammitgliedern übernommen werden können. Schaffen Sie deshalb als Führungskraft früh klare Standards und Vorgehensweisen, die für alle verbindlich sind. Setzen Sie diese konsequent durch.

Individuelle Verantwortung und gegenseitige Verpflichtung: Zusammen mit Leistungszielen ist dies gemäß Katzenbach und Smith der Erfolgsfaktor für Hochleistungsteams schlechthin. Dabei reicht es nicht, dass Sie als Führungskraft überprüfen, ob eine vereinbarte Aufgabe ausgeführt wurde oder nicht. Vielmehr sind laterale Verpflichtungen zwischen den Teammitgliedern wichtig. Im Englischen spricht man in diesem Zusammenhang auch vom sogenannten peer pressure, also dem Druck durch Kollegen, Vereinbartes auch wirklich termingerecht und sorgfältig zu erledigen. Achten Sie also auf derartige kollegiale Verpflichtungsmechanismen, etwa durch gemeinsam verabschiedete To-do-Listen (wer macht was bis wann?) am Ende von Sitzungen.

Gemeinsame Resultate: Nichts motiviert ein Team mehr, als wenn es sieht, was es gemeinsam erreichen kann. Achten Sie deshalb als Führungskraft nicht nur auf individuelle Leistungen, sondern auch darauf, wie sie Ergebnisse des Gesamtteams für alle sichtbar und erlebbar machen können. Feiern Sie gemeinsam Erreichtes entsprechend im Team.

Persönliche Entwicklung und sinnvolle Aufgaben: Achten Sie als Führungskraft darauf, dass sich jedes Teammitglied auch individuell in seinen Kompetenzen und Erfahrungen entwickeln kann und die Teamarbeit auch Lernmöglichkeiten bietet. Tun Sie dies, indem Sie Mitarbeitern auch bewusst neue, herausfordernde Aufgaben zuteilen, anstatt wiederholt identische Aktivitäten an sie zu delegieren. Achten Sie auch darauf, dass jedem Mitarbeiter der Zweck seiner (Teil-)Aufgabe im Gesamtkontext klar wird, und er so den (übergeordneten) Sinn darin sehen kann.

Komplementäre Fähigkeiten: Wie auch ein Fußballteam nicht nur aus Stürmern bestehen kann, so braucht es auch in einem Management- oder Projektteam Kompetenzen, die zusammenpassen und das Aufgabenfeld im Gesamten abdecken. Katzenbach und Smith betonen jedoch auch generelle Fähigkeiten, die jedes Teammitglied besitzen sollte. Es handelt sich dabei um soziale Kompetenzen, um einen angenehmen zwischenmenschlichen Umgang miteinander zu gewährleisten und im Konfliktfall umgänglich und umsichtig zu reagieren. Sodann sind gewisse technische Kompetenzen notwendig (etwa im Umgang mit Informationstechnologie). Die letzte Grundkompetenz für ein Teammitglied sind Problemlösungskompetenzen und ein gewisses Maß an Kreativität, um Probleme im Team auch unkonventionell lösen zu können.

Persönlicher Einsatz: Hochleistungsteams zeichnen sich nicht nur durch komplementäre Fähigkeiten der Mitglieder aus, sondern auch durch die Motivation jedes einzelnen. Dieser Einsatz (englisch Commitment) ist zu einem großen Teil von den anderen Erfolgsfaktoren abhängig, so z.B. von der Möglichkeit, sich im Team zu entwickeln, sowie von der Bereitschaft, sich gegenseitig zur Rechenschaft zu ziehen. Achten Sie als Teamleiter auf die Beiträge Ihrer Kollegen und interpretieren Sie nachlassenden Einsatz auch als Zeichen dafür, dass bei einem der anderen Erfolgsfaktoren unter Umständen etwas nicht in Ordnung ist. Nachlassende persönliche Leistungen einzelner Teammitglieder können auch auf tiefer liegende individuelle Probleme hinweisen, wie etwa Burn-out-Symptome (vgl. dazu das Sisyphuskapitel).

Erfolgreiche Teamaufstellung

Beispiel

Eine erfahrene Projektleiterin ist hauptverantwortlich für den Relaunch des Internetauftritts einer mittelgroßen Non-Profit-Organisation. Dazu stellt sie ein Team von acht Mitarbeitern mit den entsprechenden technischen, inhaltlichen und organisatorischen Kompetenzen zusammen. Zu Beginn der Projektarbeit einigt sich das Team auf ein Vorgehen nach der Scrum-Methode mit sogenannten Sprints, in denen jeweils alle zwei Wochen Teilziele definiert und abgearbeitet werden. Die Leiterin vereinbart mit dem Team jeweils einen Miniplan mit Zielen für die nächsten 14 Tage in Bezug auf die zu programmierenden Funktionalitäten und zu erstellenden Inhalte. Jeder Mitarbeiter verpflichtet sich dabei im Plenum für gewisse Teilaufgaben und Verantwortlichkeiten. Werden Teile des neuen Internets fertiggestellt, so werden diese vom Gesamtteam getestet und als Ausdrucke im Projektraum an eine Wand geheftet (gemeinsame Resultate). Als Entwicklungsmöglichkeit werden die beteiligten Tester und Redakteure wenn immer möglich in die technischen Systeme eingeführt und ad hoc dafür von anderen Teammitgliedern geschult. Die technischen Mitarbeiter erhalten bei Interesse die Möglichkeit, ihre Grafikfähigkeiten auszuweiten. Bei einem Mitarbeiter stellt die Projektleiterin einen reduzierten persönlichen Einsatz fest und bittet ihn zum Gespräch. Sie stellt fest, dass der Mitarbeiter privat unter großem Druck steht und gesundheitlich angeschlagen ist. Sie entlastet ihn entsprechend für eine gewisse Zeit, und seine Aufgaben werden teilweise von zwei weiteren Teamkollegen übernommen. Der Internetauftritt wird rechtzeitig fertig und überzeugt. Die Leiterin lädt das gesamte Team zu einer Seefahrt ein, auf der das Erreichte gefeiert wird und die einzelnen Beiträge der Mitarbeiter gewürdigt werden.

Grenzen

Die Fußballteammetapher ist zwar meist positiv belegt und betont die Wichtigkeit von Teamfähigkeit, Kompaktheit, persönlichem Einsatz und stetiger Koordination für den Erfolg, doch ist sie weder zu 100 Prozent auf den Organisationskontext passend, noch wird sie in allen Kulturen oder Bevölkerungsgruppen auf Resonanz stoßen (denken Sie an die USA). Warum ist eine Arbeitsgruppe in einer Organisation nicht wie ein Fußballteam? Zum einen, weil es in Managementteams keinen Trainer gibt, der das Fußballfeld selbst nicht betritt; denn hoffentlich engagiert sich auch der Teamleiter aktiv am Geschehen und gibt nicht nur Hinweise aus dem Hintergrund bzw. vom Spielrand aus. Zum anderen sind Fußballer immer auf einen Gegner ausgerichtet, gegen den sie ein sogenanntes Nullsummenspiel spielen: Damit die eine Mannschaft gewinnt, muss eine andere verlieren. Diese Logik muss für Arbeitsgruppen in Organisationen nicht unbedingt gelten. Dennoch ist die Fußballmetapher für Teamvorhaben ein nützliches Bild, welches einige zentrale Werte in der Zusammenarbeit einfach in Erinnerung rufen kann.

Hintergrund

In ihrem Bestseller *The Wisdom of Teams* (Die Weisheit von Gruppen) haben die beiden ehemaligen McKinsey-Berater Jon Katzenbach und Douglas Smith in den 90er-Jahren Arbeitsgruppen aus 37 Organisationen untersucht und die dabei aufgedeckten Erfolgsfaktoren in einem einflussreichen konzeptionellen Bezugsrahmen zusammengefasst. Auch wenn sich die Forschung zum Thema Teamarbeit seither stark weiterentwickelt hat, sind die Kernergebnisse dieser Studie doch nach wie vor gültig und vor allem umsetzbar. Inwieweit sie jedoch auch für neue Arbeitsformen, wie etwa virtuelle Teams, Communitys oder organisationsübergreifende Teams gelten, ist offen. Auch wurden seither ähnlich breit angelegte Topmanagement-Teamstudien durchgeführt, die weitere wichtige Erfolgsfaktoren ans Licht gebracht haben. Kathleen Eisenhardt von der Universität Stanford hat mit ihren Kollegen beispielsweise Hochleistungsteams im Technologiesektor untersucht (speziell deren Konfliktlösungskompetenz) und dabei festgestellt, dass sich diese dadurch auszeichnen, dass sie mehr Informationen ins Team bringen als weniger erfolgreiche Teams, dass sie bewusst Humor in die Arbeit einfließen lassen, dass sie eine ausbalancierte Machtkonstellation aufweisen und bewusst breit Alternativen diskutieren und dabei Entscheidungen nicht vorschnell erzwingen.

Umsetzungsfragen

- Ist unser Team kompakt genug, um die Zusammenarbeit nicht unnötig zu verkomplizieren und um das Verantwortungsbewusstsein des Einzelnen nicht negativ zu beeinflussen?
- Haben wir ein klares gemeinsames Ziel, für das wir alle einstehen?
- Bietet das gemeinsame Vorhaben auch die Möglichkeit für jeden Einzelnen, sich persönlich zu entwickeln?
- Achten die Teamkollegen gegenseitig darauf, dass jeder seinen Beitrag leistet?
- Sind die richtigen, sprich für die Aufgaben notwendigen, Kompetenzen im Team vertreten?
- Haben wir neben dem Trainer auch einen Teamcaptain, der in der täglichen Detailarbeit klärend eingreifen kann?

Weiterführende Literatur

Eisenhardt, K. M.; Kahwajy, J. L.; Bourgeois III, L. J. (1997): »How Management Teams Can Have a Good Fight«. *Harvard Business Review*, 75(4), S. 77–85.

Eisenhardt, K. M.; Zbaracki, M. J. (2007): »Strategic decision making«. *Strategic Management Journal*, 13(2), S. 17–37.

Eppler, M.; Sukowski, O. (2000): »Managing Team Knowledge«. *European Management Journal*, 18(3), S. 334–341.

Katzenbach, J. R. (Hrsg.) (1998): *The Works of Teams*. Boston: Harvard Business Review Book.

Katzenbach, J. R.; Smith, D. (2003): *Teams, der Schlüssel zur Hochleistungsorganisation*. Frankfurt am Main: Redline Wirtschaft.

METHODEN FÜR DAS TEAM

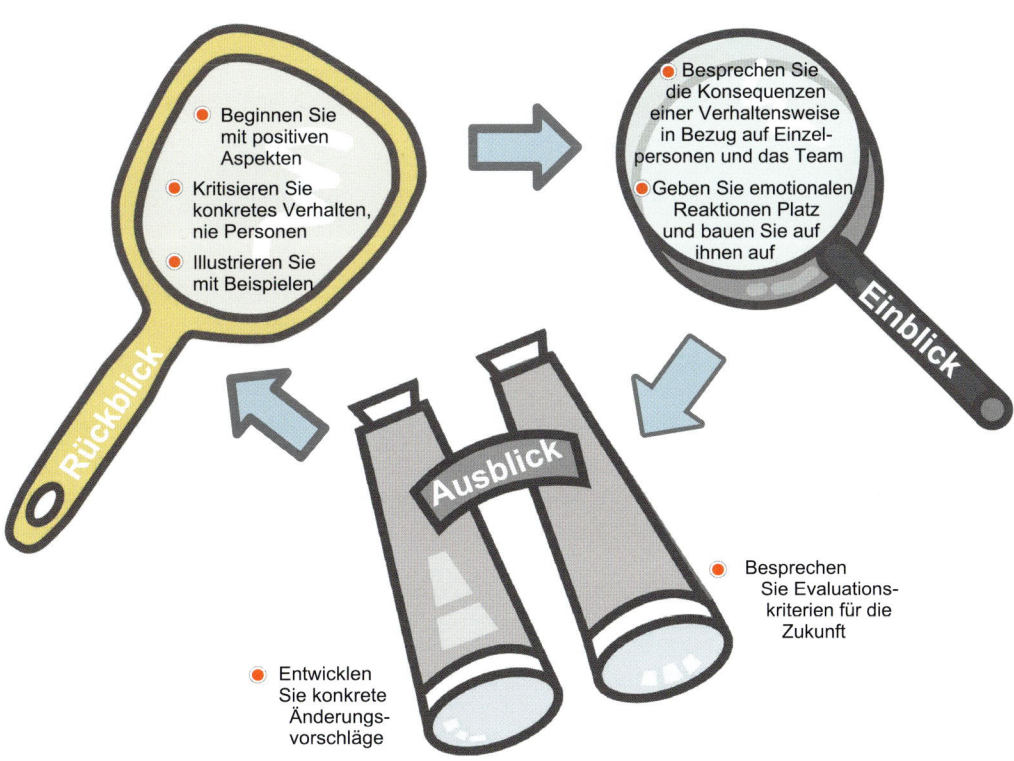

Die Feedbackgläser

Anwendungsbereich

Informelles Feedback in Teams, Debriefings nach einem Projektabschluss, jährliche Bewertungsgespräche mit Mitarbeitern: Feedback zu geben und zu erhalten gehört zum Unternehmensalltag, und dennoch gilt es als eine der schwierigsten Kommunikationsformen. Wie können sich die Mitarbeitenden gegenüber dem Management öffnen und schwierige Themen anschneiden und diskutieren? Wie können sich Gleichgestellte gegenseitig Feedback geben, sodass sich das Team weiterentwickeln kann? Wie können Manager die nicht immer optimale Leistung ihrer Mitarbeiter ansprechen, ohne dass diese Abwehrmechanismen bilden und demotiviert werden?

Der folgende Beitrag wendet sich nicht nur an Personalberater oder Führungskräfte aus dem HR-Bereich, sondern an alle Linienvorgesetzten und Mitarbeitenden, die immer wieder in die Rollen von Feedbackgeber und -nehmer schlüpfen und die eine Kultur des offenen und konstruktiven Feedbacks fördern möchten. Der Fokus liegt daher auf dem eigentlichen Feedbackgespräch und weniger auf den Fragen, wann und wie das Feedback in den Unternehmensalltag einzubinden ist.

Grundidee

Feedbackgespräche brauchen einen Rückblick, einen Einblick und einen Ausblick. Sie sollten sich nicht nur daran orientieren, welche Aspekte in einer Arbeit gut oder weniger gut gelaufen sind. Gemeinsam sollte ein Projektteam auch die Auswirkungen besprechen, welche eine bestimmte Handlung auf das Team hatte. Dabei sollten nicht nur faktische Zusammenhänge unter die Lupe genommen werden, auch emotionale Reaktionen sollten einen legitimen Platz im Feedbackgespräch haben. Am Ende einer solchen Analyse sollte der Blick dann immer nach vorne gerichtet und es sollte konkret diskutiert werden, wie eine bestimmte Arbeit anders angegangen und organisiert werden könnte. Dieser Ausblick hilft zum einen, eine Schwierigkeit in eine Chance zu verwandeln, zum anderen hilft er, neue Horizonte aufzuzeigen und das Team/die Mitarbeiter zu motivieren.

Vorgehen

Wie können Rückblick, Einblick und Ausblick gestaltet werden, sodass das Feedback nicht von Abwehrmechanismen bestimmt, sondern als wertvoller Lernmoment wahrgenommen wird, der für die zukünftige Arbeit motiviert? Folgende Tipps können Feedbackgebern helfen, Feedbackgespräche konstruktiv zu gestalten. Es soll beachtet werden, dass Vorgesetzte sowohl auf der Feedbackgeber- und auf der Feedbacknehmer-Seite stehen sollen.

Rückblick

Positive Aspekte: Feedback ist nicht in erster Linie eine Kritik, sondern – wie es die Metapher suggeriert – ein Gespräch zum Rück-, Ein- und Ausblick. Deswegen ist es wichtig, dass während eines Feedbacks nicht nur von ungenügenden Leistungen gesprochen, sondern auch aufgezeigt wird, wie gute Aspekte verbessert und in andere Richtungen weiterentwickelt werden können. Schaffen Sie zu Beginn eine motivierende und positive Stimmung, indem Sie auf ein Resultat oder Verhalten verweisen, welches Ihnen besonders gefallen hat.

Konkrete Handlungen, nicht Personen: Feedback sollte sich immer auf Verhalten beziehen und nie als allgemeine Aussage über den Charakter oder die Haltung einer Person formuliert werden. Anstelle der allgemeinen Aussage: »Sie sind wirklich unhöflich«, verweisen Sie auf eine konkrete Handlung und ihre Auswirkung: »Gestern, als Sie während des Meetings erneut lautstark meine Ideen kritisiert haben, fühlte ich mich in meiner Stellung angegriffen.« Illustrieren Sie Ihre Anliegen mit konkreten, beobachtbaren Beispielen und vermeiden Sie unspezifische Verallgemeinerungen. Je enger das Feedback zeitlich an eine Handlung angebunden ist, desto einfacher ist es nachvollziehbar.

Veränderbare Aspekte: Mitarbeiter werden in einem Gefühl der Ohnmacht gelähmt, wenn in erster Linie solche Aspekte besprochen werden, die sie nicht direkt beeinflussen können. Fokussieren Sie sich deswegen nicht auf Dinge wie Zeitmangel, Unternehmenskultur oder problematische Persönlichkeiten. Denn: Feedback soll aktivieren und die Mitarbeiter motivieren, ihre Entwicklung selbst in die Hand zu nehmen.

Persönliche Wahrheit: Für das Gegenüber ist es einfacher, eine Kritik anzunehmen, wenn klar erkenntlich ist, dass diese nicht einer allgemeinen Wahrheit entspricht, sondern eine persönliche Meinung widerspiegelt. Explizite Hinweise wie »für mich«, »meiner Meinung nach« helfen, Abwehrmechanismen abzubauen.

Relationale Ebene: Negatives Feedback kann besser aufgenommen werden, wenn sich der Feedbackempfänger gerecht behandelt fühlt. Dabei geht es nicht in erster Linie darum, eine korrekte Prozedur einzuhalten, als vielmehr darum, die spezifische Situation, die Bedürfnisse und Bedenken des Gegenübers zu berücksichtigen und ihm Verständnis und Respekt zu zeigen.

Einblick

Auswirkungen und Abhängigkeiten: Mitarbeiter sind meist auf ihre spezifische Arbeit fokussiert und haben oft nur eine vage Ahnung, welche Auswirkungen diese hat und wie sie mit der Arbeit anderer Mitarbeiter zusammenhängt. In einem zweiten Schritt des Feedbacks sollte die Arbeit der Einzelperson in einen größeren Kontext gestellt und aufgezeigt werden, welche Auswirkungen sie hat. Wo sind heikle Schnittstellen? Welche Veränderungen würden die Arbeit der Kollegen erleichtern? Ein solcher Einblick kann Mitarbeitende motivieren, da sie besser verstehen können, weshalb bestimmte Anforderungen bestehen und welche Bedeutung die eigene Arbeit in einem größeren Rahmen hat.

Emotionale Reaktionen: Die Auswirkungen einer konkreten Verhaltensweise müssen nicht nur sachlicher Natur sein. Kollegen können sich durch ein bestimmtes Verhalten

Die Feedbackgläser

angegriffen oder nicht respektiert fühlen. In Feedbackgesprächen sollte deswegen eine vertrauensbasierte Atmosphäre entwickelt werden, in der auch heikle emotionale Aspekte besprochen werden können.

Reflexivität: Man sollte das Feedbackgespräch nicht nur führen, sondern dieses gleichzeitig auch aus einer bestimmten Distanz beobachten. Hat mein Gegenüber mein Anliegen richtig verstanden? Wie reagiert er emotional auf meinen Vorschlag? Dieses reflexive Verhalten kann auch zum expliziten Thema des Feedbackgesprächs werden. Versuchen Sie, emotionale Reaktionen für eine Weile in der Schwebe zu halten, ohne diese beurteilen zu müssen.

Ausblick

Konkrete Änderungsvorschläge: Während eines Feedbackgesprächs sollte nicht problematisiert, sondern vor allem nach vorne geschaut werden. Wie kann ein Problem in Zukunft vermieden werden? Was könnte wie besser organisiert werden? Dabei darf der Blick auch weiter gehoben und dürfen breiter gefächerte Ziele und Visionen entwickelt werden. Schließlich sollte diskutiert werden, welche konkreten Aspekte die einzelnen Mitarbeitenden zur Erreichung dieser Ziele beitragen können.

Transparente Evaluationskriterien: Einzelne Mitarbeiter und Teams sollten wissen, welche Prioritäten zukünftig für ihre Arbeit gelten und aufgrund welcher Kriterien sie beim nächsten (formellen) Feedback bewertet werden. Damit diese Kriterien als fair empfunden werden, sollten sie gemeinsam entwickelt und beschlossen werden.

Beispiel

Anstelle einzelner Mitarbeiterfeedbacks organisieren Firmen vermehrt halbtägige Feedbackworkshops. Das ganze Team kommt zusammen und erarbeitet gemeinsam, wie die letzten drei Monate gelaufen sind und was man wie in der Zukunft anders angehen möchte. Ein wichtiger Vorteil solcher Gruppenfeedbacks ist, dass die einzelnen Mitarbeiter nicht das Gefühl haben, nur sie kriegten negatives Feedback. Man sieht beispielsweise, dass auch äußerst geschätzte Mitarbeiter Kritik einholen. Ein weiterer Vorteil ist, dass ein Verhalten aus verschiedenen Perspektiven beleuchtet werden kann. Die Workshopatmosphäre trägt schließlich dazu bei, dass die Teilnehmerinnen und Teilnehmer aktiver und dynamischer mit den angetroffenen Schwierigkeiten umgehen. Die Frage ist nicht in erster Line: »Was lief falsch?«, sondern vielmehr: »Was machen wir nun daraus?«

Feedbackworkshops können sehr unterschiedlich gestaltet werden. Eine Möglichkeit ist, die Gruppe auf verschiedene Tische mit je fünf Personen aufzuteilen. Jeder erhält fünf Feedbackkarten, vier für die Tischkollegen und eine für sich selbst. Darauf schreibt man je zwei konkrete Beobachtungen, eine positive und eine eher negative, die ein typisches Verhalten des jeweiligen Teamkollegen illustrieren. Dasselbe macht man auch für sich selbst auf der eigenen Karte.

Nun werden die Karten eingezogen und so verteilt, dass jede Person das an sie gerichtete Feedback erhält. Jede Person sucht sich einen positiven und zwei negative Aspekte heraus, die sie in der Gruppe vertieft besprechen möchte.

Für jeden Teilnehmer nimmt sich die Gruppe eine halbe Stunde Zeit und diskutiert die Feedbackpunkte. Auf dem Tisch liegen ein Spiegel, eine Lupe und ein kleines Fernrohr. Diese erinnern die Gruppe, die drei Feedbackgläser zu berücksichtigen. Sie besprechen nicht nur konkrete Verhaltensweisen, sondern auch, welche Auswirkungen diese auf die anderen Teammitglieder haben und was in Zukunft anders gemacht werden kann.

Grenzen

Die Grenzen der Gläsermetapher zeigen sich vor allem auf der bildlichen Ebene in der Kombination der Gläser. Es macht wenig Sinn, einen Spiegel mit einer Lupe und einem Fernstecher zu kombinieren, und so mag die Aufforderung der Metapher nicht ganz überzeugen, dass es für ein konstruktives Feedback alle drei Gläser braucht.

Dennoch verweist jede einzelne Glasmetapher auf wichtige Qualitäten des Feedbacks. Der Spiegel, z. B., erlaubt einer Person, sich selbst von außen zu betrachten und ein »wahres« Bild von sich selbst zu erhalten, das nicht von Wunschvorstellungen verklärt ist. Diese Assoziation finden wir in Redensarten wie »einer Sache den Spiegel vorsetzen« oder »der Spiegel der Seele« wieder. Auch im Märchen »Schneewittchen« sagte der Spiegel der Königin stets die Wahrheit, selbst wenn sie davon ganz grün wurde. Diese Qualität der Spiegelmetapher verweist auf eine wichtige Eigenschaft des konstruktiven Feedbacks: Feedbackgespräche sollen nicht belehrend sein; sie dienen nicht dazu, dass jemand über einen anderen ein Urteil fällt. Vielmehr soll man dem Kollegen ermöglichen, sich selbst im Spiegel zu sehen und seine Arbeit aus einer zweiten Perspektive wahrnehmen zu können.

Hintergrund

Das Feedback ist ein zentraler Aspekt der »lernenden Organisation« und verschiedener handlungsorientierter Ansätze des organisationalen Lernens. Diese gehen davon aus, dass Lernen am effektivsten ist, wenn es an konkrete Handlungen gebunden ist, d. h., wenn man einerseits die eigenen Handlungen überdenkt (sich oder sein Team im Spiegel beobachtet) und andererseits die Lernerfahrungen direkt an neue Verhaltensmuster koppelt (siehe auch den Beitrag in diesem Buch: Lernen im Looping). Managemententwicklungen wie Total Quality Management, Qualitätszirkel, »Empowerment«, und die Projektorganisation haben alle dem Feedback eine zentrale Rolle zugeschrieben.

Obwohl produktive Feedbackstrukturen in der Verantwortung der Personalabteilungen und der Linienvorgesetzten liegen, darf das Feedback nicht nur von oben nach unten gerichtet sein. Im Gegenteil: Mitarbeiter und Kunden sollten aktiv werden und ihre Eindrücke und Verbesserungsvorschläge nach Möglichkeit im geeigneten Rahmen kundtun. Dadurch fühlen sie sich ernster genommen und sind besser motiviert. Daneben versucht man heute vermehrt, 360-Grad-Beurteilungen zu organisieren, in denen Selbsteinschätzungen mit dem Feedback von Kollegen und Rückmeldungen von außen kombiniert werden. Perspektivenwechsel finden somit nicht nur in Bezug auf Rückblick, Einblick und Ausblick statt, sondern auch zwischen Eigen- und Fremdwahrnehmung.

Die Feedbackgläser

? Umsetzungsfragen

- Fokussieren wir uns in Feedbackgesprächen nur auf die Vergangenheit und verpassen es, nach vorne zu schauen und Gelerntes in Ziele umzuwandeln?
- Schaue ich im Feedbackgespräch nur auf Details (Lupe) und vergesse, das Gesamtbild zu betrachten (Spiegel)?
- Hilft uns das Feedbackgespräch, nicht nur unsere eigene Arbeit aus einer zweiten Perspektive zu sehen, sondern auch, die Abhängigkeiten zwischen unserer und der Arbeit anderer Teammitglieder besser zu verstehen?
- Können wir unsere Selbstreflexion mit den Zielen der Organisation verknüpfen?

Weiterführende Literatur

Fengler, J. (2009): *Feedback geben: Strategien und Übungen*. 4. Auflage, Weinheim, Basel: Beltz.

Lepsinger, R.; Lucia, A. D. (2009): *The Art and Science of 360 Degree Feedback*. San Francisco: Wiley & Sons.

Ein Periodensystem der Moderation

Wie moderiert man Gruppen?

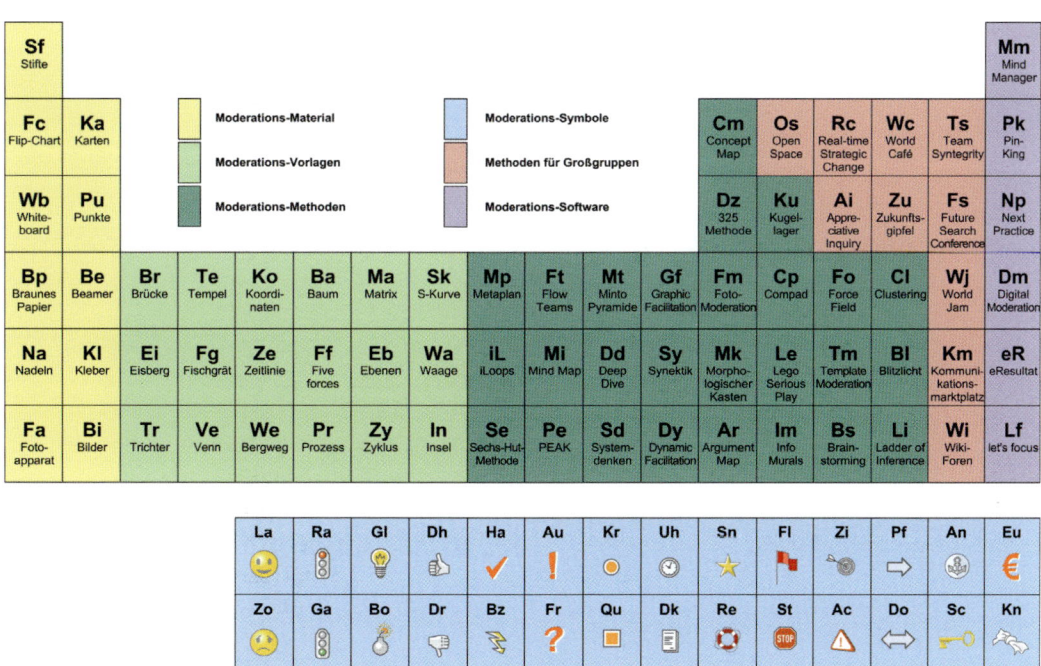

Moderation gelingt, wenn jedes Element am richtigen Platz ist.

 Ein Periodensystem der Moderation

Anwendungsbereich

Die zielorientierte und gleichzeitig flexible Moderation von Workshops und Sitzungen mit Partnern, Teams oder Großgruppen in einem Problemlösungs- oder Entscheidungsprozess ist eine anspruchsvolle Aufgabe. Sie erfordert neben Fachwissen, Einfühlungsvermögen und einem Verständnis von Gruppendynamik auch Kenntnisse über moderne Moderations- und Visualisierungsmethoden sowie entsprechende Werkzeuge. In den letzten Jahren hat sich dieses Gebiet sowohl methodisch wie auch technologisch stark weiterentwickelt. Im Folgenden möchten wir deshalb auf einige *methodische und technologische* Innovationen der Moderation aufmerksam machen und bewährte Ansätze und Erfolgsfaktoren zusammenfassen.

Grundidee

Die spielerisch an das Periodensystem der chemischen Elemente erinnernde Übersicht zeigt rund 100 Werkzeuge der Moderation im Überblick. Die Spannbreite reicht dabei von einfachen Pinnwand-Symbolen und Requisiten bis hin zu komplexen Abläufen und Softwareprogrammen zur Unterstützung des Moderationsprozesses.

Sie finden in dieser Zusammenstellung sowohl altbekannte Werkzeuge, wie etwa Flipcharts, Force Field oder Clustering, wie auch neuere Tools und Methoden, wie etwa Lego Serious Play oder World Jams. *Moderationsmaterial* bezeichnet dabei nützliche Moderationsutensilien für die Standardmoderation von Workshops. *Moderationsvorlagen* sind nützliche Strukturen, um Gruppendiskussionen zu strukturieren und zu dokumentieren. *Moderationsmethoden* sind prinzipien- und regelgeleitete Vorgehensweisen zur Führung und Dokumentation von Gruppenprozessen. *Großgruppenmethoden* sind analog dazu Vorgehensweisen und Infrastrukturen, um 30 bis 300 Menschen miteinander arbeiten zu lassen. *Moderationssoftware* kann für reale oder virtuelle Durchführungen von digitalen Workshops verwendet oder zur Ergänzung und Nachbereitung normaler Treffen eingesetzt werden. *Moderationssymbole* schließlich sind einfache Grafiken (z. B. Kleber), um wichtige Inhalte zu kennzeichnen.

Vorgehen

Je nach Ziel, Teilnehmerzahl und verfügbarem Medium sind unterschiedliche Moderationsmethoden sinnvoll. Diese Methoden sind entweder einfache *Einzelvorlagen* zur Unterstützung einer Workshopsituation, oder aber vordefinierte *Schrittabfolgen* für die Dramaturgie eines Gesamtworkshops. Der erste Typ von Methode besteht dabei aus einfachen grafischen Strukturierungshilfen, die es Moderatoren erlauben, Diskussionen lösungsorientiert zu strukturieren. Beispiele für derartige Vorlagen sind etwa: Stimmungsbarometer, Force Field, Ladder of Inference, Stakeholderkarte oder auch ein einfacher Maßnahmenplan (wer macht was bis wann). Der zweite Typ von Moderationsmethode ist komplizierter und benötigt nicht nur mehr Zeit – zum Teil bis zu drei Tagen –, sondern auch mehr (räumliche, personelle und technische) Ressourcen. Die nachfolgende Tabelle gibt einen Überblick über moderne, innovationsfördernde Moderationsmethoden dieser Art und erläutert deren Grundprinzipien.

Um entsprechende Moderationsmethoden besser überblicken und auswählen zu können, kann man diese anhand von drei Kriterien unterscheiden, nämlich in Bezug auf:

1. das *Moderationsziel* bzw. den Anwendungskontext (z. B. Strategieentwicklung, Problemanalyse, Brainstorming, Entscheidungsfindung, Teamentwicklung, Reviewing etc.),
2. die *Teilnehmerzahl* (Kleingruppe, Team, Großgruppe, Community) oder
3. das *Moderationsmedium* (von rein physisch, z. B. auf Pinnwand, über »blended«, z. B. mit Laptop und Projektor bzw. Whiteboard, bis zu rein virtueller Durchführung, z. B. via PC Desktop und Internetkonferenz).

Beispiel

Ein erfahrener Trainer möchte für den nächsten Teamworkshop bewusst neue Moderationsmethoden ausprobieren, um seine workshoperprobten (bzw. -müden) Kollegen zusätzlich für die gemeinsame Arbeit zu motivieren. Er schickt ihnen dazu das Periodensystem vorgängig zu mit der Bitte, diejenigen Methoden, die sie interessieren, anzukreuzen. Im Workshop verwendet er dann anstatt der bekannten Pinnwandmethode zwei neue Moderationsansätze, um die geplanten Vorhaben gemeinsam zu besprechen. Mit der Methode der Dynamic Facilitation (Dy) sammelt er zu Beginn des Workshops alle bestehenden Probleme, Informationen, Lösungsideen und Bedenken der Teilnehmer. Danach verwendet der die Moderationssoftware let's focus (Lf) zusammen mit der Bergwegvorlage (We), um die nächsten konkreten Arbeitsschritte des Teams zu planen.

Grenzen

Die grafische Metapher eines Periodensystems erweckt den Eindruck, dass es sich bei der Workshopmoderation und ihren Elementen um eine wissenschaftliche Systematik wie die von Dmitri Mendelejew handeln würde. Das ist natürlich ein Strapazieren der Metapher und eine Interpretation, die für die Kunst der Moderation nicht ganz zutreffend ist. Nichtsdestotrotz bewegt sich auch das weite Feld der Moderation auf eine verstärkte Professionalisierung zu und wird zunehmend auch nach wissenschaftlichen Kriterien evaluiert.

Hintergrund

Viele Moderationsmethoden stammen aus den USA, einige jedoch wurden auch in Deutschland, Österreich oder der Schweiz (mit- oder weiter)entwickelt, wie etwa Compad, Lego Serious Play, Fotomoderation, Team Syntegrity, Flowteams, template-based facilitation oder Deep Dive.

Eine vergleichende Analyse dieser Methoden zeigt, dass es einige generelle Erfolgsfaktoren von innovationsfreudigen Moderationsmethoden gibt. Solche bewährte Moderationsprinzipien sind:

- *Lösungsorientierung:* Moderation muss auf Funktionierendem und Positivem aufbauen und sollte nicht nur problematisieren.
- *Prototypen bauen:* Moderation sollte zur raschen Erstellung von gemeinsamen und sichtbaren Ansätzen führen, welche dann schrittweise verbessert werden können.
- *Vertrauensbildung vor Konflikt:* Moderation muss auf verschiedenen Ebenen (Umfeld, Teilnehmerbeziehungen, Methode) Vertrauen und Identität schaffen.
- *Multiperspektiven:* Moderation muss viele unterschiedliche Perspektiven zulassen und verbinden.
- *Freiwilligkeit/Marktprinzip:* Die Teilnehmer sollen sich dort engagieren, wo ihre Prioritäten oder Präferenzen liegen.
- *Überlappungsprinzip:* In Großgruppen sollte die Moderation sicherstellen, dass überlappende bzw. wechselnde Gruppen gebildet werden.

Als Hauptvorteil der aufgeführten Methoden kann deren konstruktives, partizipatives und soziales Workshopdesign genannt werden, welches allen Beteiligten die Möglichkeit gibt, sich kreativ einzubringen und auszutauschen. Als Hauptnachteil oder Hürde einiger Methoden ist deren zeitlicher Aufwand zu nennen (bei Team Syntegrity, Real Time Strategic Change, World Café oder Lego Serious Play). Zudem lassen sich viele dieser Methoden nicht für virtuelle, webbasierte Workshops verwenden. Dafür sind hingegen Moderationssoftwarepakete wie let's focus oder MindManager geeignet. In den nachfolgenden beiden Tabellen finden Sie Links und Kurzbeschreibungen zu ausgewählten Moderationsmethoden und Werkzeugen.

Name der Moderationsmethode	Ausgewählte Erfolgsprinzipien der Methode	Weiterführende Informationen zur Methode	Anwendungskategorien
Appreciative Inquiry	Nicht auf Probleme und Misserfolge fokussieren, sondern auf dem Erfolgreichen aufbauen, das bereits funktioniert	Barret, F. J. (1995): »Creating Appreciative Learning Cultures«. *Organizational Dynamics.* 2 (24), S. 36–40. www.gervasebushe.ca/aiteams.htm	Problemlösung, Großgruppenmoderation
Compad	Gemeinsames physisches Modellieren und Interpretieren von Situationen und Optionen	www.compad.info	Problem- und Konfliktlösung im Team, Gruppenlernen (nur physisch)
Deep Dive	Rasches Herstellen von provisorischen Lösungen	www.imd.org/research/publications/upload/PFM 110-LR_Boynton-Fischer.pdf	Problemlösung im Team (nur vor Ort)
Dynamic Facilitation	Simultanes Beisteuern und Festhalten von Problemen, Lösungen, Bedenken und Informationen	www.all-in-one-spirit.de/sem/mehrzudf.htm	Problemlösung im Team
Flow Teams	Rasches Herstellen von provisorischen Lösungen (Rapid Prototyping), selbst organisierte Prozesse mit eigenen Teamregeln	Gerber, M.; Gruner, H. (1999): **Flow Teams –** *Selbstorganisation in Arbeitsgruppen.* Credit Suisse, Orientierung 108. www.flowteam.com/	Problemlösung und Entscheidungsfindung im Team

Name der Moderationsmethode	Ausgewählte Erfolgsprinzipien der Methode	Weiterführende Informationen zur Methode	Anwendungskategorien
Fotomoderation	Einfach strukturierte und positiv belegte Fotos als Strukturierungshilfe und (digitale) Beitragsspeicher nutzen	www.lets-focus.com	Problemlösung und Entscheidungsfindung, Reviewing, Team- und Großgruppenmoderation (auch virtuell)
Future Search Conference/ Zukunftskonferenz	Selbst gesteuerte Gruppen klären die Vergangenheit und Gegenwart und entwickeln Visionen für die Zukunft, die dann integriert werden	www.communityplanning.net/methods/future_search_conference.php	Großgruppen- und Community-Moderation, Strategieentwicklung, Problemanalyse
Graphic Facilitation	Visuelles, metapherngeleitetes Sammeln, Strukturieren und Dokumentieren der Teilnehmerbeiträge	www.grove.com www.innovation-factory.com/	Problemanalyse, Entscheidungsfindung, Reviewing, Strategieentwicklung, Teammoderation mit Pinnwänden
Lego Serious Play	Individuelles und gemeinsames physisches Modellieren und Interpretieren von Situationen und Optionen	www.seriousplay.com	Strategie- oder Identitätsentwicklung im Team (nur vor Ort)
Open Space	Freiwillige Themenwahl und dynamischer Gruppenwechsel, Marktplatzprinzip (Teilnehmer gehen zu den Themen, die sie interessieren)	Owen, H. (1996): *Open Space Technology*. San Francisco: Berret-Koehler. www.openspaceworld.org/wiki/wiki/wiki.cgi	Problemanalyse, Großgruppenmoderation in großem Raum
Real Time Strategic Change	Zu einem bestehenden Managementstrategievorschlag werden gemeinsam Feedback und Vorschläge eingebracht	Jacob, R. W. (1994): *Real Time Strategic Change*. San Francisco: Berret-Koehler. www.projektmagazin.de/glossar/gl-0359.html	Strategieentwicklung, Großgruppenmoderation
Team Syntegrity	Überlappende Gruppen, wechselnde Rollen (z. B. Teilnehmer, Kritiker, Beobachter), Marktprinzip	Beer, S. (1994): *Beyond Dispute: The Invention of Team Syntegrity*. London: John Wiley & Son. www.zimconsult.ch/docs/pfiffner-TS-kurz.pdf	Projektreviews, Problemlösung Strategieentwicklung, Gruppenmoderation von 24 bis 42 Personen.
Template-based Facilitation	Moderation mit bewährten Vorlagen (Diagramme, visuelle Metaphern, Comics, Landkarten, Kategorisierungen)	Reinhardt, R.; Eppler, M. (2005): *Wissenskommunikation in Organisationen*. Berlin: Springer. www.knowledge-communication.org	Problemlösung/Strategie im Team, besonders geeignet für die digitale Moderation
World Café	Wechselnde Teams bei gleichbleibenden Koordinatoren	www.theworldcafe.com	Problemlösung, Großgruppenmoderation

Ein Periodensystem der Moderation

Name des Programms	Kurzbeschreibung	Weitere Informationen	Anwendungsbereiche
Digital Moderation	Vom Fraunhofer-Institut entwickelte Module zur Großgruppenmoderation	www.digital-moderation.de	Nur für reale Workshops (benötigt spezielle Hardware)
Inspiration	Visualisierung der Beiträge als Concept Map	www.inspiration.com	Lernorientierte Moderation
Digalo	Argumentationsvisualisierung	www.argunaut.org/glossary/Digalo	Gruppenmoderation von Argumentationen (auch via Internet)
let's focus	Unterstützt die Planung und Vorbereitung, Visualisierung und Sofort-Dokumentation, umfasst vier Moderationstools und eine Bibliothek mit 120 Vorlagen	www.lets-focus.com	Für reale und virtuelle Workshops
Metaplan Visio	Visualisierung von Karten gemäß der Metaplanmethode (Vorlage für MS Visio)	www.metaplan.de	Vor allem für reale Workshops im Bereich Clustering
Mind-Manager	Visualisierung der Teilnehmerbeiträge in einem Mindmap	www.mindmanager.de	Vor allem für reale Workshops für Brainstormings
Nextpractice-Moderator	Großgruppenmoderation mit Tischterminals	www.nextpractice.de	Nur für reale Workshops (benötigt spezielle Hardware)
Pin King	Zur Vorbereitung von Workshops mittels Kärtchen-Programm	www.neuland.ch	Für reale Workshops
Planeasy	Nur zur Planung von Workshops	www.planeasy.de	Workshopzeit- und Methodenplanung
Smart Ideas	Visualisierung als Mindmap oder Clustering	www.smarttech.com/	Lernorientierte Moderation

Umsetzungsfragen

- Variieren Sie die von Ihnen verwendeten Moderationsmethoden bewusst, um die Teilnehmer zu aktivieren und bei der Stange zu halten?
- Haben Sie Ihr Moderations-Know-how aktualisiert und verwenden Sie moderne Workshopinstrumente wie let's focus, Lego Serious Play oder Inspiration?
- Kann Moderationssoftware Ihnen helfen, Reisekosten zu sparen, indem Sie Workshops und Sitzungen online im sogenannten Screen-Sharing-Modus in Skype oder Adobe Connect moderieren?
- Gebrauchen Sie in der Moderation von Workshops und Sitzungen Visualisierung bewusst, um die Teilnehmer auf ein Thema zu fokussieren und komplexe Sachverhalte gemeinsam zu besprechen?

Weiterführende Literatur

Edmüller, A.; Wilhelm, T. (2007): *Moderation*. Freiburg: Haufe.

Eppler, M.J.; Pfister, R. (2011): *Sketching at Work. A Guide to Visual Problem Solving and Collaboration*. St. Gallen: =mcm institute. Erhältlich unter www.sketchingatwork.com

Funcke, A.; Havenith, E. (2010): *Moderations-Tools*. Bonn: ManagerSeminare.

Die sechs Denkhüte

Wie analysiert man Probleme?

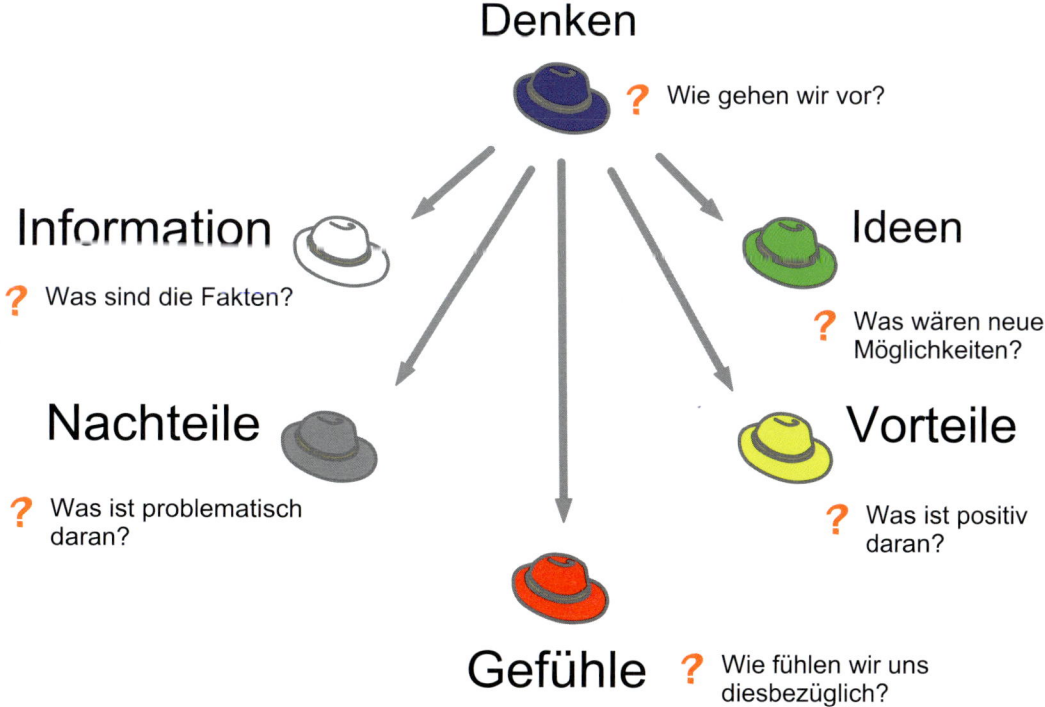

Bewusster Rollen- und Perspektivenwechsel macht Diskussionen produktiver.

Die sechs Denkhüte

Anwendungsbereich

Die Methode der sechs Denkhüte stammt von Edward de Bono, einem einflussreichen Managementberater und -trainer, der unter anderem auch das Konzept des lateralen Denkens entwickelt hat. Laterales Denken ist ein bewusst unlogisches und unkonventionelles Denken, das nicht von bestimmten, festgesetzten Prinzipien ausgeht, sondern aus alten Ideen und Vorstellungen ausbricht. Die Methode der sechs Denkhüte kann für das ausgewogene, zielgerichtete Denken des Einzelnen, vor allem aber in Gruppendiskussionen angewandt werden.

Grundidee

Zur ausgewogenen Diskussion von Problemen bietet es sich an, zwischen sechs verschiedenen Denkarten (wie z. B. dem kritischen Bewerten oder dem Weiterentwickeln von Ideen) zu wechseln und diese durch verschiedenfarbige Hüte explizit zu kennzeichnen. So kann sichergestellt werden, dass Gespräche kreativ, emotional authentisch, aber auch analytisch sind.

Vorgehen

Die Methode kann formell oder informell eingesetzt werden. Informell wird Sie verwendet, um gewisse Denkprozesse in Gruppendiskussionen einzufordern. Formell wird sie eingesetzt, um gewisse Diskussionsabläufe in Phasen (als Sequenz von Hüten bzw. Denkformen) zu gestalten. Bei der informellen Verwendung wird im Gespräch darauf geachtet, verschiedene Denkformen zu berücksichtigen, beispielsweise indem man andere bittet, den gelben oder schwarzen Hut »anzuziehen«. Formell bildet eine Hutsequenz die Sitzungsagenda, wie das nachfolgende Beispiel aufzeigt:

1. Blauer Hut (um das Ziel und das Vorgehen zu klären)
2. Weißer Hut (um die Informationslage zu klären)
3. Grüner Hut (um neue Vorschläge einzuholen)
4. Gelber Hut (um die Vorteile der Vorschläge zu diskutieren)
5. Schwarzer Hut (um die Nachteile der Vorschläge zu evaluieren)
6. Roter Hut (um die Evaluationen abschließend einzuschätzen)

Die Hüte sollen dabei sicherstellen, dass eine derartige Sequenz auch eingehalten wird und das Kommunikationsverhalten entsprechend angepasst wird; dies kann für reale Vor-Ort-Sitzungen wie auch für virtuelle, computergestützte Sitzungen ein wichtiger Erfolgsfaktor sein.

Beispiel

Nehmen wir die Situation einer typischen Gruppensitzung, an der ein akutes Projektproblem des Teams diskutiert werden soll. Das Projektteam sieht das Risiko, dass das nächste Projektziel nicht rechtzeitig erreicht werden könnte. Um dieses Problem zu besprechen, übernimmt jeder Sitzungsteilnehmer einen »Hut« bzw. eine Rolle. Der Sitzungsleiter übernimmt den blauen Hut und strukturiert den Sitzungsverlauf. Ein weiterer Teilnehmer übernimmt die Rolle des weißen Hutes und schildert die Faktenlage (z. B. dass zwei Drittel aller Projektaktivitäten im Zeitplan sind). Ein anderer Teilnehmer übernimmt den schwarzen Hut und schildert die Risiken, die sich aus diesem Zeitverzug ergeben können, so z. B. Verzögerungen bei anderen Projekten. Der Teilnehmer, welcher den roten Hut übernommen hat, gibt daraufhin zum Ausdruck, dass dies wohl alle Teammitglieder stark belastet und sogar bedrückt. Der gelbe Hut in der Teilnehmerrunde betont daraufhin die positiven Aspekte der Situation und erwähnt die Möglichkeit, mit diesem Warnruf die gesamte Projekttruppe nochmals für einen Schlussspurt mobilisieren zu können. Der grüne Hut in der Runde stimmt dem zu und bringt verschiedene Ideen zur Umsetzungsbeschleunigung ein; er schlägt z. B. vor, dass weitere Mitarbeiter bei den in Verzug geratenen Aktivitäten mithelfen oder dass um Unterstützung von anderen Projektteams nachgefragt wird.

Grenzen

Die Hutmetapher darf in vielen Situationen nicht zu wörtlich genommen werden, denn oft kann es auch zweckdienlich sein, mehr als einen Hut gleichzeitig zu tragen, d. h. mehr als eine Rolle parallel einzunehmen. Beispielsweise kann der Sitzungsleiter gleichzeitig darauf bedacht sein, das weitere Vorgehen in der Sitzung zu planen und die Emotionen der Sitzungsteilnehmer zur Sprache zu bringen.

Hintergrund

Edward de Bonos Denkhüte beruhen auf einer Erkenntnis, welche in der Gruppenpsychologie oft nachgewiesen wurde: Perspektivenwechsel verbessert die Produktivität der Zusammenarbeit und führt zu besseren Entscheidungen. Durch die Hutmetapher wird dieser Perspektivenwechsel explizit eingefordert und kann ohne große Bedenken umgesetzt werden.

Umsetzungsfragen
- Wie können wir das Thema aus verschiedenen Perspektiven betrachten (Vor- und Nachteile, Fakten und neue Ideen)?
- Sind alle Fakten auf dem Tisch?
- Haben wir eine faire Evaluation vorgenommen, die alle Vor- und Nachteile umfasst?
- Lassen wir Emotionen explizit zur Sprache kommen?

Weiterführende Literatur
Bono, E. d. (1987): *Das Sechsfarben-Denken*. München: Econ.
Bono, E. d. (1999): *Six Thinking Hats*. New York: Little Brown.

METHODEN FÜR DIE ORGANISATION

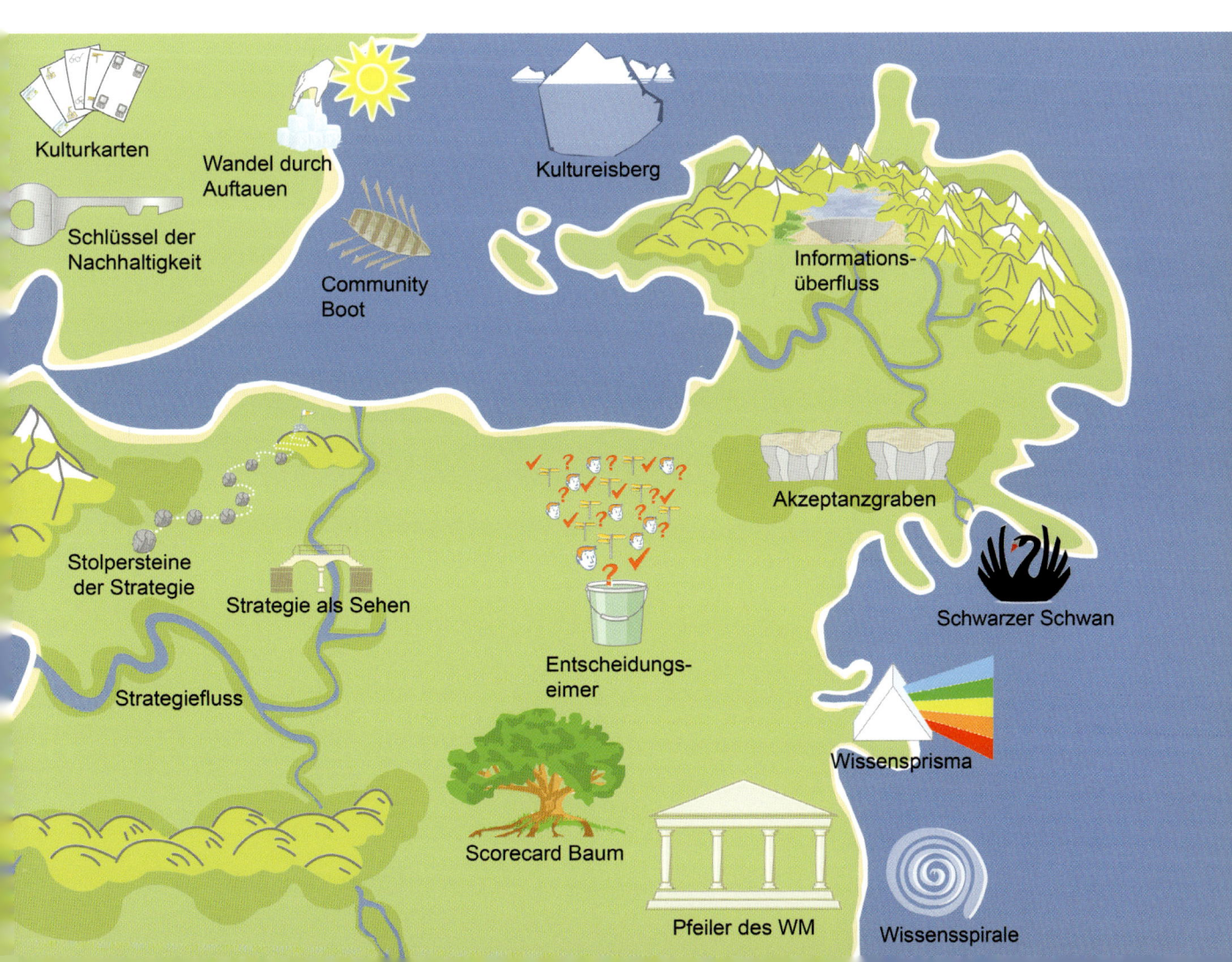

METHODEN FÜR DIE ORGANISATION

Die Kulturkarten

Wie beschreibt man eine Unternehmenskultur?

Unternehmenskultur als ...

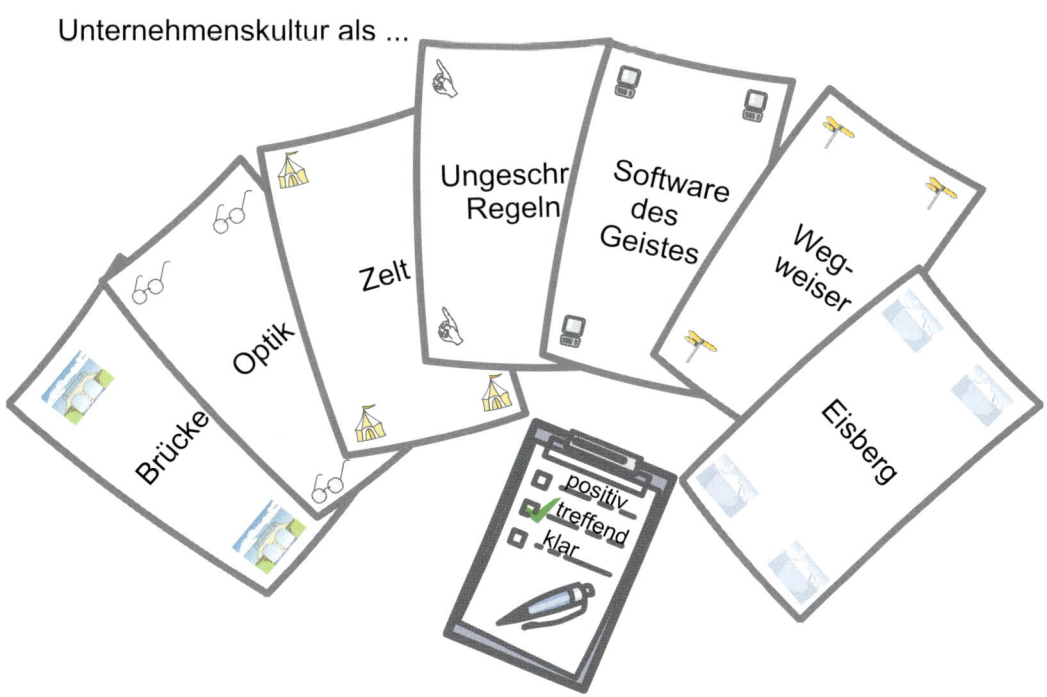

Man versteht eine Unternehmenskultur erst dann,
wenn man sie als mehrere Dinge gleichzeitig begreift.

Die Kulturkarten

Anwendungsbereich

Im Managementkontext gibt es wohl kaum ein Phänomen, das derart schwierig zu erfassen, zu beschreiben oder zu begreifen ist, wie die Kultur einer Organisation. Um etwas derart Komplexes, also Dynamisches und Intransparentes zu begreifen, reicht eine Metapher alleine nicht aus. Deshalb haben wir in diesem Bild verschiedene Kulturmetaphern als Karten zusammengestellt, die Sie – je nach Situation – ausspielen bzw. nutzen können, um mit dem Phänomen Kultur in Organisationen reflektierter umgehen zu können.

>
> **Grundidee**
> Um die Kultur einer Organisation wirklich zu verstehen, sollten Sie diese aus unterschiedlichen Blickwinkeln betrachten. Dazu sind Metaphern äußerst hilfreich, da sie besondere Aspekte in den Vordergrund rücken, die sonst vielleicht missachtet würden. Einige Metaphern eignen sich dabei besonders für die Diagnose der eigenen Unternehmenskultur.

Vorgehen

Verwenden Sie die folgenden Metaphern, um die Kultur einer Organisation zu analysieren oder diese gemeinsam mit anderen zu besprechen:

Die *Brückenmetapher* betont die verbindende Funktion einer Organisationskultur. Sie zeigt auch, dass es überhaupt unterschiedliche Kulturen und Subkulturen in einer Organisation gibt, die es zu verbinden (und nicht notwendigerweise zu »vereinheitlichen«) gilt, z. B. durch das überbrückende Element einer gemeinsamen Unternehmenskultur (die Freiräume für kulturelle Unterschiede und Neuentwicklungen zulässt) – auch über geografische oder sprachliche Grenzen hinweg.

Die Metapher der *Optik* soll darauf hinweisen, dass eine organisationale Kultur einen Einfluss darauf hat, wie man Probleme, Chancen oder auch den Markt wahrnimmt und interpretiert.

Die *Zeltmetapher* geht ursprünglich auf den Organisationsforscher Bo Hedberg zurück. Mit ihr kann man Unternehmenskultur als ein flexibles Gerüst verstehen, das sich in neuen Umgebungen doch immer wieder gleich anfühlt, obwohl es sich anpasst.

Das Bild bzw. die Karte der *ungeschriebenen Regeln* betont den Aspekt, dass Kultur verhaltenssteuernd wirkt, ohne (vor)geschrieben zu sein. So umfasst Kultur oft implizite Verhaltensgesetze (»das macht man bei uns nun mal so«), die jeder unbewusst befolgt, obwohl sie nirgendwo beschrieben sind.

Gemäß Gert Hofstede ist die Kultur einer Organisation wie die *Software des Geistes*; dies gilt insofern, als sie wie ein Betriebssystem gewisse höhere Programme anleitet oder umgibt.

Die *Wegweisermetapher* steht für eine Unternehmenskultur, die den Weg in die Zukunft weist, Richtungen und Handlungsweisen vorgibt und so Orientierung schafft.

Der *Eisberg* schließlich ist wohl die bekannteste Kulturmetapher im Organisationskontext. Sie verweist vor allem darauf, dass der größte Teil der Unternehmenskultur nicht direkt wahrnehmbar ist und unter der Oberfläche bleibt, so etwa Tabus, Rituale, Konfliktlösungsformen, Grundwerte oder Haltungen. Nur ein kleiner Teil wie Statuten, Regelwerke, Prozessabläufe oder die Vision sind explizit formuliert.

Welche dieser (oder anderer) Metaphern Sie wann verwenden, hängt davon ab, ob das entsprechende Bild bei den Beteiligten positiv belegt ist, für deren Kontext stimmt und auch möglichst (sofort) klar bzw. verständlich ist.

Spielen Sie also die richtige Kulturkarte zum richtigen Zeitpunkt aus und begreifen Sie Kultur als etwas, das erst dann richtig gehandhabt werden kann, wenn man es als verschiedene Dinge (gleichzeitig) konzipiert. Damit gilt auch für das Verständnis von Unternehmenskultur: Setzen Sie nicht alles auf eine Karte.

Beispiel

Nehmen wir an, Sie stehen als Manager vor einer großen Reorganisation, welche das gesamte Unternehmen betreffen wird. Um die Kommunikation über das Vorhaben an die Belegschaft vorzubereiten, nutzen Sie die Metaphernkarten, um den richtigen Ton zu treffen und mögliche Widerstände zu identifizieren und – sofern möglich – anzusprechen.

Mit der Brückenmetapher denken Sie an verbindende Elemente der bestehenden Unternehmenskultur, die auch in der neuen Organisationsform zum Tragen kommen können. In der Kommunikation des Wandelvorhabens betonen Sie diese verbindenden Aspekte bewusst und zeigen auf, wie sie auch nach der Reorganisation erhalten bleiben können. Mit der Brillen- bzw. Optikmetapher nutzen Sie bekannte, in der Firma oft gehörte Sichtweisen und Ansichten vieler Organisationsmitglieder zur Deutung des Reorganisationsbedarfes. Dabei kann es sich beispielsweise um das Bild des Kunden als etwas potenziell Gefährdetes handeln. Die Zeltmetapher verwenden Sie, um bestehende, flexible Aspekte der momentanen Organisation zu betonen und wie diese beim anstehenden Reorganisationsprozess helfen. Die Unternehmenskultur als ungeschriebene Regeln berücksichtigen Sie, indem Sie versuchen, diesen in Ihrer Wandelkommunikation nicht zu widersprechen; z.B. die Regel in Ihrer Firma, dass Hierarchieunterschiede nicht besonders hervorgehoben oder betont werden. Aus der Perspektive der Software des Geistes überlegen Sie sich, von welchen lieb gewonnenen Routinen und Abläufen sich die Mitarbeiter wohl aufgrund der Reorganisation verabschieden müssen und wie dieses »System-Update« positiv formuliert werden kann. Die Wegweisermetapher nutzen Sie, um aufzuzeigen, wie bisherige Richtwerte der Unternehmenskultur auch während und nach der Reorganisation Gültigkeit haben. Die Eisbergmetapher schlussendlich hilft Ihnen, Ihr Gespür für die Ängste, Tabus und unterschwelligen Einstellungen der Mitarbeiterinnen und Mitarbeiter zu schärfen und die Formulierung des Change-Vorhabens entsprechend vorzunehmen.

Grenzen

Jedes einfache Bild für etwas derart Komplexes wie die Kultur einer Organisation ist notwendigerweise unvollständig. Deshalb liegt das größte Risiko der oben erwähnten Metaphern wohl dort, wo diese zu Dogmen oder dominierenden, festgefahrenen Bildern werden, von denen man sich nur mehr schwer lösen kann. Der Hauptwert der beschriebenen Metaphern liegt beim Perspektivenwechsel, den sie ermöglichen. Die Grenze eine Metapher muss demnach der Anfang der nächsten sein.

Die Kulturkarten

Hintergrund

Organisationen und deren Kulturen durch den Spiegel von Metaphern zu betrachten, hat in der Organisationsforschung eine lange Tradition. Ein Höhepunkt dieses Ansatzes war dabei sicherlich das Buch *Bilder der Organisation* von Gareth Morgan Ende der 80er-Jahre. In seinem Buch betrachtet Morgan Organisationen aus dem Blickwinkel von sieben Leitmetaphern. Diese Projektionsflächen von organisationalen Realitäten sind die *Maschine*, der *Organismus*, das *Hirn*, die *Kultur*, das *politische System* und das (mentale) *Gefängnis* sowie das *Unterdrückungswerkzeug*. Jede dieser Metaphern beleuchtet einige wichtige Aspekte von Organisationen und deren Management. Die Maschinenmetapher zeigt etwa auf, warum es Organisationen oft schwerfällt, sich zu verändern. Das Bild des Organismus sensibilisiert Manager für die Abhängigkeit der Organisation von ihrem Umfeld. Das Verständnis von Organisationen als Hirn rückt Lern- und Verstehensprozesse im Unternehmen in den Mittelpunkt.

Morgans Verdienst ist es dabei, das große kreative Potenzial von Metaphern fürs Management aufgezeigt und zum ersten Mal viele Manager für dieses faszinierende kognitive Werkzeug sensibilisiert zu haben.

Auch ein weiterer Großer der Organisationstheorie hat auf die Wichtigkeit von unterschiedlichen Metaphern für das Gleiche hingewiesen: Karl Weick empfiehlt Managern, Metaphern zu mutieren, sprich etwas Komplexes als verschiedene Metaphern zu rekonstruieren und so neue Facetten daran zu entdecken und neue Handlungsmöglichkeiten sichtbar zu machen.

Umsetzungsfragen

- Was sind verbindende Elemente in unserer Kultur, die uns in der Zusammenarbeit immer wieder helfen, zusammenzufinden?
- Gibt es bestimmte festgefahrene Sichtweisen in unserer Organisation? Was sehen wir alle gleich im Betrieb? Könnten sich daraus Gefahren ergeben?
- Welche Elemente unserer Unternehmenskultur erlauben uns, besonders flexibel zu sein, und fühlen sich trotzdem immer gleich an (Zeltmetapher)?
- Was sind die ungeschriebenen Regeln in unserem Unternehmen, an die sich alle irgendwie zu halten scheinen?
- Gibt es gewisse festgefahrene Routinen in unserer Organisation, die man »upgraden« oder vielleicht sogar ganz eliminieren sollte?
- Welche etablierten ethischen Grundwerte helfen in unserer Organisation bei schwierigen Entscheidungen oder Dilemmata?
- Welche Tabus und Grundannahmen liegen der Art und Weise zugrunde, wie wir im Betrieb miteinander umgehen, reden und gegenüber Externen auftreten? Was lässt sich daraus in Bezug auf unsere Unternehmenskultur lernen?

Weiterführende Literatur

Deal, T.E.; Kennedy, A.A. (2000): *Corporate Cultures: The Rites and Rituals of Corporate Life*. New York: Basic Books.

Morgan, G. (2008): *Bilder der Organisation*. Stuttgart: Klett-Cotta.

Morgan, G. (2008): *Löwe, Qualle, Pinguin – Imaginieren als Kunst der Veränderung*. Stuttgart: Klett-Cotta.

Schein, E.H. (2003): *Organisationskultur*. Zürich: EHP.

Weick, K.E. (1995): *Der Prozess des Organisierens*. Frankfurt am Main: Suhrkamp.

METHODEN FÜR DIE ORGANISATION

Der Kultureisberg

Wie versteht man das Innere einer Unternehmung?

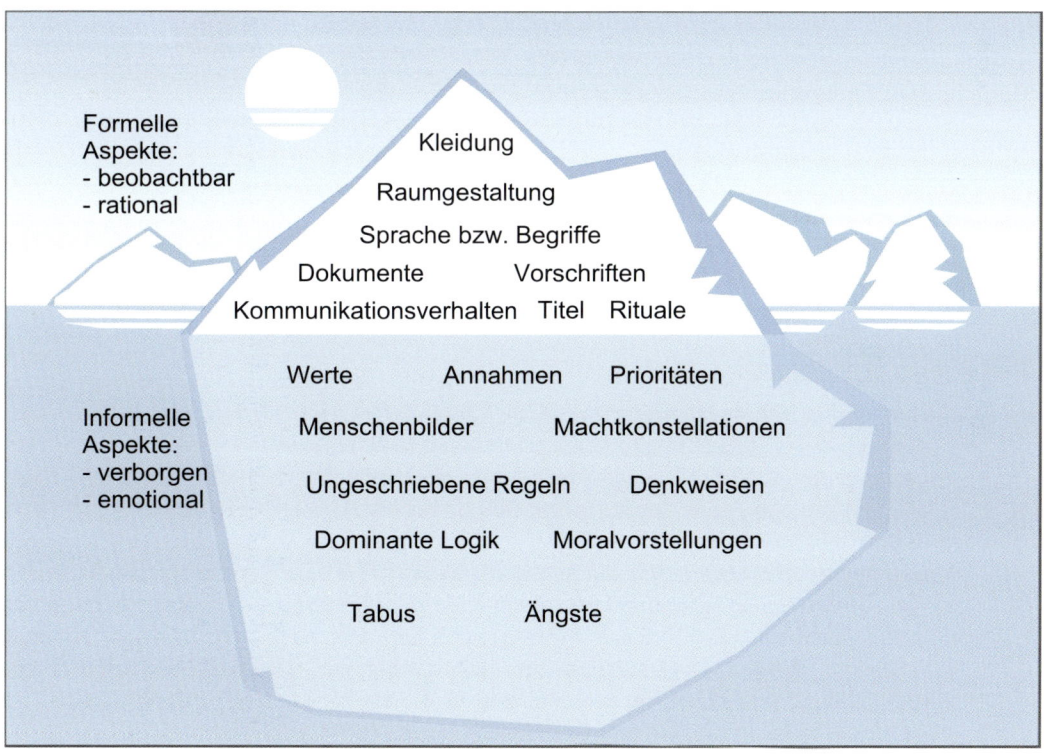

Für das Verständnis einer Unternehmenskultur liegt das Wichtigste unter der Oberfläche.

 Der Kultureisberg

Anwendungsbereich

Mehrere betriebswirtschaftliche Studien haben gezeigt, dass die Unternehmenskultur ein zentraler Erfolgsfaktor für die Leistungsfähigkeit einer Organisation ist. Die Kultur eines Unternehmens ist jedoch nur teilweise direkt beobachtbar und kann auch nur indirekt und mittelfristig beeinflusst werden. Das Bild des Kultureisbergs möchte für die verborgenen Elemente dieser Kultur sensibilisieren und aufzeigen, wie diese sichtbar gemacht werden können, um potenzielle Kulturkonflikte (z. B. beim Change Management) früh zu erkennen und zu umschiffen. Das Konzept ist von daher besonders für Change Manager relevant. Auch für Führungskräfte, die neu in eine Organisation eintreten und die neue Kultur besser verstehen möchten, bietet die Metapher hilfreiche Perspektiven.

Grundidee

Organisationen sind komplexe, zielgerichtete soziotechnische Systeme. Die Unternehmenskultur einer Organisation ist deshalb nicht eine feste Variable, sondern ein sogenanntes emergentes, d. h. sich entwickelndes Phänomen. Es entsteht aus dem Zusammenspiel unzähliger Faktoren und ist deshalb nur schwer »lesbar«. Will man jedoch die Unternehmenskultur (beispielsweise aufgrund einer neuen Strategie) in eine bestimmte Richtung hin entwickeln, so muss man die sichtbaren und die unsichtbaren Bestandteile der Unternehmenskultur erkennen und verstehen. Besonders sollte dabei auf die weniger gut sichtbaren, emotionalen Elemente einer Unternehmenskultur geachtet werden.

Vorgehen

Um die offensichtlichen Eckpunkte einer Unternehmenskultur zu erkennen, genügt es oft, systematisch und bewusst auf Dinge wie die getragene Kleidung, das Kommunikationsverhalten, offizielle Dokumente und oft verwendete Begriffe innerhalb eines Unternehmens zu achten. Diese können bereits wertvolle Hinweise auf prägende Werte, Erfahrungen und Einstellungen geben. Um die impliziten (ungeschriebenen), kollektiven Grundwerte besser zu verstehen, muss man auch »weichere Komponenten« berücksichtigen. Dies kann getan werden, indem man Anekdoten über die Führungspersönlichkeiten der Firma sammelt und auf Gemeinsamkeiten hin analysiert, oder indem man immer wieder auftauchende Klischees, Abwehrreaktionen oder auch Ausreden sammelt und vergleicht. Weitere Möglichkeiten zur Beobachtung der Unternehmenskultur bieten Angestelltenbefragungen, bei denen immer wieder die Warum-Frage gestellt wird, um so deren Aussagen auf Motive und Grundeinstellungen zurückzuführen.

Beispiel

Nehmen wir als hypothetisches Beispiel den ersten Arbeitstag eines neuen Personalmanagers bei einem internationalen Sportartikelkonzern. Der Manager hat von einer Unternehmensberatung in das Unternehmen gewechselt, welches er vorher nur indirekt über

Kollegen und Geschäftskontakte kannte. Wie geht er nun vor, um die Unternehmenskultur richtig und rasch einzuschätzen? Als Personalmanager muss er schließlich bei Neueinstellungen beurteilen können, ob ein Kandidat in die Unternehmenskultur passt oder nicht. Zudem muss er Veränderungsprojekte begleiten und dabei die Reaktionen der Mitarbeiter antizipieren können. Ohne ein Grundverständnis der Unternehmenskultur ist dies äußerst schwierig. Also beobachtet er sein neues Umfeld genau, liest interne Memos und Projektberichte, führt Gespräche mit langjährigen und frischen Mitarbeitern, geht durch die Räume und Korridore des Hauptquartiers und isst mit den neuen Arbeitskollegen zu Mittag. In all diesen Situationen nimmt er Indikatoren der Unternehmenskultur wahr. Doch wie kann er die verborgenen Aspekte der Unternehmenskultur für sich sichtbar machen? Er beginnt damit, sich von Kolleginnen und Kollegen seiner Abteilung bekannte Geschichten aus der Firmenvergangenheit erzählen zu lassen. Zudem fragt er diese nach Erfolgen, Krisen, vielleicht sogar Skandalen und gescheiterten Projekten der letzten Jahre und wie mit diesen umgegangen wurde. Er fragt nach der Logik gewisser strategischer Entscheide und danach, welches die Vorbilder oder Potenzialträger des Betriebes seien und weshalb. Als unkonventionelle Methode fragt er einige seiner Kollegen in passenden Momenten, welches Tier oder welches Automodell wohl das Unternehmen wäre, wenn es denn ein Tier oder Fahrzeug wäre. Dadurch erhält er ungefilterte, emotionalere Antworten als bei rein analytischen Fragen.

Grenzen

Es mag auf den ersten Blick sonderlich erscheinen, etwas derart Lebendiges und Dynamisches wie die Kultur einer Organisation mit der relativ leblosen und statischen Struktur eines Eisberges darzustellen. Auch ist die Eisbergmetapher keineswegs universell verständlich (in Afrika z. B. werden ähnliche Ideen jeweils durch ein Nilpferd im Wasser symbolisiert, von dem man nur die Ohren sieht). Trotzdem handelt es sich beim Eisbergmodell um ein sehr bekanntes, einfach nachvollziehbares und instruktives Bild zum besseren Verständnis von Unternehmenskulturen. Es sensibilisiert vor allem darauf, dass Kultur zum größten Teil nicht sichtbar ist und dass das, was wir explizit als Kultur wahrnehmen, immer nur einen sehr kleinen Teil eines viel komplexeren Ganzen darstellt.

Hintergrund

In der modernen Managementlehre und Organisationsforschung ist wohl kaum ein Thema derart omnipräsent und dennoch kontrovers wie das Konzept der Unternehmenskultur. Es besteht zwar ein relativ breiter Konsens bezüglich der sichtbaren und verborgenen Elemente von Organisationskulturen. Die Meinungen gehen jedoch stark auseinander, wenn es darum geht, wie und ob sich eine Unternehmenskultur gezielt verändern bzw. gestalten lässt. Es gibt denn auch weitaus mehr Studien, welche verschiedene Formen von Unternehmenskulturen unterscheiden, als solche, die schlüssig aufzeigen, wie eine organisationale Kultur zielgerichtet verändert werden kann. Über alle Ansätze hinweg findet man jedoch die Aussage, dass ein gutes Grundverständnis der bestehenden Kultur der erste Schritt für jede zukünftige Veränderung sein muss. Dazu kann das Eisbergmodell nach wie vor ein bewährtes Orientierungsraster bieten.

Der Kultureisberg

> **Umsetzungsfragen**
> - Welche ungeschriebenen Regeln gelten in Ihrem Betrieb und was lässt davon auf die Kultur schließen? Können Sie diese Regeln anhand von Krisenverläufen, gescheiterten Projekten oder Entlassungen rekonstruieren?
> - Gibt es Geschichten oder Mythen, die schon lange in ihrer Organisation zirkulieren?
> - Welche Grundmotive und Einstellungen liegen unter der Oberfläche dieser Geschichten?
> - Gibt es Subkulturen in Ihrer Organisation? Gab es z. B. Vorfälle in Ihrem Betrieb, bei denen unterschiedliche, nicht artikulierte Erwartungen oder Annahmen zu Konflikten zwischen Teams geführt haben?

Weiterführende Literatur

Deal, T. E.; Kennedy, A. A. (1982): *Corporate Cultures: The Rites and Rituals of Corporate Life*. New York: Basic Books.

Sackmann, S. (2004): *Erfolgsfaktor Unternehmenskultur*. Wiesbaden: Gabler.

Schein, E. H. (1999): *The Corporate Culture Survival Guide*. San Francisco: Jossey-Bass.

Staehle, W. (1980): *Management. Eine verhaltenswissenschaftliche Einführung*. München: Franz Vahlen.

Wandel durch Auftauen

Wie verändert man Organisationen?

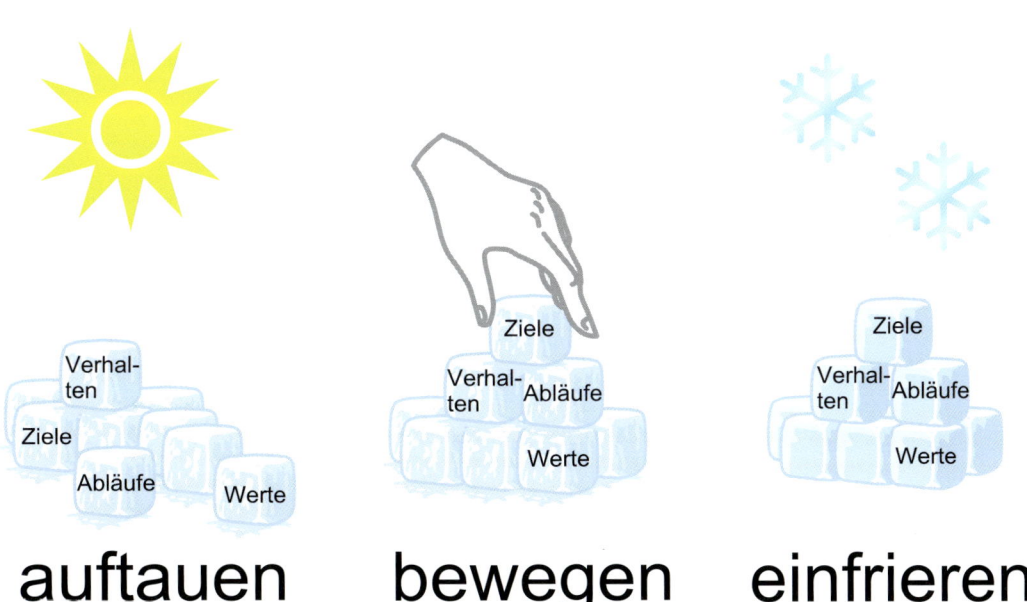

auftauen   bewegen   einfrieren

Man kann feste Strukturen nur verändern, indem man sie auftaut und in Bewegung setzt.

Wandel durch Auftauen

Anwendungsbereich

Das »unfreeze-move-freeze«-Phasenmodell (auftauen, bewegen, einfrieren) kann all jenen in Organisationen Orientierung bieten, welche Wandelprozesse in Gang setzen möchten. Diese können innerhalb offizieller Change-Management-Initiativen geplant werden oder auch im kleineren Rahmen entstehen und organisch von der Basis entwickelt werden.

Grundidee

In einer Organisation besteht normalerweise eine Balance zwischen Kräften, die den Wandel antreiben, und solchen, die den Wandel hemmen. Um Wandelprozesse gezielt in Gang zu setzen, muss man in einer ersten Phase die hemmenden Kräfte minimieren (z. B. Resistenzen der Belegschaft abbauen) und bestehende (Verhaltens-)Strukturen, Werte, Abläufe und Ziele »auftauen«. Erst dann kann in einer zweiten Phase mit neuen Strukturen experimentiert werden. Schließlich sollen neue, verbesserte Verhaltensweisen »eingefroren«, d. h. konsolidiert werden.

Vorgehen

Der Wandelprozess strukturiert sich in drei Hauptphasen, in denen spezifische Herausforderungen und Praktiken gelten:

1. *Auftauen:* Das Ziel in dieser Phase ist es, Resistenzen gegen den Wandel abzubauen und die Mitarbeiter für den Wandel zu motivieren.
   Wann immer ein Wandel initiiert wird, entwickelt sich sogleich eine Gegenkraft, den Status quo und das bisherige Gleichgewicht aufrechtzuerhalten. Die Mitarbeiter sperren sich gegen den Wandel, da sie eine Situation bevorzugen, die ihnen Stabilität und Kontrolle verspricht. Ein Wandel stellt zudem ihre bisherige Identität teilweise infrage (z. B. was ist meine Aufgabe?) und wird deswegen nicht mit offenen Armen empfangen. Um diesen Resistenzen entgegenzuwirken und Organisationsstrukturen aufzutauen, müssen die Mitarbeiter zuerst eine Unzufriedenheit oder einen Missstand wahrnehmen und akzeptieren. Oft überkommt sie im Anblick dieses Missstandes eine bestimmte »Überlebensangst«, d. h. ein Gefühl, dass, wenn sie jetzt nichts ändern, sie ihre eigenen Ziele und Vorhaben nicht erreichen können. Diese Angst motiviert zum Wandel, genügt jedoch nicht alleine, Resistenzen abzubauen. Gleichzeitig bedarf es einer »psychologischen Sicherheit«, d. h. eines gegenseitigen Zutrauens, die Organisation böte einen sicheren Kontext, um Risiken einzugehen und eigene Fehler einzugestehen. Eine solche Sicherheit muss durch einen unterstützenden Kontext (z. B. transparente Kommunikation, angemessene Ressourcen, Coaching) und gemeinsame Werte und Ziele (z. B. man wird für Fehler nicht beschuldigt, man teilt gemeinsame Visionen) gefördert werden.
2. *Bewegen:* Das Ziel in dieser Phase ist das Experimentieren mit neuen Verhaltensmustern und die Neuorientierung bestehender Werte.

Wichtig ist in dieser Phase das kognitive Umstrukturieren oder »Reframing«. Ein solches Reframing erfolgt, wenn z. B. die Bedeutung eines bestimmten Begriffs ausgeweitet oder neu interpretiert werden soll: Möchte man in einer Organisation, in der Individualität ein wichtiger Wert ist, das Konzept der Teamarbeit stärken, dann sollte die Teamarbeit nicht als die Unterordnung individueller Ziele im Dienste einer Gruppe angesehen werden, sondern als die Koordination individueller Aktivitäten zu einem pragmatischen Zweck.

Eine Gefahr in dieser Phase ist, dass sich die Mitarbeiter an bestehende Vorbilder klammern, die sie imitieren können (z. B. Berater, Benchmarks). Obwohl solche Vorbilder es möglich machen, die Mitarbeiter zu begeistern und ihnen alternative Verhaltensweisen näherzubringen, sind diese auch problematisch, da sie oft nicht direkt übersetzbar sind und nicht in die Unternehmenskultur passen. Es ist daher wichtig, ein Umfeld zu schaffen, das reich an Anreizen und neuen Informationen ist und in welchem frei experimentiert und entwickelt werden kann (Versuch-und-Irrtum-Methode).

3. *Einfrieren:* Diese Phase hat das Ziel, neue Prozesse und Verhaltensformen in der Organisation zu verankern und zu konsolidieren.

   Damit der Rückfall zu alten Verhaltensmustern verhindert werden kann, müssen die neuen Strukturen mit dem Selbstverständnis der Organisation, der Gruppe oder des Individuums übereinstimmen. Aus diesem Grund ist es einfacher, einen Wandel dauerhaft umzusetzen, der intern in einer Organisation entwickelt und nicht von außen in die Organisation importiert wurde. On-the-Job-Trainings sind nötig (d. h. Ausbildungen am Arbeitsplatz), in denen neue Verhaltensweisen nicht nur automatisiert werden, sondern auch die Werte, welche für das alte Verhalten plädierten, aufgebrochen und anders gelebt werden.

Beispiel

Im Folgenden werden für jede Phase des Auftauen-bewegen-einfrieren-Modells einige Beispiele angeführt, wie eine spezifische Herausforderung in der Praxis angegangen werden kann.

Auftauen

Wie kann in Arbeitsgruppen ein Umfeld der »psychologischen Sicherheit« entwickelt werden?

Damit in Teams ein Umfeld entstehen kann, in dem die einzelnen Mitglieder naive Fragen stellen, eigene Fehler zugeben und die Position von Minderheiten einnehmen können, müssen drei Aspekte beachtet werden:

1. Statusdifferenzen sollten auf ein Minimum abgebaut werden (z. B. durch flache und dezentralisierte Entscheidungsstrukturen).
2. Die Teammitglieder sollten sich auch auf einer persönlichen Ebene gut kennen (z. B. durch Organisation von »Away-Days«).
3. Ein partizipativer Führungsstil soll gepflegt werden (»Ich bin auf euren Input und euer kritisches Mitdenken sehr angewiesen«).

Wandel durch Auftauen

Bewegen

Wie können Experimentierfreude und Entwicklung gefördert werden?

Bei klassischen Change-Projekten werden neue Prozessabläufe meist vom Management und in kleinen Arbeitsgruppen entwickelt und dann mittels aufwendiger Implementationsprozesse umgesetzt. Alternativ können auch gemeinschaftliche und Bottom-up-Prozesse gefördert werden, in denen die Mitarbeiter selber für neue Entwicklungen Verantwortung übernehmen. Dazu brauchen sie gewisse Freiräume, in denen sie auch individuellen Interessen nachgehen können. Dies kann z. B. erreicht werden, indem ein bestimmter Anteil der Arbeitszeit für eigene Projekte genutzt werden kann. Google gewährt seinen Mitarbeitern die sogenannte »Innovation Time Off« und ermutigt sie dazu, bis zu 20 Prozent ihrer Arbeitszeit in persönlich motivierte Projekte zu stecken. Aus dieser Praxis sind im Falle von Google zahlreiche Produktinnovationen hervorgegangen, unter anderem der bekannte E-Mail-Dienst »Gmail«.

Eine weitere Möglichkeit, Mitarbeitern den für Experimente und Entwicklung notwendigen Freiraum zu bieten, ist die Förderung sogenannter »Communities of Practice«. Darunter versteht man Gruppen, die einem gemeinsamen Interesse nachgehen, und sich zur Erreichung ihrer Ziele gegenseitig durch Erfahrungs- und Wissensaustausch unterstützen.

Für das körperliche Ausleben von Experimentierfreude und Entwicklungsgeist empfehlen sich darüber hinaus »Breakout-Räume« (zu Deutsch: »Ausbruchsräume«). Dies sind kleine bis mittelgroße Tagungsräume, die mit zahlreichen Mitteln zur Ideenentwicklung ausgestattet sind und die im Gegensatz zu herkömmlichen Konferenzräumen so möbliert sind, dass sie sich eher für Dialogsituationen als für Präsentationssituationen eignen. Solche Räume sollten also kleine Sitzgruppen enthalten anstatt des üblichen großen Konferenztischs. Mitarbeiter sollten dort außerdem ein Whiteboard, Flipcharts, Kreativitätsspiele, Stifte, Papier, farbige Etiketten und je nach Bedarf weitere haptische Objekte vorfinden, die es ermöglichen, neue Formen der Interaktion und Exploration zu erproben.

Einfrieren

Wie können neue Verhaltensmuster gefestigt werden?

Damit neue Prozesse und Strukturen in einer Organisation Fuß fassen können, kann das Management Coachs einsetzen, die den Mitarbeiterinnen und Mitarbeitern zur Seite stehen und sie bei den neuen Abläufen und Rollenfunktionen unterstützen können. Die Mitarbeitenden sollen mittels Controllingschlaufen und Feedbacksessions zudem die Möglichkeit haben, die neuen Prozesse zu überdenken und die Auswirkungen dieser zu sehen. Schließlich können auch Prozessdokumentationen (z. B. in einem Handbuch) oder standardisierte Schulungen für neue Abläufe und Rollen entwickelt werden, was insbesondere in Unternehmungen mit einer starken Mitarbeiterfluktuation von Bedeutung ist.

Grenzen

Das Auftauen-Bewegen-Einfrieren-Modell wird in erster Linie von Personen weiterentwickelt und vorangetrieben, die von der Annahme ausgehen, dass Organisationen träge sind und sich nur schwer verändern lassen. Deswegen wird argumentiert, es brauche gezielten und geplanten Wandel, der zu besseren Prozessen und Strukturen führe. Eine solche Phase des Wandels stellt einen episodischen Bruch dar, nach welchem die Organisation wieder zu ihrem Gleichgewicht und ihrer Stabilität zurückfindet.

Demgegenüber steht die Auffassung, dass Organisationen nie statisch sind, sondern sich in ständigem Wandel befinden. Unaufhörlich müssen sich ihre Mitglieder, ihre Strukturen und Prozesse an das wandelnde Umfeld anpassen und sich erneuern. In dieser Perspektive liegt die Herausforderung nicht im Auftauen fester Strukturen; es braucht also keinen Prozess des »Auftauen – Bewegen – Einfrieren«. Im Gegenteil, da sich die Organisation im dauernden Flux befindet, benötigt der geplante Wandel den umgekehrten Prozess des »freeze – rebalance – unfreeze«, zu Deutsch des »Einfrieren – Neuausrichten – Auftauen«. Dieses gegenteilige Modell stammt aus der Feder des bekannten Organisationsforschers Karl Weick. Zuerst muss der dauernde Wandel auf lokaler Ebene vorübergehend angehalten werden, damit die Organisationsmitglieder feststellen können, welche ihrer Annahmen, Vorhaben und Prozesse fragwürdig sind (siehe auch den Beitrag zur Erkenntnisleiter in diesem Band). Sie müssen diese dann neu interpretieren, benennen und ausrichten. Nach der Neuausrichtung (rebalancing) kann der angestrebte Wandel in den lebendigen Prozess des Organisationslebens einfließen: Die Organisation übernimmt den Wandel in Form von veränderten Ausgangsbedingungen und setzt ihn durch kleine Improvisationen und lokale Anpassungen im täglichen Arbeitskontext um (unfreeze).

Die Auftauen-und-Einfrieren-Metapher kann somit zwei radikal unterschiedlichen Perspektiven zum Wandel in Organisationen dienen (träge versus sich wandelnde Organisationen, episodischer versus stetigen Wandel). Gleichzeitig verweist sie darauf, dass beide Perspektiven auf ähnlichen Mechanismen aufbauen. Es zeigt sich, dass der Wandel in Organisationen sowohl die Interaktion von Resistenz, Dichte und Durchlässigkeit, als auch von Stabilität und Flexibilität braucht.

Weitere bekannte Wandelmetaphern sind die Lebenszyklusmetapher (Geburt/Beginn, Wachstum, Ernte, Tod/Ende) oder die Evolutionstheorie (Reproduktion, Variation, Selektion). Sie verweisen im Vergleich zur Auftauen-und-Einfrieren-Metapher auf ganz andere Aspekte des Change Management. Bei der Evolutionsmetapher z. B. verläuft der Wandel nicht geplant, sondern ist das Ergebnis von Ressourcenknappheit und wettbewerbsbedingter Selektion.

Hintergrund

Das »unfreeze-move-freeze«-Phasenmodell (auftauen, bewegen, einfrieren) wurde ursprünglich von Kurt Lewin, dem Begründer der Sozialpsychologie, entwickelt und erreichte Bedeutung als eines der wichtigsten Modelle des Change Management. Das Modell ist eng mit Lewins Feldtheorie verknüpft. Diese Theorie versucht zu erklären, welche Kräfte ein soziales System in eine bestimmte Richtung bewegen und welche es bremsen (Resistenzen versus Wandel). Von ihm stammt auch der berühmte Satz »Man versteht ein System erst dann, wenn man versucht, es zu ändern«. Daraus entwickelte er das Konzept des »Action Research«. Diagnose und Intervention sind in dieser Auffassung nicht voneinander getrennt, sondern unmittelbar verknüpft. Jede Form von Analyse ist gleichzeitig auch ein Eingriff in das analysierte System. Für die Tätigkeit von Unterneh-

mungsberatungen bedeutet dies, dass Berater mit den für die Unternehmensanalyse durchgeführten Interviews das Unternehmen bereits verändern. Interviewte Mitarbeiter werden durch die Befragung für Themen sensibilisiert, denen sie zuvor wenig oder keine Beachtung geschenkt hatten. Ihre Reaktion auf die Analyse sagt gleichzeitig viel über die Organisation aus, und so entsteht ein enger Bezug zwischen Analyse und Wandel. Daraus entwickelte sich ein Beratungsansatz, der sehr prozessorientiert und z. B. von Managementgurus wie Edgar Schein praktiziert wurde.

 Umsetzungsfragen

- Welche Handlungsweisen und Routinen unseres Teams bringen immer wieder Schwierigkeiten mit sich?
- Wie verhalten wir uns, wenn jemand neue Ideen in die Runde wirft?
- Wie können wir unseren eigenen Resistenzen gegen den Wandel aktiv entgegenwirken?
- Wie kann eine Atmosphäre geschaffen werden, in der es in Ordnung ist, Fehler zu machen?
- Welche neuen Ansätze, Vorgehensweisen und Ideen motivieren mich/unser Team?
- In welche Richtung könnten wir uns entwickeln?
- Haben wir den kürzlich im Seminar gelernten Prozess bereits wieder vergessen?
- Was können wir tun, damit wir nicht wieder zu unserer bisherigen Vorgehensweise zurückkehren?

Weiterführende Literatur

Lewin, K. (1958): »Group decision and social change«. In: Maccoby, E.; Newcombe, E.; Harley, R. (Hrsg.): *Readings in Social Psychology*. Holt: Rhinehart and Winston, S. 459–473.

Schein, E. H. (1996): »Kurt Lewin's change theory in the field and in the classroom: Notes toward a model of managed learning«. *Systemic Practice and Action Research*, 9(1), S. 27–47.

Weick, K. E. (2000): »Emergent change as a universal in organizations«. In: Beer, M.; Nohria, N.: *Breaking the Code of Change*. Cambridge: Harvard Business School Press, S. 223–242.

Lauer, T. (2010): Change Management. Grundlagen und Erfolgsfaktoren. Frankfurt a. M.: Springer Verlag.

Der Strategiefluss

Was ist eine Strategie?

Eine Strategie definiert eine Richtung, die aufgrund aktueller Begebenheiten angepasst werden muss.

Der Strategiefluss

Anwendungsbereich

Der Strategieguru und Managementketzer Henry Mintzberg hat in seiner kritischen Betrachtungsweise des strategischen Managements festgestellt, dass strategische Pläne oft nicht eins zu eins umgesetzt werden können. Die Flussmetapher versucht, diese Diskrepanz zwischen Plan und Umsetzung besser begreifbar und gestaltbar zu machen. Sie hilft darüber hinaus, die strategischen Kernkonzepte Mission, Vision und Strategie auseinanderzuhalten. Sie kann dazu verwendet werden, die eigene strategische Situation zu überdenken oder explizit und transparent zu machen.

Grundidee

Innerhalb des strategischen Managements ist es einerseits wichtig, die Strategie in Beziehung zum Selbstverständnis, zu den eigenen Werten und zum gesellschaftlichen Umfeld der Firma zu sehen, andererseits müssen verschiedene Realisierungsstufen von Strategien unterschieden werden. Die Flussmetapher zeigt, dass in der Umsetzungsphase einer Strategie neue strategische Themen einfließen können, die nicht geplant wurden. Zudem können nicht realisierte oder nicht mehr realisierbare Ziele aus der Strategie ausscheiden. Eine Strategie ist jedoch immer auf Basis einer Unternehmensmission (Existenzberechtigung einer Organisation) sowie auf der Grundlage von unternehmerischen Grundwerten und Traditionen formuliert. Diese bilden zusammen mit den Anforderungen des Marktes und den Rahmenbedingungen der Gesellschaft die Leitplanken der Strategie. Die Strategie ist dabei auf eine langfristige Vision ausgerichtet. Auf dem Weg zu dieser langfristigen Vision werden mittelfristige strategische Ziele sowie kurzfristige operative Ziele definiert. Bei der Erreichung dieser Ziele muss ein Unternehmen sowohl auf externe Turbulenzen als auch auf interne Barrieren rasch reagieren können.

Vorgehen

Strategie kann als langfristiges Ziel für die Reise auf einem Fluss gesehen werden. Dabei wird der Verlauf des Flusses durch die Ufer bestimmt. Diese können einerseits als das gesellschaftliche Umfeld, andererseits als Firmengeschichte und -werte konzipiert werden. Die eingeschlagene Richtung auf dem Fluss wird durch die langfristigen Ziele, Annahmen und die Vision der Unternehmung bestimmt. Dieser Fluss kann jedoch unerwartete Gabelungen, Richtungsänderungen, Ab- oder Zuflüsse enthalten. Die geplante Strategie kann bewusst oder unbewusst bei der Implementierung verändert oder sogar aufgegeben werden – z. B. aufgrund von veränderten Rahmenbedingungen oder Annahmen. Neue Strategien können aus operativen Gelegenheiten heraus entstehen und dominant werden (sogenannte *emergent strategies*). All das führt dazu, dass die eingeschlagene Richtung nicht der geplanten entspricht. Realistische strategische Planung versucht, diesem Umstand durch Szenarien und operative Flexibilität Rechnung zu tragen.

Beispiel

Nehmen wir das Beispiel eines mittelgroßen Unternehmens mit eigener Fertigung von Hightech-Filtern. Die Mission oder Existenzberechtigung der Organisation ist die Entwicklung, Herstellung und Installation von High-End-Filteranlagen zur Reinigung von Flüssigkeiten. Grundwerte des Gründers sind Genauigkeit, Verlässlichkeit, Innovation und Service. Dies entspricht auch nach wie vor der Reputation der Firma im Markt. Bezüglich Rahmenbedingungen sieht sich das Unternehmen in einer stark globalisierten Branche, die es erforderlich macht, auch ein überregionaler Anbieter zu sein. Die Organisation hat sich deshalb eine Internationalisierungsstrategie gegeben und möchte als Vision zum globalen Innovationsführer im Bereich Filtersysteme aufsteigen. Dazu hat sie sich drei strategische Ziele für die nächsten vier Jahre gesetzt: Erstens Fuß zu fassen auf dem US-amerikanischen Markt durch eine eigene Gesellschaft. Zweitens eine solide strategische Allianz mit einem bestehenden Anbieter im asiatischen Raum. Drittens einen Ausbau des firmeninternen Patentwesens zur Sicherung der Innovationsvorteile. Als operative Ziele für das nächste Jahr möchte sie die rechtlichen Hürden für eine Firmengründung in den USA überwunden und eine Niederlassung an der dortigen Ostküste eröffnet haben. Zudem möchte sie mit qualifizierten Allianzkandidaten aus Asien konkrete Kooperationsgespräche geführt haben, um bis Ende des Jahres entsprechende Verträge aufsetzen zu können. Für das dritte Ziel möchte die Firma bis zum Jahresende mindestens vier Patente angemeldet haben. Während des Jahres ergibt sich dann die Gelegenheit zur Übernahme eines koreanischen Filterbetriebes, sodass dieses strategische Ziel verändert wird. Zudem zeigt es sich, dass eine US-amerikanische Niederlassung mit vielen bürokratischen Hürden verbunden ist. Daher entschließt sich das Management im Laufe des Jahres für eine Allianz mit einer bestehenden Unternehmung in den USA anstatt eines Alleinganges. So können die administrativen Barrieren einfach umgangen werden. Trotz des nicht realisierten strategischen Zieles einer eigenen Organisation in den USA kommt das Unternehmen seiner Vision eines globalen Filteranbieters schrittweise näher.

Grenzen

Natürlich hat auch die Flussmetapher einige unpassende Assoziationen mit dem Themenfeld des strategischen Managements. So bringt einen das mehr oder minder passive Sichtreibenlassen nicht automatisch den angestrebten strategischen Zielen oder gar der Vision näher. Doch, wie bereits erwähnt, kann auch die Diskussion solcher Metapherngrenzen wichtige Diskussionen zur eigenen Strategie im Team ermöglichen.

Hintergrund

Die hier vorgestellten Konzepte beruhen, wie eingangs erwähnt, zum größten Teil auf den Strategieschriften von Henry Mintzberg. Doch die Grundkonzepte der Strategielehre gehen auf Gedankengut der Kriegsführung zurück und reichen bis in die Zeit um 500 Jahre vor Christus. Bereits damals hat Sun Tsu in seiner *Kunst des Krieges* einige der hier beschriebenen Prinzipien festgehalten, so etwa den Wert von Antizipation und Flexibilität. Weitere Klassiker der Strategielehre, die ebenfalls für das Prinzip des Vorausdenkens

Der Strategiefluss

plädieren, sind Niccolò Machiavelli (1469–1527) und Carl von Clausewitz (1780–1831). Moderne Referenzpunkte der Strategielehre sind Igor Ansoff sowie Renée Mauborgne und W. Chan Kim (alle mit einem Fokus auf neue Märkte und Produkte), Michael Porter mit seinen Normstrategien basierend auf Kosten- oder Qualitätsführerschaft sowie Barry Nalebuff mit einem Fokus auf Innovation und das Konkurrenzverhalten.

> **Umsetzungsfragen**
> - Ist Ihre Mission klar und explizit? Zeigt sie die Existenzberechtigung Ihrer Organisation?
> - Ist Ihre Vision langfristig, sinnvoll und motivierend formuliert?
> - Ist Ihre Strategie auf Ihre Mission und Vision abgestimmt?
> - Haben Sie Ihre Strategie in mittelfristigen und kurzfristigen Zielen konkretisiert?
> - Bleiben Sie offen und handlungsfähig in Bezug auf Ad-hoc-Chancen oder Risiken?

Weiterführende Literatur

Mintzberg, H.; Ahlstrand, B.; Lampal, J. (1998): *Strategy Safari*. London: Prentice Hall.

Venzin, M.; Rasner, C.; Mahnke, V. (2010): *Der Strategieprozess*. Frankfurt am Main: Campus.

Strategiestolpersteine

Was bringt Strategien zum Scheitern?

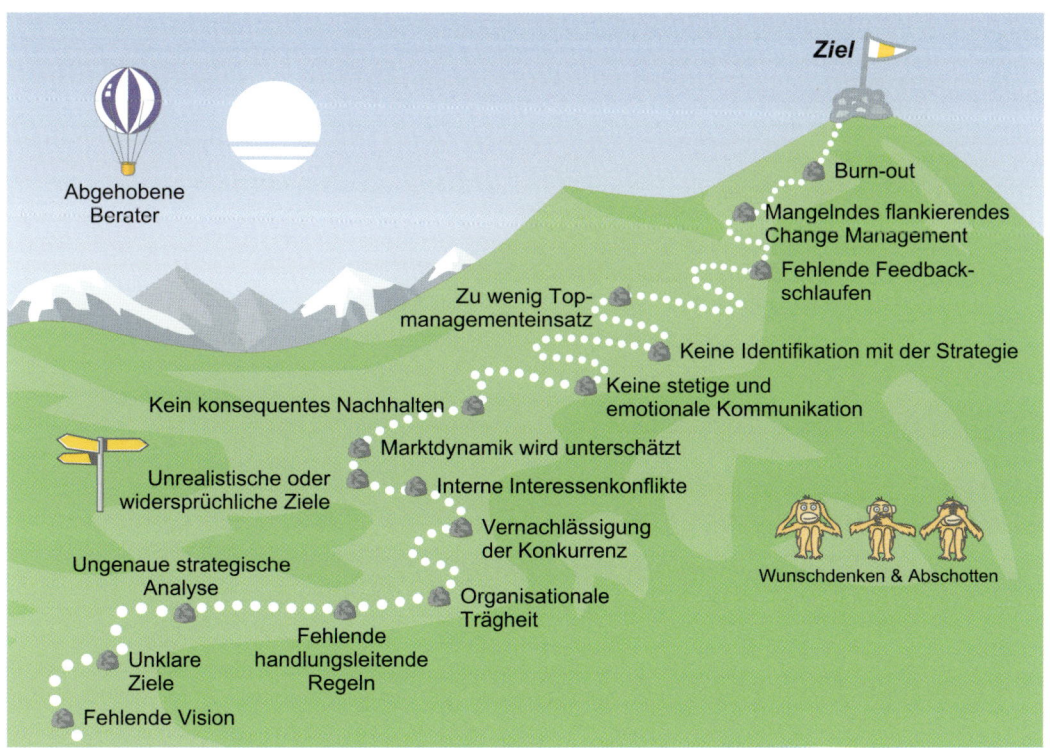

Die Umsetzung einer Strategie ist ein steiler Hindernislauf.

Strategiestolpersteine

Anwendungsbereich

Strategieimplementierung ist ein Prozess, der praktisch alle ins Management involvierten Stellen betrifft. Da viele Strategien an der Umsetzung scheitern, ist Strategieimplementierung ein äußerst relevantes Gebiet für Manager in allen Funktionen und auf allen Hierarchiestufen. Besonders für das mittlere Management, welches die strategischen Vorgaben des Vorstandes in konkrete Projekte und Aktivitäten übersetzen muss, ist die Kenntnis typischer Stolpersteine eine wichtige Hilfestellung.

Grundidee

Ist man sich typischer Stolpersteine bei der Strategieimplementierung bewusst, so kann man bei der Entwicklung, Planung und Umsetzung einer neuen Strategie realistischer und vorsichtiger vorgehen und viele potenzielle Probleme von Beginn weg vermeiden. Viele der häufigen Umsetzungsprobleme in der Praxis werden bereits im Strategieentwicklungsprozess und in der strategischen Planung verursacht. Doch auch im Umsetzungsprozess selbst kommt es immer wieder zu folgenschweren Fehlern. Dabei sind Kommunikationsversäumnisse besonders gravierend.

Vorgehen

Benutzen Sie die Bergweg- bzw. Stolpersteinmetapher vor der Umsetzung einer neuen Strategie, um etwaige Probleme proaktiv anzugehen und so zu vermeiden. Im Sinne einer Checkliste gilt es vor allem, die folgenden Grundsätze bei der Umsetzung von Unternehmensstrategien zu berücksichtigen:

Keine Strategie ohne Vision: Hinter einer mittelfristigen Strategie sollte immer eine langfristige, motivierende Vision stehen.

Zielklarheit: Nur klar (d. h. konkret, eindeutig und kompakt) formulierte Ziele können erreicht werden.

Analysequalität: Analysefehler rächen sich in der Umsetzung und führen zu Verzögerungen. Vermeiden Sie jedoch eine Paralyse durch Analyse (d. h. eine Informationssammlung ohne Ende).

Einfache Regeln: Eine Strategie sollte in konkrete und kurze Handlungsregeln übersetzt werden können.

Trägheit überwinden: Eine Organisation braucht Anreize und Ressourcen, um den Status quo zu verlassen.

An die Konkurrenz denken: Eine Strategie ist immer auch eine Antwort auf das Verhalten der Konkurrenz und muss an diese angepasst werden.

Machbare Ziele setzen: Denken Sie bei strategischen Zielen immer auch an die effektiven Fähigkeiten und Ressourcen in Ihrer Organisation sowie an die Rahmenbedingungen.

Konsequenz im Nachhalten: Lieber ein Ziel weniger, dafür konsequent durchgezogen.

Marktdynamik verfolgen: Eine Strategie muss immer wieder leicht an neue Marktverhältnisse angepasst werden (vgl. dazu auch die Strategieflussmetapher in diesem Buch).

Regelmäßige, motivierende Kommunikation: Informieren Sie die Belegschaft regelmäßig zu strategischen Themen und sprechen Sie dabei bewusst auch Emotionen an.

Identifikationspunkte schaffen: Geben Sie der Strategie eine visuelle und sprachliche Identität, beispielsweise durch ein Logo, einen Slogan oder eine Serie von Anlässen.

Topmanagement-Unterstützung: Machen Sie für alle sichtbar, dass sich auch das Topmanagement für die Strategie engagiert.

Feedback sichern: Geben Sie Ihren Mitarbeitern die Möglichkeit, sich zur Strategieumsetzung zu äußern, und signalisieren Sie, dass das Feedback angekommen ist.

Change Management: Strategieumsetzung bedeutet oft Verhaltensänderung, diese muss begleitet werden.

Burn-out vermeiden: Auch Organisationen benötigen Ruhephasen, berücksichtigen Sie dies in der Planung der Strategieumsetzung.

Natürlich können Sie eine leere, unbeschriebene Version dieser Bergwegmetapher auch dazu verwenden, potenzielle Stolpersteine gemeinsam mit Ihrem Team zu identifizieren und diese jeweils auf dem Pfad einzutragen.

Beispiel

Ein Unternehmen aus der Medizinalbranche möchte die Umsetzung seiner Strategie beschleunigen und deshalb potenzielle Bremser oder Stolpersteine früh identifizieren und angehen. Der CEO des Unternehmens ruft deshalb seine Führungscrew sowie einige wichtige Vertreter des mittleren Managements für einen Workshop zusammen. Nach einer halbstündigen Diskussion zu den verabschiedeten Eckpunkten und der terminlichen Planung der Strategie anhand eines Posters mit der Bergwegmetapher werden die Teilnehmer in Untergruppen aufgeteilt, in denen verschiedene Arten von Stolpersteinen in der Strategieumsetzung diskutiert werden. Jede Gruppe arbeitet an einem Problembereich und formuliert dazu Verbesserungsmaßnahmen. Eine Gruppe widmet sich z. B. der Thematik des flankierenden Change Management für die Strategie. Eine weitere Gruppe diskutiert funktionierende Feedbackmechanismen. Eine dritte Gruppe arbeitet an der klaren Formulierung der Ziele und deren Übersetzung in handlungsleitende Regeln. Danach werden die Gruppenresultate im Plenum auf dem Bergwegposter als mögliche Barrieren platziert und besprochen. Es wird ein Aktionsplan ausgearbeitet, um die Umsetzung der Strategie weiter zu vereinfachen.

Grenzen

Der Bergweg als Metapher ist ein häufig verwendetes Bild für die Erreichung von strategischen Zielen in Organisationen. Von daher kann diese Metapher schon fast als überstrapaziert betrachtet werden und bietet wohl nur noch in wenigen Kontexten einen Überraschungs- oder Wow-Effekt. Das Bild ist jedoch über Kulturgrenzen hinweg verständlich und meist positiv belegt. Wichtiger als die Metapher sind in diesem Fall jedoch die Punkte bzw. Barrieren auf dem Weg zum Ziel.

Strategiestolpersteine

Hintergrund

In elf Workshops haben wir über 60 erfahrene Vertreterinnen und Vertreter des mittleren Managements (alle aus verschiedenen Organisationen) zu ihren Erfahrungen mit Strategieimplementierung befragt. Die Hauptresultate haben wir in der oben aufgeführten Darstellung mittels einer Bergwegmetapher dargestellt.

Viele der erwähnten Probleme lassen sich auf eine schlechte Kommunikation der Strategie zurückführen: Die Vision hinter der Strategie wird nicht vermittelt, die strategischen Ziele werden nicht klar formuliert und in handlungsleitende Regeln übersetzt, es gibt keine Feedbackgelegenheiten und keine Identifikationsmöglichkeit mit der Strategie. Weitere Stolpersteine betreffen das Verhalten des Topmanagements, welches sich z. B. gegen innen und außen abschottet oder sich nur mit (teilweise abgehobenen) Beratern umgibt. Ein weiterer wiederkehrender Punkt bezieht sich auf das Change Management, welches gemäß den befragten Managern einen wichtigen Beitrag zum Gelingen einer Strategieimplementierung leisten muss und helfen kann, organisationale Trägheit zu überwinden und einen organisationalen Burn-out zu vermeiden.

Umsetzungsfragen

- Basiert die Strategie auf einer sorgfältigen Analyse und Planung?
- Sind die formulierten strategischen Ziele für die Organisation realistisch?
- Wurde die Strategie in konkrete, handlungsleitende Regeln und Anweisungen heruntergebrochen?
- Steht das Topmanagement hinter der Strategie und engagiert sich sichtbar für diese?
- Wird kontinuierlich über den Sinn und den Fortschritt der Strategie informiert?
- Setzt sich das Topmanagement aktiv mit Kritik an der Strategie auseinander und steht der Belegschaft Rede und Antwort?
- Kennen die involvierten Berater die konkreten Realitäten (Werte, Ressourcen) der Organisation?
- Wird auf das richtige Tempo bzw. die richtige Umsetzungsintensität geachtet oder besteht die Gefahr, dass die Belegschaft sich an der Strategie völlig erschöpft und ausbrennt.

Weiterführende Literatur

Hrebiniak, L. (2005): *Making Strategy Work: Leading Effective Execution and Change*. New York: Prentice Hall.

Li, Y.; Guohui, S.; Eppler, M. J. (2011): »Making Strategy Work: A Literature Review on the Factors influencing Strategy Implementation«. In: Kellermanns, F W.; Mazzola, P. (Hrsg.): *Handbook of Strategy Process Research*. Northampton: Edward Elgar Publishing.

Riekhof, H.-C. (2010): *Die sechs Hebel der Strategieumsetzung*. Stuttgart: Schäffer-Poeschel.

Strategie als Sehen

Wie denkt man strategisch?

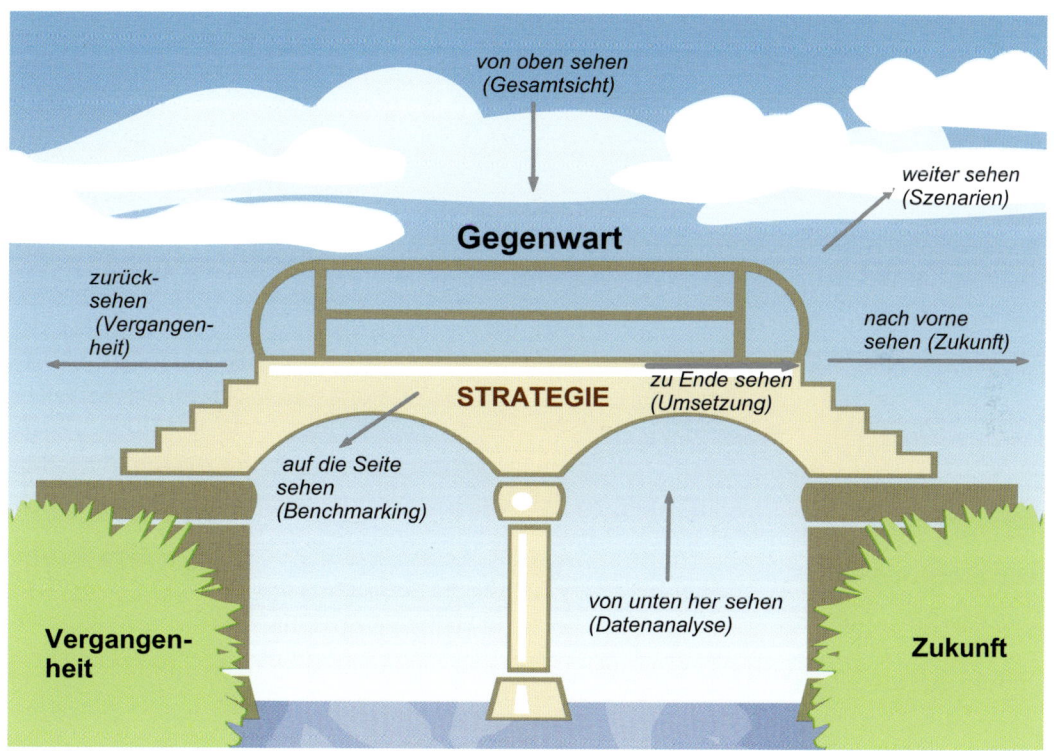

Strategisches Denken erfordert Perspektivenvielfalt.

Anwendungsbereich

Henry Mintzberg, einem der großen (und kritischen) Managementgurus, war es seit jeher ein Anliegen, ein ganzheitliches Verständnis von Strategie zu fördern. Neben seinem bekannten Konzept, Strategie als 5 P (Position, Perspektive, Plan, Ploy/Manöver, Pattern/Verhaltensmuster), bietet der Strategie-als-Sehen-Ansatz Managern die Möglichkeit, ihr strategisches Denken zu variieren und auf Vollständigkeit zu überprüfen. Das Konzept lässt sich sowohl auf Unternehmens- wie auch auf Geschäftsfeldstrategien anwenden. Man kann die verschiedenen Blickwinkel sogar auf sich selbst, gleichsam als Vitapreneur (Unternehmer für das eigene Leben), anwenden.

Grundidee

Hochwertiges strategisches Denken entsteht durch Perspektivenwechsel. Mittels der Metapher des Sehens kann dieser Perspektiven- oder Moduswechsel im eigenen Denken einfacher vollzogen werden. Statt nur an Details in der Gegenwart zu denken, regt der Ansatz dazu an, auch die Gesamtbranche zu betrachten, inklusive ihrer historischen und zukünftigen Entwicklung. Er fordert Manager dazu auf, in neuen Varianten zu denken und von ganz anderen Firmen zu lernen.

Vorgehen

Verändern Sie bei strategischen Analysen und Entscheiden Ihre Perspektive, und zwar indem Sie Ihren Fokus systematisch variieren:

1. *Zurücksehen:* Analysieren sie die strategischen Entscheide und Ereignisse der letzten vier Jahre. Welche Muster oder typischen strategischen Reaktionen erkennen Sie daraus?
2. *Von oben sehen:* Analysieren Sie Ihren Gesamtmarkt. Was sind die wesentlichen Faktoren, welche Ihre heutige unternehmerische Situation beeinflussen?
3. *Von unten sehen:* Nehmen Sie sich Ihre Kostenrechnung vor und analysieren Sie genau, wo Sie Geld verdient und wo Sie welches verloren haben. Wo sind Ihre Kosten zu hoch? Welche Muster erkennen Sie aus Ihren Verkaufsstatistiken?
4. *Auf die Seite sehen:* Betreiben Sie Benchmarking, jedoch nicht nur bei direkten Konkurrenten. Wer hat ähnliche Herausforderungen wie Sie in einer anderen Branche gemeistert?
5. *Weiter sehen:* Was wäre eine radikal andere Variante oder Zukunft (Alternativsicht)?
6. *Nach vorne sehen*: Fokussieren Sie auf mögliche mittelfristige Entwicklungen in Ihrem Markt. Welche technologischen, regulatorischen oder gesellschaftlichen Trends haben einen Einfluss auf Ihren Markt. Entwickeln Sie positive und negative Szenarien für die Zukunft.
7. *Zu Ende sehen* (»seeing things through«): Überlegen Sie sich, wie Sie sicherstellen können, dass die Umsetzung der Strategie vorwärtsgeht.

Beispiel

Der Eigentümer eines kleinen Industriebetriebs hat den Bedarf erkannt, sich über die eigene Firmenstrategie systematisch Gedanken zu machen. Er verwendet die Strategie als Sehen-Ansatz, um in einem ersten Workshop seine Führungsmannschaft für die Strategiearbeit zu begeistern und zu sensibilisieren. Zu Beginn des Treffens lässt er das Team mit einem Zeitstrahl an einem großen Poster Rückschau halten und die wichtigsten Entscheide und Ereignisse der letzten vier Jahre Revue passieren *(zurücksehen)*. Danach lässt er sie von oben auf den Gesamtmarkt und die gesellschaftlichen sowie rechtlichen Rahmenbedingungen schauen und hält die wichtigsten Chancen und Bedrohungen, die sich daraus ergeben, für das Unternehmen fest *(von oben sehen)*. Danach fragt er seine Kolleginnen und Kollegen, welche Firmen sie bewunderten und weswegen *(zur Seite schauen)*. Es wird diskutiert, ob sich deren Praktiken auf die eigene Organisation übertragen lassen. Als letzte Aktivität blickt das Team zusammen nach vorne und entwickelt vier Szenarien für die nächsten fünf Jahre Firmenentwicklung *(nach vorne sehen)*. Zum Schluss des Workshops lädt er seine Kollegen dazu ein, die Finanzzahlen ihrer Bereiche zu studieren und für ein nächstes Meeting die strategischen Konsequenzen daraus aufzubereiten *(von unten sehen)*. Im Nachgang zum Workshop stellt der Chef sicher, dass die wenigen Maßnahmen, welche sofort vereinbart wurden, auch wirklich umgesetzt werden *(zu Ende sehen)*.

Grenzen

Mintzbergs Metapher des strategischen Managements als Sehen könnte den Eindruck erwecken, dass Strategie ein »Zuschauersport« ist, bei dem es nur ums Beobachten geht. Das Wichtigste an einer Strategie ist aber deren Umsetzung, sprich das Anpacken, das Tun. Die Sehmetapher bringt diesen wichtigen Punkt nur in einem Sprachspiel zum Ausdruck, denn seeing things through (zu Ende sehen) heißt im Englischen Dinge zu Ende bringen.

Hintergrund

Mintzberg hat in einem seiner früheren Bücher, *Strategy Safari*, einige der wichtigsten Strategieschulen zusammengefasst und deren jeweilige Stärken und Schwächen evaluiert. Mit dem Modell von Strategie als Sehen versucht er nun, einen einfachen und doch umfassenden Strategieansatz zu präsentieren, der ohne den großen Theorieüberhang der anderen Schulen auskommt. Als Startpunkt für strategische Diskussionen ist dieser Ansatz sicherlich nützlich. Für einen professionellen Strategieprozess greift die Metapher jedoch ein wenig zu kurz. Viele bewährte Strategietools lassen sich jedoch anhand des Ansatzes einordnen. So ist Strategy Mapping ein Ansatz des Zurückschauens, Benchmarking ein Werkzeug, um auf die Seite zu schauen, sind Szenarien eine Methode, um nach vorne zu sehen, oder ist die STEP-Analyse ein Verfahren, um von oben herab die Gesamtsituation zu betrachten (durch eine Diagnose der sozialen, technischen, ökonomischen und politischen Trends).

Umsetzungsfragen

- Haben wir in unserer strategischen Analyse an alle Sehrichtungen gedacht?
- Welches Muster erkennen wir aus den strategischen Entscheidungen unserer Vergangenheit?
- Haben wir ehrlich zurückgeschaut oder die Vergangenheit schöngeredet?
- Von welchen Firmen in anderen Branchen können wir lernen?
- Was für ein Markt erwartet uns in fünf Jahren?
- Schauen wir darauf, dass beschlossene Strategien auch durchgehalten werden?

Weiterführende Literatur

Mintzberg, H. (2005): »Strategic Thinking as ›Seeing‹«. In Mintzberg, H.; Ahlstrand, B.; Lampel, J.: *Strategy Bites Back*. London: Financial Times Prentice Hall.

Mintzberg, H.; Ahlstrand, B.; Lampel, J. (2002): *Strategy Safari: Eine Reise durch die Wildnis des strategischen Managements*. Wien: Redline Wirtschaft.

Die Pfeiler des Wissensmanagements

Wie weiß eine Organisation, was sie weiß?

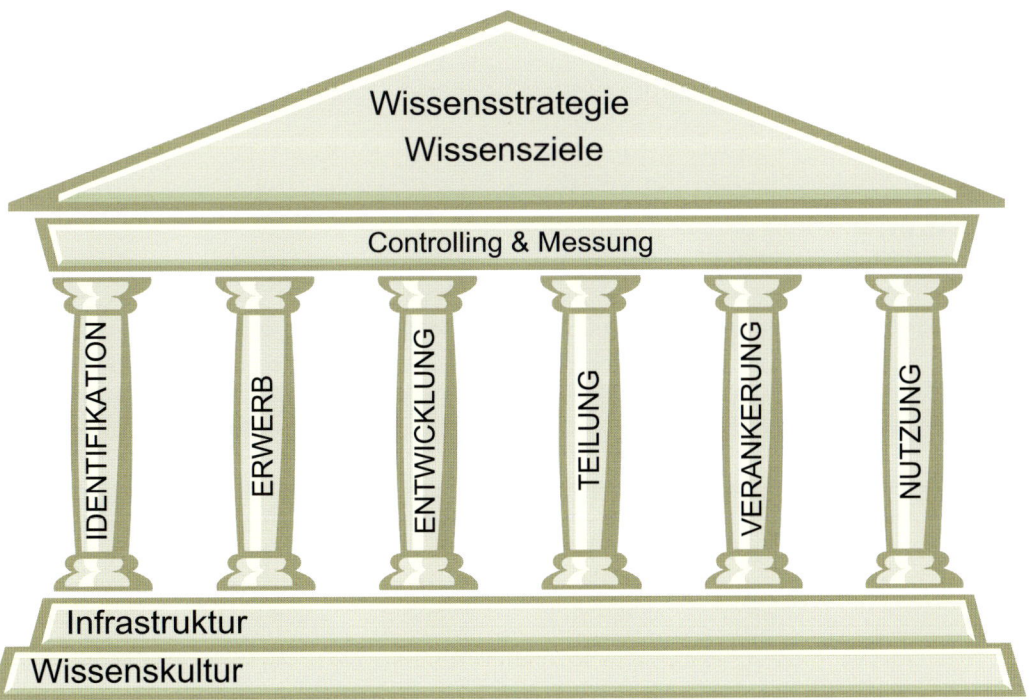

Sechs Hauptaktivitäten stützen die Wissensstrategie einer Organisation.

Die Pfeiler des Wissensmanagements

Anwendungsbereich

Die Perspektive des Wissensmanagements für organisationale Probleme lohnt sich besonders für Know-how-lastige Betriebe und Aktivitäten wie etwa Beratung, Forschung und Entwicklung, Hightech-Bereiche oder generell Managementfunktionen, die ein hohes Niveau an Know-how und Erfahrung erfordern.

Grundidee

Werden betriebswirtschaftliche Probleme aus der Wissensperspektive betrachtet, wird ein neuer Umgang mit der Ressource Wissen in Firmen möglich. Wissen, verstanden als strategische Unternehmensressource, kann dabei definiert werden als Gesamtheit der Kenntnisse und Fähigkeiten, die Individuen zur Lösung von Problemen einsetzen. Wissen kann in explizierter Form als verfasste Dokumente, eingehaltene Regeln, installierte Abläufe oder in impliziter Form als persönliches Know-how, Gruppendynamik oder geteilte Erfahrungen betrachtet werden. Die zentrale Herausforderung im Umgang mit Wissen ist dabei die Sichtbarmachung impliziten Wissens, sei es um es besser zu teilen, um es zu evaluieren oder für eine spätere Nutzung zu sichern. Doch neben der Wissensteilung und -verankerung sind auch die Identifikation und Nutzung essenziell. Fehlt ein Pfeiler, so ist das Dach der Wissensziele nicht mehr gesichert und droht einzustürzen.

Vorgehen

Unter dem Begriff Wissensmanagement können verschiedene Ansätze zusammengefasst werden, deren gemeinsames Ziel es ist, durch einen besseren Umgang mit der Ressource Wissen die organisatorischen Fähigkeiten auf allen Ebenen (Individuum, Gruppe, Division, Organisation, Unternehmensverbunde) zu verbessern. Am Anfang stehen dabei Wissensziele. Durch diese legt man die zukünftig zu entwickelnden Kompetenzen fest. Danach werden verschiedene Prozesse im Umgang mit Wissen unterschieden: Durch Wissensidentifikation wird z. B. versucht, Expertise in der Firma transparent zu machen (z. B. durch Expertenverzeichnisse). Der Pfeiler »Wissensnutzung« umfasst Mittel, um die Umsetzung von Erkenntnissen und Fähigkeiten zu fördern (z. B. durch nutzungsgerechte Dokumentation). Die Wissensverankerung dient dazu, Erfahrungen nachhaltig in der Organisation zu institutionalisieren (etwa durch Debriefings oder Lessons-Learned-Foren). Ein weiterer wichtiger Pfeiler ist die Wissensmessung, um den Grad der Zielerreichung festhalten zu können.

Beispiel

Ein Großkonzern im Bankensektor möchte den Umgang mit professionellem Know-how bei der Bank nach einigen Wissensverlusten (d. h. Abgängen von ganzen Investmentbankingteams) und teuren Beratungsmandaten (für Wissen, das eigentlich intern vorhanden gewesen wäre) systematisch verbessern. Dazu wird eine Ist-Diagnose mit den Pfeilern des Wissensmanagements vorgenommen und entsprechende Verbesserungsmaßnahmen werden verabschiedet:

- *Wissenskultur:* Es wird festgestellt, dass zwischen den einzelnen Investmentbankingteams ein harter Konkurrenzkampf stattfindet und so kaum Wissen geteilt wird. Das Bonussystem wird deshalb um teamübergreifende Elemente ergänzt, um so eine wissensfreundlichere Kultur zu schaffen. Zudem werden teamübergreifende Anlässe, wie z. B. Schulungen, organisiert, sodass sich die verschiedenen Teams besser kennenlernen können.
- *Infrastruktur:* Das firmeninterne Intranet mit einer großen Wissensbasis wird im Rahmen einer Mitarbeiterbefragung als sehr kompliziert eingestuft. Durch einen Usability-Experten wird das System stark vereinfacht und benutzerfreundlicher gemacht.
- *Wissensidentifikation:* In dieser Befragung geben auch viele Bankmitarbeiter an, dass es sehr mühsam sei, die richtigen Experten innerhalb der Bank rasch zu identifizieren. Die Personalabteilung richtet deshalb einen Telefondienst ein, der Fragenden schnell interne Experten vermitteln kann.
- *Wissenserwerb:* Ein Analyseteam stellt fest, dass im Vergleich zu anderen Firmen zu viel für externes Know how ausgegeben wird. Es wird beschlossen, eine Consulting-Controlling-Abteilung einzurichten, um den Erwerb von neuem Wissen kosteneffizient zu gestalten.
- *Wissensentwicklung:* Hier wird eine gute Situation festgestellt. Die durchschnittliche Anzahl Weiterbildungstage pro Mitarbeiter liegt bei sechs Tagen pro Jahr, was das Management als angemessen einstuft.
- *Wissensteilung:* Die Analyse und die Maßnahmen im Bereich Wissenskultur werden vom Management auch für diesen Punkt als ausreichend angesehen. Als einzigen zusätzlichen Punkt wird ein obligatorisches eintägiges Seminar zu Wissenskommunikation bzw. -teilung mit Kunden mittels Visualisierung eingeführt.
- *Wissensverankerung:* Es wird festgestellt, dass Projekterfahrungen nicht oder nur ungenügend dokumentiert werden. Ab sofort wird der Projektleitfaden um ein zwingendes Debriefing ergänzt, welches durch eine Kurzfallstudie zum Projekt dokumentiert werden muss. Zudem wird durch die Einführung eines viermonatigen Sabbaticals alle fünf Jahre ein Anreiz geschaffen, dass langjährige Experten eher bei der Bank verbleiben.
- *Wissensnutzung:* Um die Nutzung von dokumentiertem Wissen zu verbessern, wird in die Ergonomie und Informationsqualität der erstellten Dokumentationen investiert. Dies umfasst hochwertige Vorlagen und Dokumentenbeispiele sowie kurze Trainings. So kann deren Lesefreundlichkeit und somit Umsetzung verbessert werden.
- *Wissensstrategie und -ziele:* Bisher hatte die Bank keine explizite Strategie in Bezug auf ihr Wissen. Nun definiert sie jedoch sechs Kernkompetenzen der Bank und verabschiedet konkrete Maßnahmen, wie diese auch mittelfristig gesichert und ausgebaut werden können (durch gezielte Rekrutierung von Experten, regelmäßige Anlässe und strategische Projekte).

- *Controlling und Messung:* Periodisch muss die Bank nun überprüfen, ob die Maßnahmen den erwünschten Erfolg erzielt haben oder nicht. Mittels aussagekräftiger Indikatoren muss sie ihre Wissensbasis stetig evaluieren. Beispiele für derartige Wissensindikatoren sind etwa die Rookie Ratio (wie viel Prozent unserer Mitarbeitenden sind weniger als ein Jahr dabei und bringen so frisches Wissen in die Organisation?), die Innovation Ratio (wie viel Prozent des Umsatzes machen Produkte/Dienste aus, die es vor zwei Jahren noch nicht gab?) oder die Expertenverweildauer (wie lange bleiben Experten durchschnittlich bei der Bank angestellt?).

Durch das Suchraster der Wissenspfeiler konnte die Bank somit ihren Umgang mit Wissen kritisch evaluieren und gezielt Verbesserungsschritte einleiten.

Grenzen

Genauso wenig wie man Wissen direkt »managen«, also handhaben kann, genauso wenig kann man es in feste Bausteine oder Pfeiler gliedern. Zu groß sind die Wechselwirkungen zwischen Wissensidentifikation, -teilung, -entwicklung, -verankerung, -nutzung und schlussendlich -messung. Die zu starke Verdinglichung und Verfestigung solch fluider Konzepte kann kontraproduktiv wirken. Statt auf abstrakte Wissensbestände sollte beim Wissensmanagement auf Wissensflüsse und die Wissensarbeiter selbst geachtet werden. Trotzdem bieten die Pfeiler einen Orientierungsrahmen im Sinne einer Checkliste aller Elemente, die fürs Wissensmanagement systematisch berücksichtigt werden sollten.

Hintergrund

Wissensmanagement entstand Ende der 80er- und zu Beginn der 90er-Jahre als Weiterentwicklung der Ansätze des (infrastrukturgetriebenen) Informationsmanagements, der oft schwer umsetzbaren Ansätze des organisationalen Lernens und aus der strategischen, ressourcenorientierten Sichtweise der Unternehmung (deren bekanntestes Konzept unter dem Namen »Kernkompetenzen« Verbreitung fand). Es entstand einerseits aufgrund der Erkenntnis, dass Wissen zum wichtigsten Wettbewerbsfaktor geworden war, aber auch aufgrund der langjährigen Nutzungsschwierigkeiten mit neuen Informations- und Kommunikationstechnologien, welche den Faktor Mensch zum Teil zu wenig berücksichtigten.

Umsetzungsfragen

▶ Welcher Pfeiler ist bei uns der schwächste?
▶ Haben unsere Wissensmanagementaktivitäten ein gemeinsames Dach im Sinne einer Gesamtstrategie?
▶ Haben wir ein solides Fundament für unsere Wissensmanagementaktivitäten? Sind unsere Ziele fürs Wissensmanagement klar ausformuliert?
▶ Haben wir eine gute kulturelle Basis für die Weitergabe und Pflege von Wissen?

Weiterführende Literatur

Probst, G.; Eppler, M.J.; Deussen, A. (2000): *Kompetenz-Management*. Wiesbaden: Gabler.

Probst, G.; Raub, S.; Romhardt, K. (1997): *Wissen managen*. Wiesbaden: Gabler.

Reinhardt, R.; Eppler, M.J. (2005): *Wissenskommunikation in Organisationen*. Berlin: Springer.

Reinmann, G.; Eppler, M.J. (2009): *Wissenswege*. Bern: Huber.

METHODEN FÜR DIE ORGANISATION

Die Wissensspirale

Wie kann man die Entwicklung von Wissen fördern?

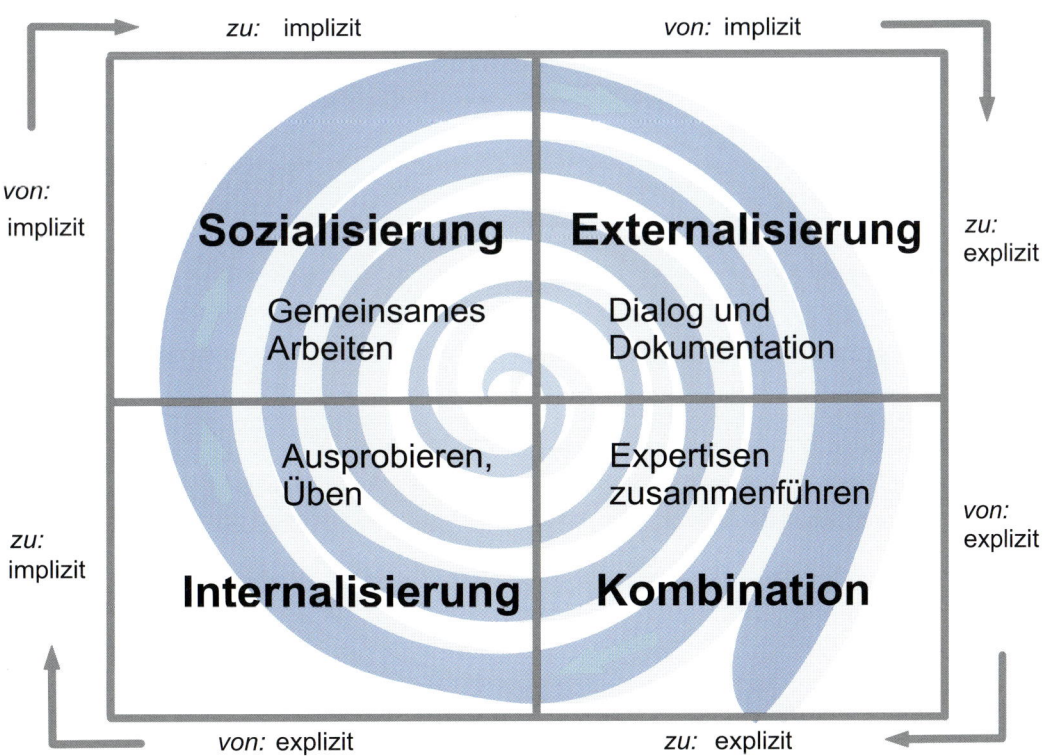

Wissen entwickelt sich in vier Phasen:
Sozialisierung, Externalisierung, Kombination und Internalisierung.

Die Wissensspirale

Anwendungsbereich

Haben Sie auch die Erfahrung gemacht, dass herkömmliche Wissensmanagementansätze wie Wissensontologien, Datenbanken für Lessons Learned oder Wissensaudits wenig gebracht haben, um die Innovationskraft Ihrer Organisation systematisch zu fördern?

Ein Klassiker des Wissensmanagements – die Wissensspirale von Ikujiro Nonaka – kann helfen, eine der schwierigsten Herausforderungen im Umgang mit Wissen erneut zu überdenken. Es geht um die Frage: Wie können wir implizites Wissen für die Wissensentwicklung besser nutzen? Das folgende Kapitel wendet sich an all jene, die sich für die kontinuierliche Entwicklung und Neuausrichtung eines Teams, einer Abteilung oder einer Organisation einsetzen.

Grundidee

Neues Wissen entsteht durch die Interaktion von vermeintlichen Gegensätzen wie Ordnung und Chaos, implizitem und explizitem Wissen, Kopf und Körper, das Eigene und das andere oder Kreativität und Effizienz. Die Spirale der Wissensentwicklung zeigt auf, dass sich Wissen durch die mehrfache Umwandlung von implizitem (d. h. unbewusstem oder stillem) und explizitem Wissen quantitativ und qualitativ weiterentwickelt. Dabei bewegt sich dieser Prozess der Wissensumwandlung in einer Spiralform durch vier Phasen: *Sozialisierung*, *Externalisierung*, *Kombination* und *Internalisierung*. Die Wissensspirale beginnt auf einer individuellen Ebene und breitet sich mittels Kommunikation auf weitere organisationalen Ebenen aus (Teams, Abteilungen, Organisation).

Vorgehen

Wie können die vier Phasen der Wissensentwicklung – Sozialisierung, Externalisierung, Kombination und Internalisierung – systematisch gefördert werden?

- *Sozialisierung (implizit-implizit):* Ziel ist, das durch die Erfahrung entwickelte, implizite Wissen der Mitarbeiter zu teilen und weiterzuentwickeln. Da dieses nicht (einfach) in Worte gefasst werden kann, muss es mittels gemeinsamer Arbeit und gegenseitiger Beobachtung ausgetauscht werden (ähnlich wie bei einer klassischen Arbeitslehre). Es ist wichtig, dass das Management nicht nur neue Kollaborations- und Interaktionsformen entwickelt (z. B. Communities of Practice), sondern auch mittels Raumgestaltung oder sozialen Veranstaltungen die Sozialisierung fördert.
- *Externalisierung (implizit-explizit):* Da die Sozialisierung den direkten Austausch der Mitarbeiter benötigt, kann dadurch neues Wissen nur sehr begrenzt an viele Mitarbeiter weitergegeben werden. Deswegen versucht man in einer weiteren Phase, implizites Wissen zu externalisieren. Insbesondere in Dialogen (siehe auch Dialogwaage in diesem Band), aber auch mittels Analogien und Metaphern können die Mitarbeiterinnen und Mitarbeiter ihr Wissen artikulieren und ihm eine greifbare Form geben.

- *Kombination (explizit-explizit):* In dieser Phase werden verschiedene Formen expliziten Wissens miteinander kombiniert und es werden komplexere Wissensstrukturen entwickelt. Dies kann beispielsweise durch das Herunterbrechen von Konzepten geschehen. Ein strategisches Ziel wird durch operative Ziele genauer beschrieben und es werden konkrete Maßnahmen zur Erreichung dieser Ziele definiert.
- *Internalisierung (explizit-implizit):* In dieser Phase soll das Wissen in die praktische Arbeit fließen und allmählich Teil der organisationalen Routinen und gängigen Arbeitsmuster werden. On-the-Job-Trainings (d.h. Ausbildung am Arbeitsplatz), aber auch Simulationen, Learning-by-Doing-Ansätze (d.h. Lernen durch Erfahrung), zyklische Feedbacksitzungen (siehe auch Kapitel »Die Feedbackgläser«) und kontinuierliches Controlling sind hier von besonderer Bedeutung.

Beispiel

Stellen Sie sich vor, Sie erzählen einem guten Freund während eines Nachtessens von Ihren letzten Fahrradferien durch die Pyrenäen. Begeistert hört er Ihnen zu und bittet Sie plötzlich, Sie mögen ihm das Fahrradfahren beibringen, denn er möchte gerne bei der nächsten Tour auch mit von der Partie sein. »Wie um Himmels willen fahr ich denn auf diesen zwei Rädern?« Bevor Sie mit Ihrem Freund die ersten Versuche auf dem Zweirad wagen, möchten Sie ihm einige Hinweise geben, wie er das Fahrradfahren angehen soll. Was muss er tun, damit er das Gleichgewicht behalten kann? Wie muss er Arm- und Beinbewegungen koordinieren? Schnell werden Sie feststellen, dass Ihre Erklärungen sehr limitiert sind und es Ihrem Freund dadurch nicht möglich sein wird, sich erfolgreich auf dem Fahrrad fortzubewegen.

Dieses berühmte Beispiel verweist auf die Schwierigkeiten, welche mit dem Weitergeben von implizitem oder stillem Wissen (tacit knowledge) verbunden sind. Der Philosoph Michael Polanyi zeigte damit, dass wir oft etwas wissen oder können (z.B. Fahrrad fahren), ohne jedoch die expliziten Regeln nennen zu können, die es für diese Fähigkeit braucht. Nur ein sehr kleiner Teil unseres Wissens kann in Wörter gefasst werden. Der Großteil bleibt unausgesprochen und ist einzig in unseren Handlungen sichtbar. Diese Tatsache stellt das Wissensmanagement in Bezug auf Wissensentwicklung und Wissensaustausch vor große Herausforderungen. Wie lernt beispielsweise ein Key Account Manager, auf welche Aspekte er bei seinen Kunden besonders achten muss? Wie entwickelt ein Verkäufer das nötige Wissen, um kalte Anrufe mit Erfolg zu tätigen? Wie führt man erfolgreich Projekte? Wie weiß ein Investor, in welche Firmen er investieren soll? All diese Tätigkeiten bauen auf implizitem Wissen auf und lassen sich nur schlecht in Handbüchern oder Datenbanken dokumentieren und weitergeben.

Aus diesem Grund ist in der Wissensspirale der Prozess der Sozialisierung von besonderer Bedeutung. Wenn Mitarbeiter miteinander Zeit verbringen und gemeinsam Dinge erleben, werden der Austausch und die Weiterentwicklung von implizitem Wissen gefördert, ohne dabei den Umweg über die Externalisierung machen zu müssen. Für das Management bedeutet dies beispielsweise, die Anordnung der Büroräume so zu gestalten, dass Teams und Abteilungen nahe zu liegen kommen, die normalerweise nicht aktiv miteinander arbeiten, jedoch von einem Austausch indirekt profitieren können. Auch kön-

Die Wissensspirale

nen »Job Rotation«, die zyklische Neuzusammensetzung von Teams oder die Organisation von Praktika in anderen Abteilungen helfen, via Beobachtung und gemeinsamer Arbeit implizites Wissen aufzunehmen und weiterzuentwickeln. Schließlich kann die Sozialisierung auch durch die Organisation sozialer Anlässe gefördert werden (gemeinsame Mittagessen, Freitagsbier, Betriebsausflug etc.).

Grenzen

Wie erwähnt verweist die Metapher der Spirale auf die dialektische Natur der Wissensentwicklung. Die spiralförmige Bewegung durch scheinbare Gegensätze (Teil und Ganzes, implizit und explizit, das Eigene und das andere etc.) bedeutet nicht, dass die Wissensentwicklung auf Kompromissen aufbaut, sondern dass sie die verschiedenen Aspekte gleichermaßen benötigt. Für die Entwicklung innovativer Ideen braucht es beispielsweise die Auseinandersetzung zwischen dem eigenen Wissen und demjenigen anderer Kollegen (innerhalb und außerhalb der Organisation). Die Spiralbewegung unterscheidet sich von einer kreisenden Bewegung insofern, als dass sich die Wissensentwicklung durch die vier Phasen vom einzelnen Mitarbeiter zur Gruppe und zur Organisation ausweitet und während dieses Prozesses neue Ideen, Prozesse und Artefakte kreiert.

Eine Grenze der Wissensspirale liegt nicht so sehr im Bild der Spirale, als vielmehr in einem Prozess, von welchem das Modell ausgeht. Problematisch ist insbesondere der Prozess der Externalisierung. Nach Polanyi ist das implizite Wissen nicht bloß noch nicht explizit, es kann meist gar nicht externalisiert werden. Stellen Sie sich nochmals das Fahrrad vor. Was bringt es für die Wissensentwicklung, wenn Sie Ihrem Freund die folgende Regel für das Behalten des Gleichgewichts beim Fahrradfahren kundtun: »Wenn das Fahrrad in einen bestimmten Winkel des Ungleichgewichts gerät, muss jede Drehung des Lenkers invers proportional zum Quadrat der Geschwindigkeit sein, mit der sich der Fahrradfahrer fortbewegt«? Obwohl Sie diese Regel beim Fahrradfahren beachten, können Sie diese nicht explizieren. Sie kennen dieses Wissen nicht in expliziter, sondern nur in impliziter Form. Auch ist dieses Explizitmachen nicht zentral für die Wissensentwicklung, denn dadurch werden weder neue Formen des Fahrradfahrens (z. B. auf einem Rad) oder neue Typen von Fahrrädern entwickelt.

Diese Kritik bedeutet nicht, dass die Wissensspirale der Praxis nicht dienen kann. Es heißt vielmehr, dass der Motor der spiralförmigen Entwicklung des Wissens nicht in der Transformation von implizitem und explizitem Wissen liegt, sondern in der Interaktion von verschiedenen Formen des Wissens (z. B. unterschiedliche Spezialisation), seien diese impliziter oder expliziter Natur. Für die Wissensentwicklung ist es deswegen wichtig, die Kombination unterschiedlicher Ansätze und die Sozialisierung und Zusammenarbeit von Experten aus verschiedenen Gebieten zu fördern und dialogische Formen der Interaktion zu entwickeln (dies nicht nur innerhalb der Organisation). Dabei ist der Dialog nicht in erster Linie ein Instrument, um Wissen in fassbare und dokumentierbare Formen zu transformieren. Er kann hingegen helfen, andere Arbeits- und Denkweisen kennenzulernen, über die eigene Herangehensweise aus einer zweiten Perspektive nachzudenken und die Arbeit neu zu orientieren.

Hintergrund

In der heutigen Wissenswirtschaft (siehe auch »Die Pfeiler des Wissensmanagements« in diesem Band) müssen sich Manager und Mitarbeiter nicht bloß fragen: »Wie kann ich eine bestimmte Aufgabe lösen?«, sondern vielmehr: »Was ist die Aufgabe?« Organisationen lösen nicht nur Probleme, sie müssen diese neu definieren und dadurch an radikal anderen Lösungen arbeiten. Für die erfolgreiche Lancierung des iPhones, beispielsweise, musste sich Apple nicht bloß fragen, wie sie ein Mobiltelefon entwickeln können, das kleiner, schöner, smarter oder einfacher zu bedienen sei. Sie mussten die Kategorie des Mobiltelefons hinterfragen und sich überlegen, was ein mobiles Gerät, das auch telefonieren kann, sein und leisten könnte. Diese »Überlegung« geschah nicht in erster Linie in den Köpfen der Mitarbeiter von Apple, sondern ist ein Resultat der vielfältigen Erfahrungen und Interaktionen, die Apple mit Produkten, Kunden und anderen Interessensgruppen sammeln konnte.

Anders ausgedrückt sind Organisationen nicht bloß »Informationsverarbeitungsmaschinen«, sondern entwickeln durch ihr Handeln und ihre Interaktionen dauernd neues Wissen. Sie sollten sich deswegen nicht in erster Linie auf ausgeklügelte Wissensdatenbanken verlassen, sondern müssen neue Wege begehen, wie sie mit Fremd- und Eigenwissen, implizitem Wissen (durch Erfahrung) und explizitem Wissen (durch Forschung), strukturierten Prozessen (zur Effizienzsteigerung) und Chaos und Mehrdeutigkeit (Exploration) umgehen. Die Wissensspirale, welche vom Wissensmanagementbegründer Ikujiro Nonaka und seinen Kollegen entwickelt wurde, ist ein Versuch, diesem dialektischen und dynamischen Charakter der Wissensentwicklung Rechnung zu tragen.

Umsetzungsfragen

- Welche Mitarbeiter in meinem Team sollten öfters zusammenarbeiten, um von ihrer gegenseitigen Arbeit zu lernen und zu profitieren?
- Wie kann ich die Sozialisierung von Mitarbeitern fördern, die nie miteinander Kontakt haben?
- Wie versuchen wir in unserem Team, Wissen zu externalisieren? Verlassen wir uns in erster Linie auf schriftliche Dokumente (z. B. Berichte)? Wie könnten wir vermehrt dialogische und spielerische Formen der Interaktion fördern?
- Fördern und schätzen wir es, wenn Mitarbeiter neue Ideen und Formen der Arbeit ausprobieren?
- Haben wir die nötigen Strukturen, damit neue Arbeitsprozesse und Ansätze internalisiert werden können, z. B. mittels Coachs, welche die Mitarbeiter in der neuen Arbeit unterstützen?

Die Wissensspirale

Weiterführende Literatur

Nonaka, I.; Takeuchi, H. (1995): *The Knowledge-Creating Company: How Japanese Companies Create the Dynamics of Innovation*. Oxford: Oxford University Press.

Nonaka, I.; Toyama, R. (2003): »The knowledge-creating theory revisited: knowledge creation as a synthesizing process«. *Knowledge Management Research & Practice*, 1, S. 2 – 10.

Nonaka, I.; Toyama, R.; Konno, N. (2000): »SECI, ba and leadership: a unified model of dynamic knowledge creation«. *Long Range Planning*, 33, S. 5 – 34.

Polanyi, M. (1962): *Personal Knowledge*. Chicago: The University of Chicago Press.

Tsoukas, H. (2003): »Do we really understand tacit knowledge?« In: Easterby-Smith, M.; Lyles, M. A. (Hrsg.): *Handbook of Organizational Learning and Knowledge*. Malden (MA): Blackwell.

Nonaka, I. & Takeuchi, H. (1997): Die Organisation des Wissens. Wie japanische Unternehmen eine brachliegende Ressource nutzbar machen. Frankfurt/New York: Campus Verlag.

Das Wissensprisma

Wie versteht man die Ressource Wissen?

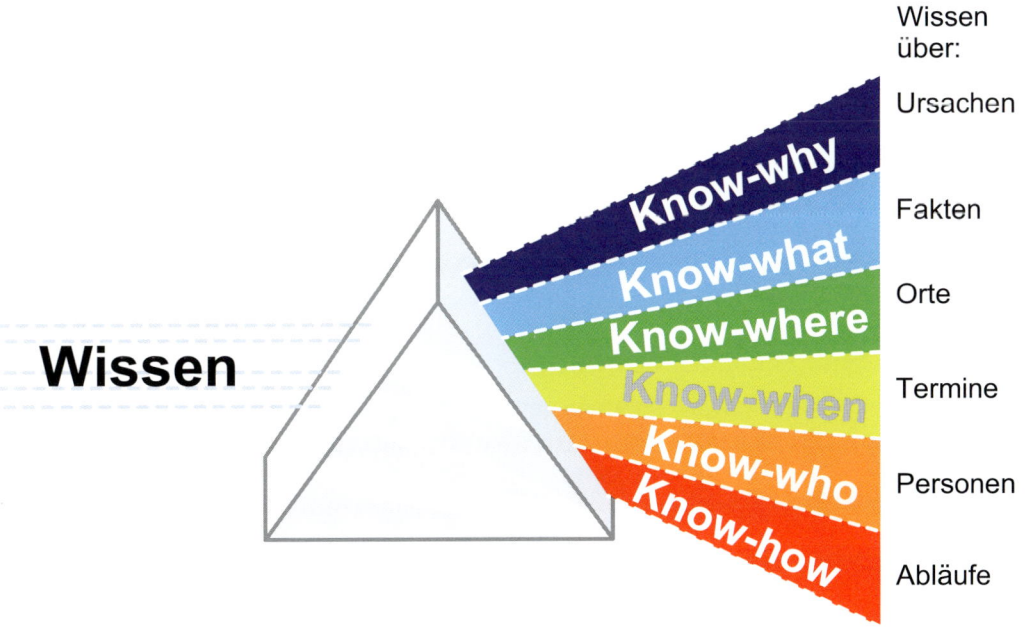

Wissen zeigt sich als Know-why, Know-what, Know-where, Know-when, Know-who und Know-how.

Das Wissensprisma

Anwendungsbereich

Das Wissensprisma macht verschiedene Wissensformen oder -typen sichtbar und verweist dadurch auf einige Grundcharakteristiken des Wissens (seine explizite und implizite Natur). Daraus können verschiedene Konsequenzen für den Wissensaustausch und die Wissensentwicklung in Organisationen abgeleitet werden. Diese zu kennen ist nicht nur für Wissensmanager wichtig, sondern für alle sogenannten »Wissensarbeiter«, d.h. für Mitarbeiter und Manager, deren wichtigste Arbeitsressource ihr Wissen und dessen dauernde Weiterentwicklung ist.

Grundidee

Wissen tritt in verschiedenen Formen und Farben auf. Es ist abstrakt oder konkret, allgemein oder spezifisch, steckt in den Köpfen von Individuen oder in den Praktiken von Teams, und es wird durch Reflexion oder in der praktischen Arbeit entwickelt. Eine Unterscheidung zwischen den verschiedenen Wissensarten ist für Manager von besonderer Bedeutung. Um strategisch zu führen und Probleme zu lösen, müssen Manager ihr Wissen, das sie durch Erfahrung und Praxis gewonnen haben *(Know-how)* mit einem abstrakteren Wissen über Zusammenhänge und Prinzipien *(Know-why)* verbinden können. Erst aus dieser Kombination von implizitem, über Jahre entwickeltem Detailwissen und dem Wissen über große Konstellationen, das einen visionären Ausblick ermöglicht, entwickeln sich strategische Vorteile.

Um diese Arbeit zu erleichtern, ist es sinnvoll, zwischen Know-how, Know-what, Know-why, Know-who, Know-when, und Know-where zu unterscheiden. Manager können dadurch nicht nur ihr eigenes Wissen, sondern auch dasjenige ihrer Mitarbeiter erfolgreicher entwickeln und austauschen. Insbesondere können sie besser verstehen, welches Wissen sich nur schwierig durch explizite Kommunikation (z. B. in E-Mails, Berichten) vermitteln lässt, wann sie also auf andere Formen des Wissensaustauschs setzen sollten (z. B. Learning by Doing, Sozialisation).

Vorgehen

Wissen in Organisationen kann effektiver entwickelt und ausgetauscht werden, wenn zwischen Wissensformen unterschieden wird:

- **Know-why (Wissen, weshalb)**: Wissen, *weshalb* etwas passiert (kausales Wissen). Wissen über Zusammenhänge, Gründe, Motivationen und Ziele. Es weist auf Prinzipien, (Natur-)Gesetze und kausale Zusammenhänge hin.
  Beispiel: Strategiepapier, das ein Vorgehen mit einer Vision oder einem Ziel verbindet.
- **Know-what (Wissen, was)**: Wissen über »Fakten« (deklaratives Wissen) und von Konzepten, wie es typischerweise in Enzyklopädien oder Datenbanken dokumentiert wird.
  Beispiele: Wissen über Produkte, Wissen über Präferenzen von Kunden.

- **Know-where (Wissen, wo)**: Orientierungswissen. Wissen, wo etwas aufgefunden werden kann: Wo befindet sich eine bestimmte Information?
  Beispiel: Marktwissen.
- **Know-who (Wissen, wer)**: Wissen über spezifische soziale Verbindungen und Beziehungen: Wer ist in welchem Gebiet Experte? Wer kann mir Zugang zu wem geben?
  Beispiele: Kontakte innerhalb und außerhalb des Unternehmens, Wissen über Kunden oder Konkurrenten.
- **Know-how (Wissen, wie)**: Wissen, *wie* etwas passiert oder ausgeführt wird (prozedurales und heuristisches Wissen). Beschreibt eine Fähigkeit oder Handfertigkeit und wird vor allem durch Learning by Doing (Lernen durch Erleben) entwickelt.
  Beispiele: Prozesshandbuch, Best Practices für das Projektmanagement.

Das Wissen steckt in den Köpfen (z. B. Know-why) und Körpern (z. B. Know-how) der Mitarbeiter und zeigt sich in deren Arbeit und Interaktionen. Nicht jede Wissensform kann auf gleiche Art und Weise kodifiziert und kommuniziert werden. Insbesondere das Know-how und das Know-who sind nur schlecht in Texte oder Codes übersetzbar. Wie Sie ein Team erfolgreich führen, beispielsweise, ist nur bedingt in einem Handbuch zu lesen. Dieses Know-how ist zum großen Teil implizit, d. h., es wurde über jahrelange Erfahrung entwickelt und steckt in Ihren Handlungen und in Ihrem Körper und Sie können es nicht zufriedenstellend in Wörter fassen. Deswegen müssen solche Formen des Wissens durch Beobachtung (ein Novize lernt durch die Beobachtung der Arbeit des Meisters) und Learning by Doing ausgetauscht und entwickelt werden.

Beispiel

Wissen kann nicht nur mittels verbaler Kommunikation (z. B. im Gespräch oder via Text) ausgetauscht werden. Wie dieser Band zeigt, sind Visualisierungen eine weitere interessante Form, Wissen zu vermitteln. Dabei gilt: Für die verschiedenen Wissensformen passen unterschiedliche Visualisierungstypen. Im Folgenden verweisen wir auf einzelne Visualisierungen, die sich für die Repräsentation und den Austausch der jeweiligen Wissensformen besonders eignen.

Know-why: Eine berühmte Visualisierung, um kausales Wissen abzubilden, ist das Fischgrätendiagramm, auch Ishikawa- oder Ursache-Wirkungs-Diagramm genannt. Es zeigt auf, welche Haupt- und Nebenursachen zu einem Ergebnis oder Problem führen.

Know-what: Matrizen wie die BCG-Matrix, aber auch Mindmaps oder »Concept-Maps« eignen sich für die Darstellung von deklarativem Wissen besonders. Dabei können Beziehungen zwischen einzelnen Fakten oder Konzepten aufgezeigt werden, ohne dass dies kausale Zusammenhänge sein müssen. Dank der BCG-Matrix sehe ich beispielsweise, welche Produkte meines Portfolios sich in Bezug auf Marktanteil und Marktwachstum wie positionieren (Know-what) und in welche Produkte ich weiter investieren soll (Know-why).

Know-where: Karten sind die Visualisierung par excellence, um Wissen an geografische Orte zu binden. Marktkarten beispielsweise können aufzeigen, welche geografischen Märkte sich in Bezug auf Wachstum, Marktanteil oder Kundensegmente wie verhalten.

 Das Wissensprisma

Know-who: Kompetenzkarten zeigen auf, wer innerhalb einer Organisation in welchen Gebieten Experte ist und spezifische Erfahrungen aufzuweisen hat. Stellt man beispielsweise ein neues Projektteam zusammen, können solche Karten helfen, diejenigen Personen zu identifizieren, welche die nötigen Kompetenzen besitzen.

Know-how: Prozess- oder Flussdiagramme, Flowcharts und Kreisdiagramme ordnen einzelne Schritte in lineare Abfolgen und eignen sich besonders, um Abläufe, Prozesse und Prozeduren abzubilden.

Grenzen

Wissen ist wie Licht, das uns erhellt und die Welt erst sichtbar und erfahrbar werden lässt. Dabei nehmen wir das Wissen, wie das Licht, nur selten als solches wahr. Wir sehen ein Haus, einen Berg oder einen Baum, und nur hier und da, wenn das Licht besonders golden glänzt (z. B. bei einem Sonnenuntergang) oder wenn es ungewohnte Schatten wirft, gilt unsere Aufmerksamkeit dem Licht selbst. Es bedarf eines Prismas, um festzustellen, dass das Licht alle Farben in sich trägt, und um besser zu verstehen, wie es agiert. Ähnliches gilt für das Wissen in Organisationen. Wissen ist dauernd aktiv, wirkt, erhellt, lässt Dinge glänzen, und doch bedarf es einer bestimmten Linse, um seine Qualitäten, seine Vielfalt und seine Macht begreifen zu können. Wissensmanagementaktivitäten können als solch ein Prisma dienen und Unterscheidungen – wie z. B. verschiedene Wissensformen und die an sie geknüpften Herausforderungen – sichtbar machen.

Die Aufgliederung von Wissen in Wissenstypen ist, obwohl sehr populär, nicht unproblematisch. Die Organisationsforscher Paul Duguid und John Seely Brown zeigten beispielsweise, dass die Unterscheidung nur wenig dazu beiträgt, Probleme im Wissensaustausch zu identifizieren und zu beheben. Es sei nicht so sehr die Art des Wissens, die bestimme, ob Wissen erfolgreich in einer Organisation ausgetauscht und entwickelt werden könne, vielmehr tragen alle Wissensarten die Möglichkeit in sich, entweder zu haften (»sticky«) oder zu fliehen (»leaky«) (während viele Autoren suggerieren, dass implizites Wissen oder Know-how schwerer zu teilen ist, argumentierten Duguid und Brown, dass dasselbe Wissen sowohl haften als auch fliehen kann: »the same knowledge may appear sticky and leaky«). Ihrer Meinung nach ist Wissen eng verbunden mit dem Arbeiten und dem praktischen Tun. Es hängt also mehr vom Kontext und von der Form der (Zusammen-)Arbeit ab, ob Wissen fließt. So kann Know-how in »Communities of Practice« einfach ausgetauscht und entwickelt werden, nicht aber zwischen verschiedenen Gruppen, die losgelöst voneinander arbeiten und nicht in ähnliche Arbeitspraktiken involviert sind.

Hintergrund

1999 proklamierte der Managementguru Peter Drucker lautstark: Der wichtigste Beitrag des Managements im 21. Jahrhundert wird darin liegen, die Produktivität der Wissensarbeit und der Wissensarbeiter zu erhöhen. Wissen wurde zum wichtigsten Wettbewerbsfaktor erklärt (siehe auch »Die Pfeiler des Wissensmanagements« in diesem Band) und gilt seither als die zentrale Ressource von Unternehmen. Nach ersten Versuchen in den 90er-Jahren, Wissen systematisch zu managen, musste man erkennen: Wissen ist nicht wie andere Ressourcen ein Ding, das man durch feinsäuberliche Prozesse oder Datenbanken verschieben, kaufen und entwickeln kann. Wissen besteht nur zu einem kleinen Teil in expliziter Form (und kann z. B. in Texten dokumentiert werden). Da es in erster Linie nicht durch Bücher, sondern durch Erfahrungen entwickelt ist, schlummert das meiste Wissen implizit in uns, zeigt sich in unseren Handlungen, lässt sich jedoch nicht in Dokumenten kodifizieren (siehe auch Kapitel »Die Wissensspirale«). Diese Unterscheidung zwischen explizitem und implizitem oder stillem Wissen (tacit knowledge) liegt der hier diskutierten Klassifizierung von Wissensformen zugrunde. Während das Know-how beispielsweise sehr stark auf der praktischen Erfahrung basiert – und damit einen sehr großen impliziten Anteil hat –, sind Wissensformen wie das Know-why oder Know-what stärker an analytische und kognitive Prozesse gebunden und können einfacher kodifiziert und kommuniziert werden.

Umsetzungsfragen

- Handelt es sich beim Wissen, das ich kommunizieren möchte, um deklaratives oder prozedurales Wissen? Habe ich dafür das richtige Kommunikationsformat ausgesucht?
- In welchen Wissensdimensionen habe ich persönlich Nachholbedarf (Kontakte/Know-who, Kompetenzen/Know-how; Verständniswissen/Know-why; Orientierungswissen/Know-where, Faktenwissen/Know-what)?
- Wie kann ich mein Know-how mit meinem Know-why besser verbinden?
- Welche Aspekte meines Know-hows möchte ich gerne weitergeben?
- Welche Aspekte meines Know-hows erachte ich als zentral, kann sie aber nur mit Schwierigkeiten kommunizieren?

Weiterführende Literatur

Alavi, M.; Leidner, D. E. (2001): »Knowledge Management and Knowledge Management Systems: Conceptual Foundations and Research Issues«. *MIX Quarterly*, 25(1), S. 107–136.

Brown, J. S.; Duguid, P. (2001): »Knowledge and Organization: A Social-Practice Perspective«. *Organization Science*, 12(2), S. 198–213.

Drucker, P. F. (1999): »Knowledge-worker productivity: the biggest challenge«. *California Management Review*, 41(2), S. 79–94.

Garud, R. (1997): »On the Distinction between Know-how, Know-why, and Know-what«. *Advances in Strategic Management*, 14, S. 81–101.

Ryle, G. (2002): *The Concept of Mind*. Chicago: University of Chicago Press (Erstauflage 1949 bei Hutchinson).

Schindler, M.; Eppler, M. J. (2003): »Harvesting project knowledge: A review of project learning methods and success factors«. *International Journal of Project Management*, 21(3), S. 219–228.

Zack, M. (1998): »Managing Codified Knowledge«. *Sloan Management Review*, 40(4), S. 45–58.

Reinhardt, R. & Eppler, M. J. (2004): Wissenskommunikation in Organisationen. Methoden, Instrumente, Theorien. Berlin/Heidelberg: Springer.

METHODEN FÜR DIE ORGANISATION

Der Akzeptanzgraben

Wie gewinnt man Kunden?

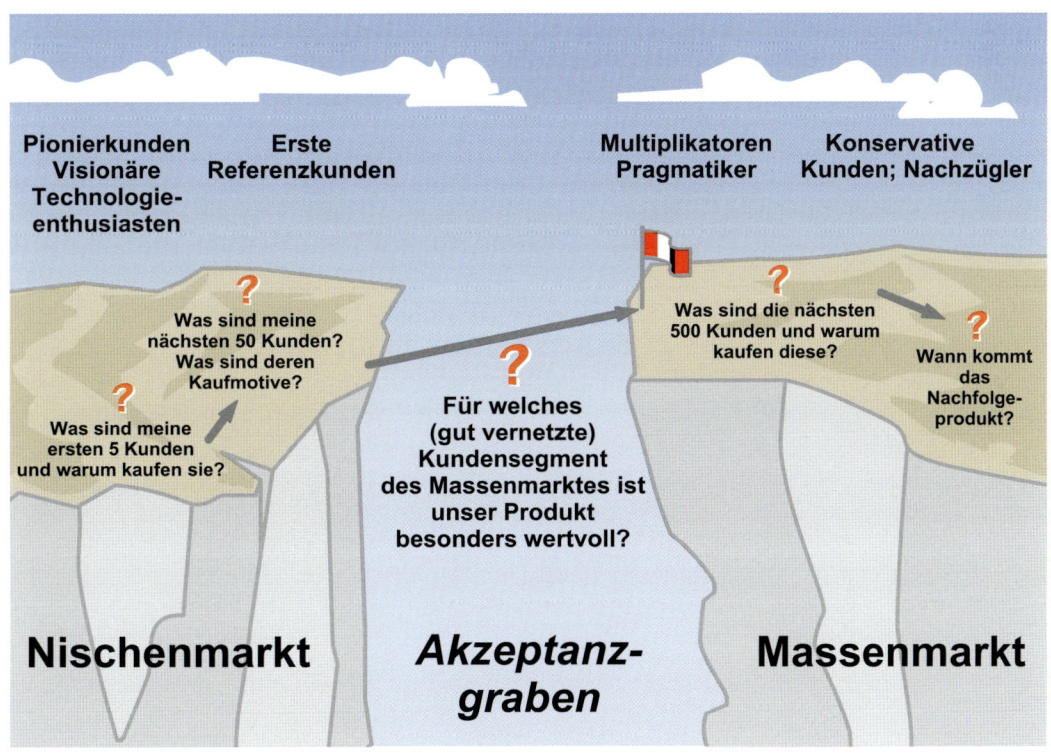

Der größte Sprung für ein neues Produkt ist von den ersten 50 zu den ersten 500 Kunden.

Der Akzeptanzgraben

Anwendungsbereich

Der Akzeptanzgraben beruht auf einem umfassenden Marketingkonzept für Innovationen von Geoffrey Moore. In seinen Bestsellern unterscheidet er auf Basis von Everett Rogers Innovations-Diffusions-Theorie verschiedene Phasen im Lebenszyklus eines Produktes. Ein besonders kritischer Punkt in diesem Zyklus ist dabei der Sprung von der *Pionierkäuferschaft* (die Neues an sich spannend finden und ausprobieren) zum *Massenmarkt*. Dieser Sprung, wie auch spätere Stufen, erfordert einen Wechsel in der Marketingstrategie, z.B. von der Betonung des Neuen zur Betonung des *Nutzens*.

Grundidee

Der schwierigste Punkt bei der Durchsetzung einer Innovation im Markt ist der Sprung von den Pilotanwendern zum größeren Erstkundensegment. Nachdem die innovationsfreudigen Kunden das Produkt bereits gekauft haben, gilt es die innovationsneutralen potenziellen Kunden zu überzeugen. Dafür muss man sich auf ein »Speerspitzen«-Segment konzentrieren. Diese Kunden können dann für weitere Referenzen genutzt werden (das sogenannte Bowling-Prinzip). Das Segment muss aber mit einer speziell auf sie abgestimmten Lösung geködert werden. Ist die Akzeptanz erst einmal geschafft, beginnt das Tornado-Marketing, wo die hohe Nachfrage möglichst gut (und rasch) bewältigt werden muss und die Konkurrenz angegriffen wird. Im Unterschied zum Bowling wird nun nicht mehr auf Einzelkundenwünsche eingegangen.

Vorgehen

Um den Akzeptanzgraben zu überwinden, muss eine Firma das richtige *Erstsegment* von Kunden wählen, für welches der *Produktnutzen* maximal ist, keine frühen Konkurrenten zu befürchten sind und schnell *Referenzkunden* generiert werden können. Hierfür müssen zum Teil Allianzen mit Vertriebspartnern eingegangen werden. Angestrebt wird ein hoher Marktanteil in einem Nischenbereich mit einer konkreten Anwendung des Produktes. Auf Basis dieser Anwendung werden dann schrittweise Varianten für andere Kundensegmente entwickelt.

Beispiel

Nehmen wir an, Sie möchten eine neue Software für Visualisierung am Markt platzieren und wenden Moores Grabenmodell auf Ihre Marketingaktivitäten an. Wie würden Sie dabei vorgehen? Zuerst versuchen Sie durch Ihr bestehendes Kontaktnetzwerk fünf technologiebegeisterte Firmen oder Privatanwender für die Software zu gewinnen und offerieren diesen das Produkt zu einem reduzierten Preis. Diese ersten fünf Kunden kaufen zum einen aus Neugierde und Freude am Neuen, zum anderen, um sich mit der Visualisierungssoftware von anderen unterscheiden zu können. Die nächsten 50 Kunden gewinnen Sie dann durch Referenzen der ersten fünf Anwender, durch gezielte Ansprache und Vor-Ort-Besuche. Zudem gewähren Sie diesen ersten 50 Kunden großzügige Testzeiten und Rabatte. Nun kommt der schwierigste Teil, nämlich den Graben von 50 zu 500 Kunden zu überwinden. Dazu fokussieren Sie sich auf das Speerspitzensegment der professionellen Managementtrainer, welche die Software vor anderen (vor allem Seminarteilnehmern) einsetzen und somit gute Multiplikatoren darstellen. Sie erstellen dazu spezielle Grafikvorlagen in der Software, die Trainer in ihrer Arbeit unterstützen, und schalten Werbung in Fachzeitschriften für Trainer. Sie wählen dieses Segment auch deshalb, weil es wenige Konkurrenzprodukte in diesem Bereich gibt. Von diesem Segment aus adressieren Sie dann weitere Zielgruppen, wie etwa Unternehmensberater oder Manager. Mit der Zeit ergänzen Sie das Produkt durch weitere Dienstleistungen, etwa Poster, Handbücher, Ausbildungsprogramme oder Grafikdienste.

Grenzen

Die Grabenmetapher, die Geoffrey Moore für sein Konzept gewählt hat, rückt die Problematik der Marktausweitung in den Fokus und suggeriert, dass es einen veritablen Sprung von 50 zu 500 Kunden benötigt. Dieses Bild stimmt wahrscheinlich nicht für alle Arten von Angeboten, denken Sie etwa an wissensintensive Dienstleistungen, die nicht beliebig skaliert werden können, da sie an das Wissen und die Erfahrung Einzelner gebunden sind. Es handelt sich bei der Marktbearbeitung auch eher um einen kontinuierlichen Prozess als um einen einmaligen Sprung. Nichtsdestotrotz bringt die Metapher das Kernproblem bei der Einführung neuer Produkte und Dienstleistungen gut auf den Punkt.

Hintergrund

Das Innovations-Diffusions-Modell des bekannten Kommunikationsforschers Everett Rogers bildet den Hintergrund für Moores Ansatz. Das Modell von Rogers erklärt das Phänomen, warum es neue, innovative Lösungen oft schwer haben, rasch ihren Weg in die breite Umsetzung zu finden. Wesentliche Treiber bzw. Verhinderer für die Akzeptanz einer Innovation in der breiten Öffentlichkeit sind etwa deren Komplexität, deren relative Vorteile gegenüber dem Status-quo oder deren Vereinbarkeit mit bestehenden Routinen und Werten.

Rogers hat dabei nicht nur das Lebenszyklusmodell einer Innovation entwickelt, das Moore für seinen Marketingansatz nutzt. Er hat auch die Typologie von Innovationsnutzern entwickelt, die im Grabenmodell verwendet wird. Dabei unterscheidet Rogers z. B. die Visionäre und Technologieenthusiasten, die eine Innovation in einem sehr frühen Stadium ausprobieren, und die konservativen, sehr späten Kunden, die einer Innovation erst dann eine Chance geben, wenn sie die Mehrheit ihrer Kollegen bereits seit einer geraumen Zeit nutzt.

Der Akzeptanzgraben

> **Umsetzungsfragen**
> - Wie finden wir unsere ersten 50 Kunden? Warum würden die unser Produkt kaufen wollen?
> - Welches attraktive Kundensegment hilft uns, den Massenmarkt zu knacken? Für wen bietet unser Produkt den maximalen Mehrwert? Wer ist ein Multiplikator, der unser Produkt bei vielen potenziellen Kunden bekannt machen kann?
> - Sind unsere Marketingmaßnahmen an unser momentan adressiertes Kundensegment angepasst (z. B. erste 50 oder erste 500)?
> - Welche weiteren Faktoren können uns helfen, den Graben vom Nischen- zum Massenmarkt zu überwinden (PR, Allianzen, Guerilla Marketing etc.)?

Weiterführende Literatur

Geoffrey, A. M. (1991): *Crossing the Chasm*. New York: HarperCollins.

Geoffrey, A. M. (2002): *Das Tornado-Phänomen*. Wiesbaden: Gabler Verlag.

Rogers, E. M. (1969): *Diffusion of Innovations*. New York: The Free Press.

Das Gemeinschaftsboot

Wie organisiert man eine Community?

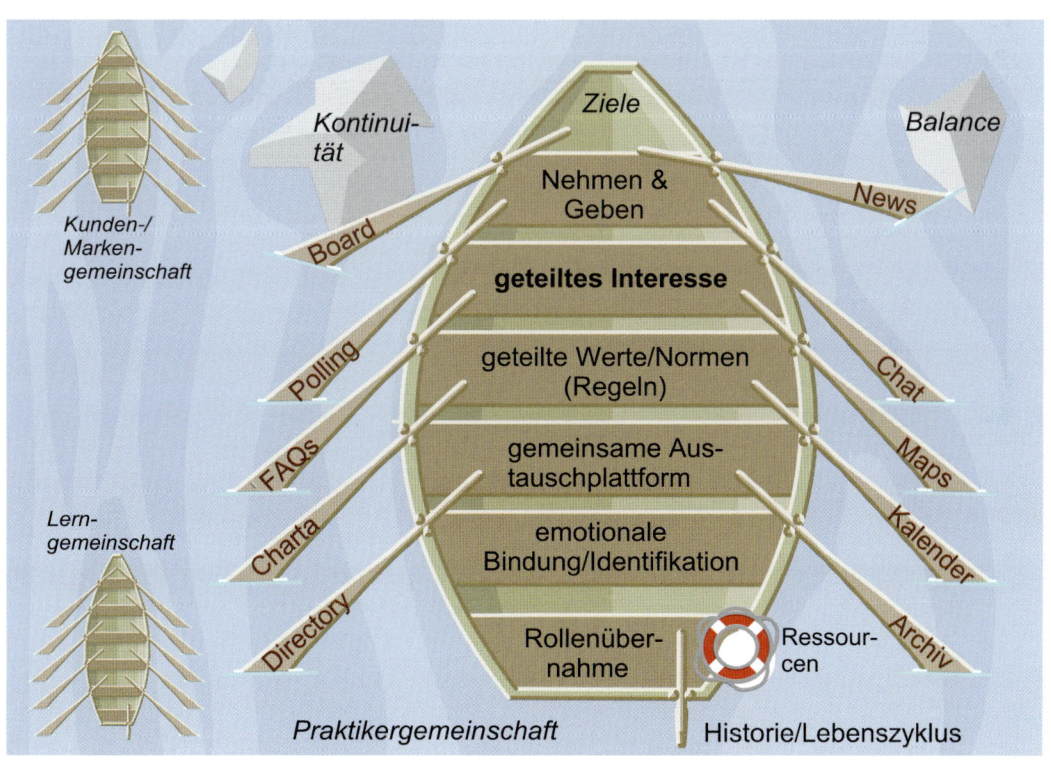

Eine Gemeinschaft kommt nur vorwärts, wenn neben gemeinsamen Interessen auch eine Infrastruktur vorhanden ist.

Das Gemeinschaftsboot

Anwendungsbereich

Virtuelle Communitys sind heutzutage in aller Munde. Sie dienen als Vehikel der Kundenbindung, als Werkzeug des Wissensmanagements und des betrieblichen Lernens. Organisationen nutzen sie zudem zur effizienten Markt- und Meinungsforschung oder als Ideenlieferant (Stichwort Open Innovation und Crowdsourcing). Vor diesem Hintergrund ist ein effektives Management von virtuellen Communitys ein wichtiges Thema für Marketingspezialisten, Wissensmanager und Lernverantwortliche sowie für Innovationsmanager.

Grundidee

Wenn sich mehr als 20 Personen über eine Online-Plattform über einen längeren Zeitraum zu denselben Themen austauschen und eine gewisse emotionale Bindung zu den anderen Gruppenmitgliedern aufbauen (sich ein Stück weit mit der Gemeinschaft identifizieren), dann kann man von einer virtuellen Community sprechen. Diese ist nicht nur ein Selbstläufer, indem sich Mitglieder freiwillig und ohne Bezahlung engagieren, sie ist auch ein effizientes Mittel, um Wissen zu entwickeln, auszutauschen und zu dokumentieren. Dafür benötigt die Community jedoch eine gewisse Minimalausstattung an Werkzeugen und Regeln.

Vorgehen

Eine (virtuelle, internetbasierte) Gemeinschaft oder Community ist eine Gruppe von meist mehr als 20 Personen, die sich wiederholt (auf einer dafür eingerichteten Plattform) zu einem gemeinsamen Thema, einem gemeinsamen Ziel oder einer gemeinsamen Aufgabe austauscht. Die Gemeinschaft definiert sich dabei über ein gemeinsames Interesse sowie über gewisse Werte, Regeln und Ziele. Viele Mitglieder einer Community sind bereit, etwas für diese zu leisten (z. B. eine Rolle auszuüben oder Fragen zu beantworten), möchten aber auch von anderen Mitgliedern profitieren (z. B. Rat erhalten oder Einfluss nehmen). Da eine Gemeinschaft meist auf Freiwilligkeit beruht, ist die Balance und Kontinuität innerhalb der Gemeinschaft stark von einer engagierten Kerngruppe abhängig. Diese weist üblicherweise eine hohe emotionale Bindung an die Community auf und identifiziert sich mit ihr. Sie übernimmt das Management der Austauschplattform.

Diese Plattform umfasst – zur Unterstützung der Kommunikation innerhalb der Gemeinschaft – typischerweise folgende Elemente:

- FAQs: frequently asked questions = eine Zusammenstellung (normalerweise durch einen Community-Moderator) der am häufigsten gestellten Fragen von (neuen) Community-Mitgliedern.
- (Bulletin oder Message) Board: ein einfaches System, um Nachrichten an sämtliche Mitglieder der Community oder Interessierte zu publizieren (ein sogenanntes Posting).
- Polling: ein einfaches Instrument, um Abstimmungen oder Wahlen unter den Mitgliedern durchzuführen.

- Directory: ein Verzeichnis aller Mitglieder der Gemeinschaft (inklusive deren Hintergrund).
- News: eine einfach zu aktualisierende Übersicht über Neuigkeiten und Veränderungen innerhalb der Community oder zu einem ihrer wichtigen Themen.
- Chat: ein einfacher Dienst, um mittels Tastatur in Echtzeit mit anderen Mitgliedern kommunizieren zu können.
- (Knowledge) Maps: grafische Übersichten zu Mitgliedern, Postings, Dokumenten oder Ereignissen innerhalb der Community.
- Archiv: eine strukturierte Ablage für Dokumente, Videos, Postings etc. der Mitglieder.
- Charta: ein periodisch erweitertes oder modifiziertes Dokument, welches die Ziele und Grundregeln innerhalb der Community klärt oder zur Diskussion stellt (z. B. als von jedem veränderbares Wikiforum).

Im betrieblichen Kontext sind Gemeinschaften mögliche Organisationsformen, um Wissen auszutauschen und zu entwickeln, kollaboratives Lernen zu unterstützen, oder auch, um die Kundenbindung zu erhöhen (und von Kunden zu lernen).

Beispiel

Ein kleiner, aber äußerst erfolgreicher Hersteller einer Videoeditiersoftware hat festgestellt, dass sein Aufwand für Kundenanfragen stetig wächst und durch den firmeneigenen Servicebereich kaum mehr bewältigt werden kann. Um dieser Herausforderung zu begegnen, startet der Anbieter eine Online-Plattform, auf der sich Käufer der Software kostenfrei austauschen können. Neben einem moderierten Frage-und-Antwort-Forum gibt es auf der Internetplattform auch Abstimmungen über neue Funktionen in zukünftigen Versionen der Software, Online-Chats mit Entwicklern und Superusern, ein Archiv mit Beiträgen über die Software sowie einen Bereich, in dem die Kunden besonders gelungene Videos mit anderen austauschen können und Tipps für die bessere Nutzung der Software geben. Um die Community am Leben zu halten, veranstaltet das Unternehmen an großen Fachmessen Mitgliedertreffen und sponsert dort gemeinsame Mittagessen oder Podiumsdiskussionen. Die registrierten Mitglieder der Community profitieren darüber hinaus von Vorabinformationen über neue Versionen der Software und können diese auch vollumfänglich testen. Das Unternehmen profitiert dabei in mehrfacher Weise von der virtuellen Community: Der Aufwand für die Beantwortung von Kundenanfragen nimmt rapide ab, weil sich die Kunden über die Online-Plattform effizient selbst helfen können. Durch die auf der Plattform ausgetauschten Fragen und Antworten entsteht eine Datenbank der häufigsten Probleme mit der Software sowie entsprechender Lösungen. Diese wird von den Softwareentwicklern regelmäßig und systematisch ausgewertet. Darüber hinaus erhält die Firma laufend Vorschläge zur Verbesserung der Software und kann diese über die Abstimmungsfunktion einer großen Benutzergruppe unterbreiten. Die Mitglieder profitieren, weil sie durch die Community rasch und unkompliziert Hilfe erhalten, sich dort mit Gleichgesinnten qualifiziert austauschen können und durch ihre Beiträge und Antworten Anerkennung und Respekt erhalten. Zudem erlaubt ihnen die Plattform (dies ist auch ein Risiko des Ansatzes), Druck auf die Unternehmung auszuüben, sollte das Produkt oder die Politik der Firma nicht mehr den Erwartungen der Nutzer entsprechen.

Das Gemeinschaftsboot

Grenzen

Die Metapher des Bootes ist sicherlich ein positives und bekanntes Bild, um den Zusammenhalt in einer Zweckgemeinschaft zu symbolisieren. Auch lässt die Metapher verschiedene Varianten zu, wie etwa ein Boot, in dem nicht alle im Gleichschlag rudern oder einige nur Kommandos rufen, sich selbst aber nicht am Rudern beteiligen. Auch kann das Boot sich auf ruhigen Gewässern befinden oder in Turbulenzen geraten. Das Boot kann auch von einem Großteil der Mannschaft verlassen werden oder neue Mitglieder aufnehmen.

Die Bootsmetapher hat jedoch auch Grenzen, denn sie zeigt z.B. nicht klar auf, dass in einer Community einige wenige Mitglieder im Zentrum stehen und besonders aktiv sind, während viele andere Mitglieder mehr oder minder passiv verfolgen, was in der Community vor sich geht. Die unterschiedlichen Grade, an denen Mitglieder an einer Gemeinschaft beteiligt sind, lassen sich durch die Bootsmetapher nur schwer abbilden.

Hintergrund

Natürlich gibt es neben virtuellen Communitys noch viele weitere Typen von Gemeinschaften, z.B. (nach Anthony Giddens) ortsgebundene, verwandtschaftliche oder freundschaftliche; Max Weber unterscheidet Hausgemeinschaften, Nachbargemeinschaften, ethnische, politische oder religiöse Gemeinschaften. Dank dem Internet existieren heute jedoch viele rein virtuelle Communitys, wie sie sich etwa in Yahoo oder Google Groups, in der Open-Source-Szene oder auch in virtuellen Welten wie Second Life oder World of Warcraft (als Spielcommunity) gebildet haben.

Umsetzungsfragen

- Könnte eine virtuelle Community eines unserer Probleme effizient lösen (Ideenfindung, Marktforschung, Wissensmanagement)?
- Falls wir bereits eine Community aufgebaut haben: Ist allen an der Community Beteiligten das gemeinsame Interesse klar? Signalisieren dies die Moderatoren an potenzielle Interessenten?
- Gibt es Personen in der Community, die wichtige Funktionen übernehmen?
- Besitzt die Community die notwendigen Infrastrukturelemente, um effizient vorwärtszukommen?
- Kann sich aus der Community heraus eine gefährliche Eigendynamik entwickeln, die zu Risiken für die Organisation führen könnte? Wie können derartige Tendenzen früh erkannt werden?

Weiterführende Literatur

Brown, J. S.; Duguid, P. (1991): »Organizational Learning and Communities-of-Practice: Toward a Unified View of Working, Learning and Innovation«. *Organization Science*, (2)1, S. 40-57.

Eppler, M.; Diemers, D. (2001): »Reale und virtuelle Gemeinschaften im betriebswirtschaftlichen Kontext: Ansätze zum Verständnis und zum Management von Communities«. *Die Unternehmung* (55)1, S. 25-42.

Hagel, J.; Armstrong, A. G. (1997): *Net Gain: Expanding Markets Through Virtual Communities*. Boston: Harvard Business School Press.

Rheingold, H. (2000): *The Virtual Community*. Boston: MIT Press.

Toennies, F. (1922): *Gemeinschaft und Gesellschaft: Grundbegriffe einer reinen Soziologie*. Berlin: Curtius.

Wenger, E. (1999): *Communities of Practice*. Cambridge: Cambridge University Press.

METHODEN FÜR DIE ORGANISATION

Der Informationsüberfluss

Wie vermeidet man Information Overload?

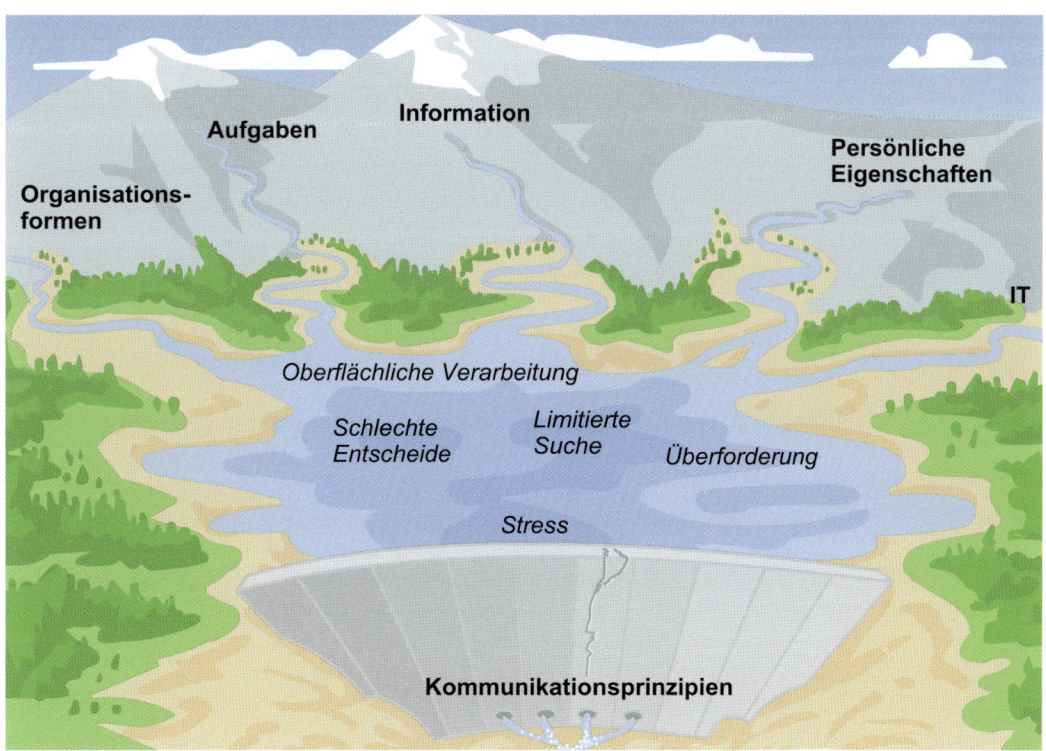

Informationsüberfluss entsteht durch mehrere Ursachen und ist nicht bloß auf die Menge an Informationen zurückzuführen.

 Der Informationsüberfluss

Anwendungsbereich

Das hier besprochene Phänomen des Informationsüberflusses soll all jenen Orientierung bieten, die einerseits in ihrer täglichen Arbeit mit Nachrichten und Anfragen überflutet werden, aber andererseits auch durch ihre aktive Beteiligung an Kommunikationsprozessen selbst zum »Informationssee« beitragen.

Grundidee

Während eines normalen Arbeitstages verbringen Angestellte durchschnittlich zwei Stunden damit, E-Mails zu lesen, zu schreiben und zu verwalten. Hinzu kommen stundenlange Sitzungen, Telefongespräche, die Informationssuchen im Internet und Aktivitäten auf Social-Media-Webseiten. Manager sind mit Informations- und Kommunikationsaufgaben besonders belastet und kämpfen damit, inmitten dieses Informationsüberflusses nicht unterzugehen. Dabei führt der überquellende See von Informationen nicht bloß dazu, dass bei Managern Stress und Burnouts grassieren. Vielmehr wirkt sich die steigende Informationslast vor allem negativ auf die Qualität ihrer Entscheidungen aus, da sie Informationen nur noch überfliegen können und unkritisch handhaben. Der Überblick geht verloren, für eine tiefere Analyse ist keine Zeit, auch nicht für eine breitere oder systematischere Suche nach innovativen Lösungen.

Entgegen der weitverbreiteten Vorstellung ist es jedoch nicht bloß die Menge an Informationen, die zu einem Informationsüberfluss führt. Wichtig sind vor allem Charakteristiken wie die Intensität des Informationsflusses und die Qualität der Information. Alle drei Minuten werden wir durchschnittlich bei der Arbeit unterbrochen, und bevor wir wieder zu ihr zurückkehren, erfüllen wir im Schnitt noch zwei zusätzliche Aufgaben. Wir müssen uns also stetig neu orientieren und unseren Fokus anpassen, um die Menge der in kurzer Zeit auf uns einströmenden Informationen verarbeiten zu können. Gleichzeitig zeigt sich, dass je ungewisser, diverser und komplexer eine Information ist, desto schneller fühlt man sich von ihr überflutet. Diese qualitativen Eigenschaften einer Information können vom Informationsgeber beeinflusst werden. Er kann also wichtige Schleusen öffnen und dem Informationsüberfluss entgegenwirken.

Vorgehen

Manager können sechs Kommunikationsprinzipien befolgen, damit man ihre Nachrichten trotz überbordender Information besser wahrnehmen, verstehen und in Erinnerung behalten kann.

1. *Bekannte Überraschung*: Damit die Aufmerksamkeit des Publikums gewonnen werden kann, muss bei der Kommunikation einerseits Neugierde geweckt, aber auch mit wohlvertrauten Formaten gearbeitet werden, sodass eine schnelle Orientierung möglich ist.
Beispiel: Skizzieren Sie Ihre Idee während eines Meetings auf eine Serviette oder ein Flipchart.
2. *Detaillierter Überblick*: Bevor die Details einer Nachricht kommuniziert werden, sollten die Mitarbeitenden erfahren, was damit beabsichtigt wird, inwieweit sie involviert sein werden und was sie daraus gewinnen können. Eine allzu allgemeine Einleitung kann dies nicht bewerkstelligen. Deshalb müssen auch beim ersten Überblick bereits Hinweise zu wichtigen Details gegeben werden.
Beispiel: Präsentieren Sie zu Beginn einer Sitzung eine geeignete visuelle Metapher, auf welcher Sie allmählich Inhalte der Diskussion positionieren können. Damit wird die Verbindung von Detailaspekten zum Gesamtthema einfacher.
3. *Flexible Stabilität*: Wenn verschiedene Informationsprodukte (z. B. Berichte) in ihrer Struktur sehr unterschiedlich sind, muss sich der Empfänger bei jedem einzelnen neu orientieren. Standardstrukturen können schnelle Orientierung bieten, müssen jedoch flexibel genug sein, damit sie sich den Besonderheiten der einzelnen Kontexte anpassen können.
Beispiel: Brauchen Sie standardisierte Memo-Strukturen für verschiedene E-Mail-Typen.
4. *Einfache Komplexität*: Damit neue, komplexe Informationen einfacher zugänglich werden, müssen sie mit bekannten Themen und Formaten verbunden werden. Für die jeweilige Ansprechgruppe unnötige Aspekte und Details müssen radikal weggestrichen werden.
Beispiel: Verwenden Sie während Präsentationen Animationen in Einzelschritten, damit die Komplexität visuell und allmählich aufgebaut werden kann.
5. *Kompakte Redundanz*: Wichtige Nachrichten sollten kompakt, jedoch in verschiedenen Formaten und Detailgraden kommuniziert werden. Auf diese Weise können die unterschiedlichen Anspruchsgruppen je nach Bedarf gezielt informiert werden.
Beispiel: Verfassen Sie Berichte in zwei bis drei verschiedenen Varianten. Dabei kann nicht nur die Länge variieren (Executive Summary, Kurzbericht, ausführlicher Bericht), sondern auch die Positionierung der einzelnen Abschnitte und Informationsinhalte.
6. *Unfertige Vollständigkeit:* Damit Informationen das eigene Weiterdenken und Handeln stimulieren, sollten bewusst Leerstellen und Aktivierungsfragen in die Nachricht eingefügt werden.
Beispiel: Integrieren Sie im Intranet Web-2.0-Funktionalitäten, die es dem Benutzer ermöglichen, auf unkomplizierte Art und Weise Kommentare, Bewertungen und Ideen zu ergänzen.

Beispiel

Das Management eines großen Energiekonzerns war sich einig, dass die Koordinationsprozesse zwischen den einzelnen Abteilungen schlecht definiert waren und dass sich dadurch der Kommunikationsaufwand für die Mitarbeitenden vervielfachte. Sie beauftragten eine Kommunikationsagentur (trainiac.com), gemeinsam mit dem mittleren

Management eine Lösung für das Problem zu entwickeln. Während des Briefings erhielt die Agentur eine traditionelle Prozessgrafik, auf der mit Hunderten Kästen und ebenso vielen Pfeilen die aktuellen Kommunikations- und Reportingprozesse dargestellt waren. Die Grafik war stark mit Informationen überladen und absolut unverständlich. Sie konnte nicht als Basis dienen, auf der man gemeinsam mit den Managern die bisherigen Prozesse nachvollziehen und neue Prozesse entwickeln konnte.

So entwickelte das Kommunikationsteam eine ein mal ein Meter große Kommunikationskarte im Comicstil, auf welcher der Energiekonzern aus der Vogelperspektive dargestellt wurde (das Prinzip der bekannten Überraschung). Darauf waren die verschiedenen Gebäude mit ihren Abteilungen, die Mitarbeitenden in ihren Rollen und Arbeiten zu sehen, die Interaktionen, die Zulieferanten sowie der Vertrieb der Produkte. Die Karte verwendete verschiedene visuelle Konventionen, die in Styleguides festgelegt wurden. Dadurch konnten Standards eingehalten werden und die Interpretation der Karte wurde vereinfacht (das Prinzip der flexiblen Stabilität).

Während eines zweitägigen Workshops arbeiteten die Manager des Energiebetriebs mit dieser Kommunikationskarte. Die Darstellung half ihnen, die eigene Arbeit distanziert zu betrachten und abstrakte Prozesse aus dem Blickpunkt ihres Berufsalltags zu verstehen (Prinzip der einfachen Komplexität). Durch eine Reihe von Aktivitäten konnten die Mitarbeitenden ihre Arbeitserfahrung mit der Darstellung auf der Kommunikationskarte verknüpfen (z. B. Objekte identifizieren, auf die Karte malen, mit Aktionskarten und Figuren in der Form von Spielen interagieren). Die Karte ging auf diese Weise flexibel auf die verschiedenen Realitäten innerhalb des Konzerns ein und förderte gleichzeitig eine kollektive Sinnstiftung in der Interaktion (Prinzip der unfertigen Vollständigkeit).

Die Kommunikationskarte erlaubte es den Managern, sich auf einen Teilbereich zu konzentrieren und diesen im Detail anzuschauen (Prinzip der detaillierten Übersicht). Mithilfe des Moderators konnte die Informationsfülle der Karte nach und nach entdeckt und musste nicht auf den ersten Blick verstanden werden (Prinzip der einfachen Komplexität). Der Überflutung wurde so Einhalt geboten.

Grenzen

Mit der Staudammmetapher lässt sich aufzeigen, dass die Informationsüberflutung nicht nur durch einen einzigen Fluss verursacht wird, sondern dass mehrere Bächlein gemeinsam zum Phänomen beitragen. Dabei ist Information (Wasser) nicht nur produktiv und in Energie (Elektrizität) umwandelbar, sondern kann auch Gefahren mit sich bringen. Fließt zu viel Wasser in den See, droht der Damm zu brechen und die darunter liegenden Dörfer zu überfluten.

Problematisch an der Metapher ist jedoch, dass das Kontingent des Sees fix definiert ist und dass es rein an der Menge des zufließenden Wassers liegt, ob es zur Überflutung kommt. In der menschlichen Informationsverarbeitung ist das Kontingent abhängig vom Grad der Expertise, der Motivation und der emotionalen Lage des Empfängers. Ebenso ist es nicht nur die Menge der Information, sondern auch deren Qualität, welche zur Überflutung beiträgt.

Hintergrund

Beinhaltet eine Produktinformation oder eine PowerPoint-Präsentation mehr als sieben Informationen, wird diese nicht mehr effektiv verarbeitet und die Qualität der Entscheidungen beginnt zu sinken. Seit dieser Erkenntnis der Wissenschaften aus den 50er-Jahren wurde die Sieben zur magischen Nummer und galt lange als Schwelle zum Informationsüberfluss.

Heute weiß man jedoch, dass die Sieben nicht ganz so magisch ist und nicht für alle Menschen und alle Situationen gilt. Ist man beispielsweise Experte auf einem Gebiet, kann man Informationen leichter aufnehmen und verorten. Ist man besonders motiviert und in einer positiven Stimmung, dann trifft der Informationsüberfluss ebenso erst bei einer erhöhten Belastung ein. Effektive Kommunikatoren versuchen deswegen nicht nur, ihre Nachrichten zu bündeln und Inhalte zu komprimieren. Informationsintensive Kontexte verlangen nach personalisierter Kommunikation, wo Daten und Fakten nicht roh, sondern mit Einschätzungen und Auswirkungen angereichert werden und bei denen die Empfänger aktiv und auch emotional einbezogen werden.

Trotzdem können Mitarbeitende nicht unbeschränkt mit Informationen begossen werden, und ein effektives Informationsmanagement muss die verschiedenen Ursachen der Informationsüberflutung gleichzeitig angehen. Verantwortlich für das Meer bzw. Mehr an Information sind dabei nicht nur die neuen Informations- und Kommunikationstechnologien. Es sind auch die heutigen Organisationsformen, welche nach mehr Kommunikation und Koordination verlangen (flache Hierarchiestrukturen, interdisziplinäre Teams, Komplexität der Arbeit).

Damit die Informationsüberflutung eingedämmt werden kann, müssen nicht nur intelligente Informationsfilter installiert werden, gleichzeitig sollten Kommunikationsprozesse vereinfacht (z. B. dezentrale Entscheidungswege) und Kommunikationsregeln definiert werden (z. B. klare Reportingstrukturen).

Umsetzungsfragen

- Welche der Ursachen für die Informationsflut ist für mich am gravierendsten? Weshalb? Kann ich diese Ursache selbst angehen?
- Auf welche Weise überflute ich meine Arbeitskollegen mit Informationen?
- Mit welchen drei Maßnahmen kann ich die Qualität meiner Nachrichten so verbessern, dass sie einfacher und schneller verstanden werden können?
- Wie kann ich die Koordination mit meinen Arbeitskollegen verändern, damit ich der Informationsüberflutung weniger ausgesetzt bin?

 Der Informationsüberfluss

Weiterführende Literatur

Drucker, P. F. (1999): *Management im 21. Jahrhundert*. Düsseldorf: Econ.

Eppler, M. J.; Mengis, J. (2008): *Preparing Messages for Information Overload Environments. What business communicators should know about information overload and what they can do about it*. San Francisco: International Association for Business Communicators (IABC).

Eppler, M. J.; Widler, J. (2008): *Trainiac. Making Training Collaborative through Learning and Journey Maps*. London: European Case Clearing House, online verfügbar: http://www.knowledge-communication.org/pdf/trainiac-case-inspection.pdf

LexisNexis (2010): »2010 International Workplace Productivity Survey: Extent, Impact of Information Overload on Workers. From Boston to Beijing, Professionals Feel Overwhelmed, Demoralized«, online verfügbar: http://www.multivu.com/players/English/46619-LexisNexis-International-Workplace-Productivity-Survey/

Moser, K., Preising, K. & Göritz, A. S. (2002): Steigende Informationsflut am Arbeitsplatz: Belastungsgünstiger Umgang mit elektronischen Medien (E-Mail, Internet). Bremerhaven: Wirtschaftsverlag NW.

Der Entscheidungseimer

Wie entscheiden Organisationen?

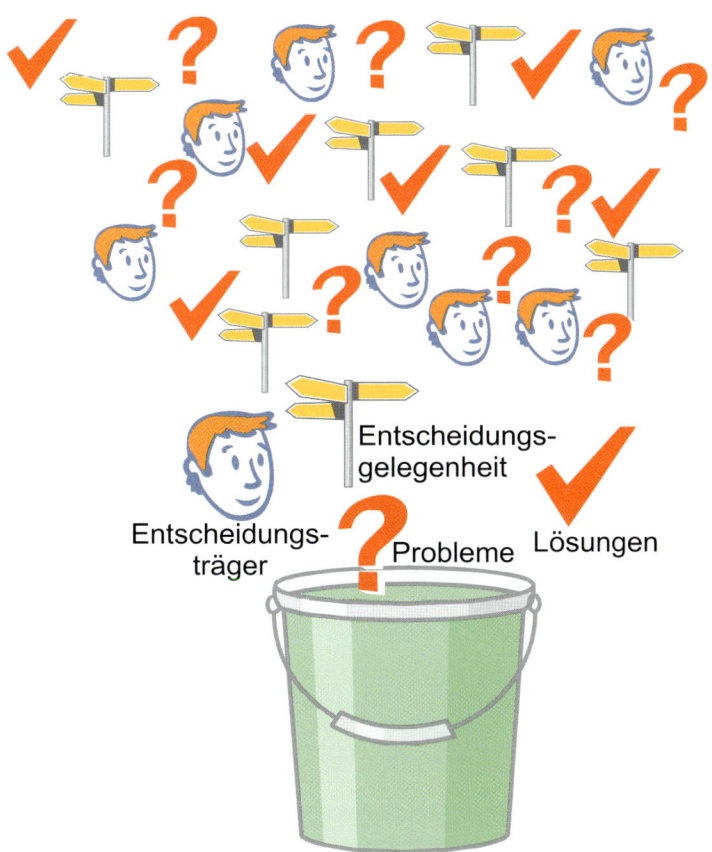

In der Realität treffen Probleme, Lösungen und Entscheider auch zufällig aufeinander.

Der Entscheidungseimer

Anwendungsbereich

Das Mülltonnenmodell der Entscheidungsfindung, oder kurz »der Entscheidungseimer«, bietet Entscheidungsträgern und Führungspersonen, die in einem dynamischen und unsicheren Umfeld arbeiten, Orientierung und Sensibilität für Kontextfaktoren und deren Einfluss auf den Entscheidungsprozess. Das Modell eignet sich besonders für komplexe und langwierige Entscheide und beschreibt problematische Aspekte in der Entscheidungsfindung.

Grundidee

Normalerweise stellt man sich vor, dass Entscheide dann gefällt werden, wenn man mit einem Problem konfrontiert wird, welches man lösen muss, und sich angesichts verschiedener Alternativen für die beste entscheidet. Der Entscheidungseimer stellt diese Grundannahme der Entscheidungsfindung auf den Kopf. In diesem Modell existieren bereits verschiedene Lösungen, die bisher keine Anwendung in der Praxis finden konnten und nun nach einem Problem suchen, welches sie lösen können. Eine Entscheidung wird demzufolge dann getroffen, wenn eine Lösung mehr oder weniger zufällig auf ein Problem trifft. Zwei Konditionen sind dabei außerdem von Bedeutung: Eine geeignete Entscheidungssituation muss gegeben und willige Entscheidungsträger müssen vorhanden sein.

Man kann sich diese Situation bildlich so vorstellen, dass zu einem bestimmten Zeitpunkt verschiedene Probleme, Lösungen und mögliche Entscheidungsträger in einen Eimer hineingeworfen werden. Dort, wo sie aufeinandertreffen, wird eine Entscheidung getroffen. Probleme und Lösungen sind in dieser Vision nicht logisch, sondern lediglich zeitlich miteinander verknüpft. Die Entscheidungsfindung ist daher kein geordneter Prozess, in dem der Entscheidungsträger durch genaue, rationale Analyse des Problems und der verschiedenen Lösungsvarianten die beste Entscheidung trifft. Vielmehr hat sich gezeigt, dass selbst die Ziele, die mit einer Entscheidung erreicht werden sollen, oft widersprüchlich sind.

Vorgehen

Das Mülltonnenmodell ist kein präskriptives Modell, das Entscheidungsträgern nahelegt, wie sie zu besseren Entscheiden gelangen können. Vielmehr sensibilisiert es für suboptimale Entscheidungsprozesse und hilft, diese besser zu verstehen. Insbesondere kann das Modell für folgende Situationen nützlich sein:

Teamentscheidungen: Bauen Sie in Teamentscheidungen Reflexionsrunden ein, in denen sich die Gruppenmitglieder explizit fragen, aus welcher Konstellation heraus die vorliegende Lösung auf das anstehende Problem angewandt wird und durch wen und warum die gewählte Lösung nun propagiert wird.

Beratungssituationen: Bedenken Sie bei Vorschlägen von Beratern, ob die vorgeschlagene Lösung auch wirklich zu Ihrem Problem passt, oder ob ein Beliebigkeitsmoment dadurch gegeben ist, dass die Berater ihre Lieblings- oder Standardlösung auf ihr Problem anwenden?

Projektreview-Situationen (Projektrückschau): Achten Sie bei Reviews (z. B. Debriefings, siehe dazu Kapitel »Die Feedbackgläser«) von abgeschlossenen Projekten darauf, die Vergangenheit nicht zurechtzurücken bzw. Entscheide nachträglich übermäßig zu rationalisieren und mit Scheinargumenten zu rechtfertigen. Versuchen Sie stattdessen, vergangene Situationen im Projektverlauf zu identifizieren, in denen Lösungen eher zufällig oder durch die damals entscheidende Person akuten Problemen zugeordnet wurden. Rekonstruieren Sie dabei typische mentale oder administrative Abkürzungen, die genommen wurden, um die vorhandene Lösung auf das neue Problem anzuwenden. Dadurch kann die Organisation – oder zumindest das Team – für die Zukunft lernen, unabhängiger und bewusster Entscheidungen zu fällen.

Beispiel

Wie kam Toyota 1997 dazu, den hybrid betriebenen Prius auf dem Automarkt zu lancieren? Oder besser gefragt: Wieso dauerte es fast 100 Jahre, bis von dem ersten hybrid betriebenen Auto eine Serienproduktion mit Erfolg lanciert werden konnte? Das erste Automobil mit Hybridmotor wurde von Ferdinand Porsche bereits 1896 entwickelt und an der Weltausstellung in Paris der Öffentlichkeit vorgeführt. Seither gab es immer wieder vereinzelte Entwicklungen von Hybridmotoren in der Automobilindustrie. In den 70er-Jahren, beispielsweise, entwickelte Toyota ein Sportauto mit Elektrohybridantrieb. Gleichzeitig wurde in den USA im Rahmen eines föderalen Programms für saubere Autos an Hybridmotoren geforscht. In den 80er-Jahren bauten auch Mercedes-Benz, Volkswagen und Audi an jeweils eigenen Konzepten für ein Hybridfahrzeug.

Das Modell des Entscheidungseimers gibt uns einige interessante Hinweise, wieso es 100 Jahre für die Einführung von Hybridautos brauchte. In der Zeit vor 1990 hatte die hybride Technologie kein wichtiges Problem gelöst. Zwar kannte die Wissenschaft den Einfluss von CO_2 für die Klimaerwärmung schon früher, doch war es nicht als dringendes Problem in der Öffentlichkeit bekannt. Erst durch Institutionen wie das Intergovernmental Panel on Climate Change (IPCC) (1987 gegründet) wurde das Thema der CO_2-verursachten Klimaerwärmung publik. So fand eine Lösung (Hybridauto) ein Problem (CO_2). Gemäß dem Eimermodell der Entscheidungsfindung braucht es noch zwei weitere Zufälle, damit es zu einer Entscheidung kommt: Zum einen Machtträger, die sich für die Hybridtechnologie in der Automobilindustrie einsetzen, und zum anderen entsprechende Entscheidungsmöglichkeiten. Wichtige öffentliche Figuren und Entscheidungsträger, die für das Thema warben und Lösungen forderten, waren beispielsweise Al Gore (ehemaliger Vizepräsident der Vereinigten Staaten unter Präsident Bill Clinton). Bereits 1992, lange vor seinem Buch *Eine unbequeme Wahrheit* publizierte er den Bestseller *Earth in the Balance* (welches auf Deutsch mit *Wege zum Gleichgewicht* übersetzt wurde), der die Klimaproblematik thematisierte. Andere Personen, die sich zeitweilig auch für die Entscheidung zur Entwicklung von hybriden Fahrzeugen starkgemacht hatten, waren auch Holly-

Der Entscheidungseimer

wood-Stars wie Leonardo DiCaprio. Neben der Unterstützung dieser Personen brauchte es zudem Entscheidungsmöglichkeiten, die Automobilindustrie zu erneuern. Eine solche zeigte sich in den USA beispielsweise 2008, als in der Folge der Finanzkrise die drei großen Automobilhersteller General Motors, Ford und Chrysler vom Staat einen Kredit von 25 Milliarden Dollar zugesprochen bekamen, dies jedoch mit der Auflage, technisch hoch entwickelte Fahrzeuge zu bauen, die strengere Emissionskriterien erfüllten.

Man sieht in diesem Beispiel, dass der Entscheidungsprozess für das hybride Auto nicht linear und geplant verlief, sondern dass eine bestehende Technologie an ein neu im öffentlichen Bewusstsein auftretendes Problem geknüpft wurde. Daneben brauchte es mächtige Unterstützer aus Gesellschaft, Politik und Wirtschaft und ungeplante Ereignisse, wie die Finanzkrise, die eine Entscheidung zur Erneuerung der Automobilindustrie erst ermöglichten. Erst wenn Probleme, Lösungen, Entscheidungsträger und Entscheidungsgelegenheiten zusammen in einen Topf (oder Eimer) geworfen werden und dort aufeinandertreffen, fällt eine Entscheidung.

Grenzen

Bis heute gibt es nur wenige empirische Studien, welche das Eimermodell der Entscheidungsfindung bestätigen. Am besten eignet es sich, um langwierige und komplexe Entscheidungsprozesse zu beschreiben. Entscheidungsprozesse in Organisationen, die kaum erkennbare gemeinsame Ziele haben und welche in einem komplexen, dynamischen und unsicheren Umfeld stattfinden, kommen dem Mülltonnenmodell besonders nahe.

Einfachere Entscheidungen hingegen, welche kurzfristig gefällt werden müssen, können genauer geplant werden und sind nicht ganz so zufällig und chaotisch, wie es das Eimermodell darstellt. Es werden beispielsweise Abgabetermine definiert, durch welche der Entscheidungsprozess eine wenn nicht lineare, dann doch geordnetere Struktur erhält. An solchen Schwellen kann man davon ausgehen, dass bestimmte Entscheidungsalternativen aus dem Eimer entfernt werden. Des Weiteren können institutionelle Faktoren einen Deckel auf den Eimer legen und bestimme Entscheidungsträger von der Entscheidung ausschließen. Abschließend sollte man die Metapher des »garbage can«, also des Mülleimers, nicht zu wörtlich nehmen, sondern den Eimer vielmehr als eine Sammelstelle begreifen, in der sich unvollständige Kombinationen von Lösungen, Problemen, Entscheidungssituationen und Entscheidungsträgern tummeln und zusammenfinden. Die Assoziation an die Mülltonne suggeriert fälschlicherweise, dass die Elemente, welche in den Eimer fallen, Abfallprodukte sind und somit die Bedeutung von Entscheidungsträgern, Lösungen und Problemen diskreditiert wird.

Hintergrund

Das sogenannte Mülltonnenmodell wurde in den 70er-Jahren von den Organisationsgurus Michael Cohen, James March und Johan Olsen entwickelt und war eine Reaktion auf die damals dominanten, rationalen und politischen Entscheidungsmodelle. Diese eignen sich gemäß den Forschern nicht für komplexe Entscheidungssituationen in dynamischen und unsicheren Situationen. Das Mülltonnenmodell verweist denn auch auf den chaotischen Charakter von Entscheidungsfindungsprozessen.

Chaotisch sind Entscheidungen einerseits, da die Ziele und Präferenzen von Entscheidungsträgern nicht statisch und nicht genau definiert sind. Wir entdecken unsere Ziele oft erst durch unsere Handlungen und kennen sie im Vorhinein nur schlecht. Chaotisch sind Entscheidungen auch, da wir nicht immer genau wissen, welche Auswirkungen bestimmte Handlungen haben. Wir wenden die Versuch-und-Irrtum-Methode an, ohne zu verstehen, welche Gründe für bestimmte Situationen verantwortlich sind (siehe auch den Beitrag in diesem Buch zu Lernen im Looping).

Aus diesen Überlegungen heraus entwickelten Cohen und seine Kollegen das Mülltonnenmodell. Sie fassten es in diesem berühmt gewordenen Satz zusammen: »We end up with choices looking for problems, issues and feelings looking for decision situations in which they might be aired, solutions looking for issues to which they might be an answer, and decision makers looking for work« (Cohen/March/Olsen 1972, S. 1). Auf Deutsch zusammengefasst: Wir befinden uns in einer Situation, in welcher Lösungen nach Problemen suchen, in der Fragen und Gefühle nach Entscheidungsgelegenheiten Ausschau halten, in denen ihnen Ausdruck verliehen werden kann, und in der Entscheidungsträger nach Arbeit Ausschau halten.

Umsetzungsfragen

- Welches sind die drei wichtigsten Gründe, wieso die vorgeschlagene Lösung auf das anstehende Problem passt?
- Gibt es neben der ins Auge gefassten Lösung auch noch andere mögliche Lösungen, und was wären deren Vor- und Nachteile?
- Haben die vorgesehenen Entscheidungsträger das nötige Wissen und die genügende Erfahrung, über das anstehende Problem zu entscheiden? Welche weiteren Personen könnten wichtiges, komplementäres Know-how einbringen?
- Waren die Entscheidungsträger bereits früher bei ähnlichen Problemsituationen involviert? Welche Lösungspräferenzen hatten sie damals und wenden sie diese nun relativ unreflektiert auch bei der neuen Situation an?

Weiterführende Literatur

Bendor, J.; Moe, T.; Schott, K. (2001): »Recycling the garbage can: An assessment of the research program«. *American Journal of Political Science*, 95(1), S. 172–190.

Cohen, M.D.; March, J.G.; Olsen, J.P. (1972): »A garbage can model of organizational choice«. *Administrative Science Quarterly*, 17(1), S. 1–25.

Cyert, R.M. & March, J.G. (1999): Eine Verhaltenswissenschaftliche Theorie der Unternehmung, 2. Auflage. Stuttgart: Schäffer-Poeschel Verlag.

METHODEN FÜR DIE ORGANISATION

Der Schlüssel zur Nachhaltigkeit

Was bedeutet Nachhaltigkeit für Organisationen?

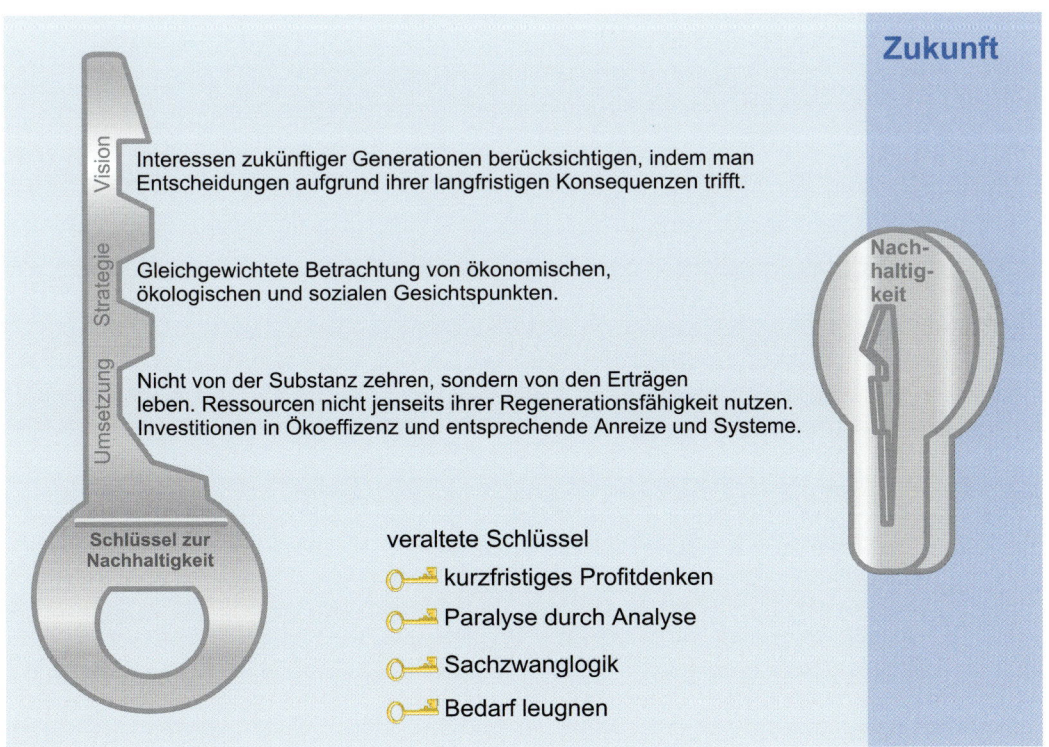

Der Schlüssel zur Nachhaltigkeit liegt in einer langfristigen Vision, die kurzfristige Konsequenzen hat.

Der Schlüssel zur Nachhaltigkeit

Anwendungsbereich

Nachhaltigkeit betrifft jeden und jede. Das Thema ist in den letzten Jahren ins Zentrum wirtschaftlicher Aktivitäten gerückt und besitzt aufgrund des beschleunigten Klimawandels eine hohe Brisanz für Unternehmen. Schlüssel zur nachhaltigen Entwicklung sind denn auch nicht nur für den Umweltbeauftragten einer Organisation relevant, sondern betreffen das Topmanagement, die Kommunikationsabteilung (Stichwort Corporate Social Responsibility) wie auch alle operativen Einheiten, die natürliche Ressourcen verbrauchen. Wie bei vielen Konzepten so geht es auch hier darum, es auf verschiedenen Stufen konkret und umsetzbar zu machen.

Grundidee

Es scheint so banal und offensichtlich: Wir sollten die Zukunft nicht der Gegenwart opfern. Doch genau dies tun nicht nur einzelne Menschen oder Unternehmen, sondern ein Großteil der Gesellschaft zurzeit. Doch warum sollten sich gerade *Manager* für Nachhaltigkeit interessieren? Um dies zu beantworten, kann man ökonomisch, ethisch oder ganz pragmatisch argumentieren: Ökonomische Antworten wären z. B., dass es Managern hilft, ihre eigene Organisation wirklich und langfristig zukunftsfähiger zu gestalten, dass es Reputationsrisiken senkt und einer Organisation zu einer positiveren Außenwahrnehmung verhilft. Ein weiteres ökonomisches Argument wäre die Tatsache, dass Investitionen in Nachhaltigkeit oft auch Innovationstreiber sind und zudem Kosten senken, da sie Organisationen ökoeffizienter machen. Ethisch argumentiert kann man sagen, dass Manager in einer privilegierten Verantwortungsposition sind, um eine nachhaltige Entwicklung zu ermöglichen. Pragmatisch argumentiert führt eine nicht von sich aus nachhaltige (Unternehmens-)Politik mittelfristig zu einer höheren Regulierungsdichte, zu einem großen Rückgang des Bruttosozialproduktes (vgl. Stern 2007) sowie zu einer massiven Einbuße an Lebensqualität.

Vorgehen

Wie setzt man Nachhaltigkeit um? Es braucht eine *Unternehmensstrategie*, welche auf die sogenannte »triple bottom line« (dreifacher Endgewinn) achtet, also auf das wirtschaftliche, soziale und ökologische Ergebnis (»profit, planet, people«, zu Deutsch: Gewinn, Planet Erde, Menschen). Die spezifischen Möglichkeiten zur Umsetzung einer nachhaltigen Unternehmensstrategie sind vielfältig und reichen von einer Analyse des sogenannten Carbon Footprints einer Organisation (also ihres gesamten CO_2-Ausstoßes pro Jahr) oder des Lebenszyklus der eigenen Produkte hin zu Instrumenten wie Ökobilanzen, Umweltmanagementsystemen nach ISO 14001 oder Umweltverträglichkeitsprüfungen. Doch auch *Sofortmaßnahmen* gehören dazu, wie etwa eine organisationsweite Energiesparinitiative, Investitionen in emissionsärmere und effizientere Maschinen, Programme zur

Reduktion des Papierverbrauches oder die vermehrte Nutzung virtueller Sitzungen anstatt CO_2-intensiver Flug- und Autoreisen. Solche Handlungen sind rasch nötig, trotz zeitweiser Unsicherheit, Sachzwängen oder Status-quo-Denken.

Beispiel

Nehmen wir als Beispiel den Fall eines großen Finanzdienstleistungsbetriebes. Wie kann dieser die drei Elemente des Schlüssels zur Nachhaltigkeit konkret umsetzen?

Er muss erstens eine konkrete, für alle nachvollziehbare *Vision* davon entwickeln, was es für diese Organisation heißt, die Interessen zukünftiger Generationen nicht zu gefährden. Er muss z. B. auf Basis des bestehenden Leitbildes nachhaltigkeitskompatible Werte entwickeln, definieren, als verbindlich erklären und entsprechend energisch an die Belegschaft kommunizieren. In diesem Fall wird als einer der Kernwerte Integrität definiert. Dieser Wert bedeutet konkret, keine ethisch oder ökologisch fragwürdigen Investitionsprojekte mehr mit Krediten zu unterstützen. Er bedeutet auch, dass Kadermitarbeiter des Betriebes für soziale Engagements freigestellt werden können oder anderweitig unterstützt werden.

Zudem muss eine mittelfristige *Strategie* entwickelt und verabschiedet werden, die darauf abzielt, nicht nur nach rein ökonomischen Kriterien wie Gewinnmaximierung zu wirtschaften, sondern auch ökologischen und sozialen Ansprüchen an das eigene Unternehmen zu genügen. Im Bereich der ökologischen Verantwortung setzt sich das Unternehmen beispielsweise das strategische Ziel, CO_2-neutral zu werden (unter anderem mittels Kompensation sämtlicher CO_2-Emissionen durch Kauf entsprechender Zertifikate). Flankierend dazu werden Flugemissionen durch den vermehrten Einsatz von virtuellen Sitzungen bzw. Webkonferenzen reduziert.

Drittens muss im Hier und Heute ökoeffizienter mit natürlichen Ressourcen umgegangen werden, die in der Organisation stark genutzt werden. Das Unternehmen entscheidet sich z. B. dazu, für das betriebseigene Flottenmanagement nur noch Hybridfahrzeuge anzuschaffen und im Bürobetrieb nur noch zu 100 Prozent rezykliertes Papier zu verwenden.

Grenzen

Die Schlüssel-und-Schloss-Metapher mag für die einen überzogen scheinen, wenn man die Rolle des Managements für eine nachhaltige Entwicklung thematisiert. Der Schlüssel zu einer nachhaltigen Zukunft sind sicherlich auch und in besonderem Maße die Politiker und deren Bereitschaft und Fähigkeit, schmerzhafte, aber notwendige klimabezogene Entscheide zu fällen und in ihren Ländern umzusetzen. Dennoch ist nicht erst seit dem UNO-Umweltgipfel in Rio bekannt, dass der Unternehmensführung eine besondere Rolle im Erreichen der Nachhaltigkeitsziele zukommt.

Hintergrund

Die Vision einer nachhaltigen Entwicklung kann viele Jahre zurückverfolgt werden und findet ihren Ursprung in der Forstwirtschaft. Dort wurde ein Nachhaltigkeitsprinzip – »es darf nicht mehr Holz geschlagen werden als nachwächst« – bereits im frühen 18. Jahrhun-

Der Schlüssel zur Nachhaltigkeit

dert formuliert (und teilweise seit dem 15. Jahrhundert praktiziert). Ins globale Bewusstsein kam das Konzept jedoch erst Ende der 80er-Jahre mit der Publikation des UNO-Brundtland-Berichtes 1987 und mit der UNO-Umweltkonferenz 1992 in Rio.

 Umsetzungsfragen
- Welche unserer Aktivitäten sind klar nicht im Sinne der Nachhaltigkeit? Können wir diese reduzieren?
- Welche unserer Aktivitäten stimmen mit dem Nachhaltigkeitsprinzip überein? Können wir diese ausbauen?
- Haben wir konkrete, bindende Vorgaben und Verbesserungsinitiativen, um uns der Vision einer nachhaltigen Unternehmensentwicklung anzunähern?

Weiterführende Literatur

Baumgartner, R. J.; Biedermann, H.; Ebner, D. (Hrsg.) (2007): *Unternehmenspraxis und Nachhaltigkeit*. Rainer Hampp.

Daly, H. E. (1990): »Sustainable development: from concept and theory to operational principles«. *Population and Development Review*, Vol. 16, S. 25–44.

Daly, H. E. (1991): »Toward some operational principles for sustainable development«. *Ecological Economics*, Vol. 2, No. 1, S. 1–6.

Hauff, V. (Hrsg.) (1987): *Unsere gemeinsame Zukunft. Der Brundtland-Bericht der Weltkommission für Umwelt und Entwicklung*. Eggenkamp.

Pfeffer, J. (2010): »Building sustainable organizations: The human factor«. *Academy of Management Perspectives*, February 2010, Vol. 24, No. 1, S. 34–45.

Stern, N. (2007): *The Economics of Climate Change – The Stern Review*. Cambridge: Cambridge University Press.

Der Balanced-Scorecard-Baum

Wie misst man betrieblichen Erfolg?

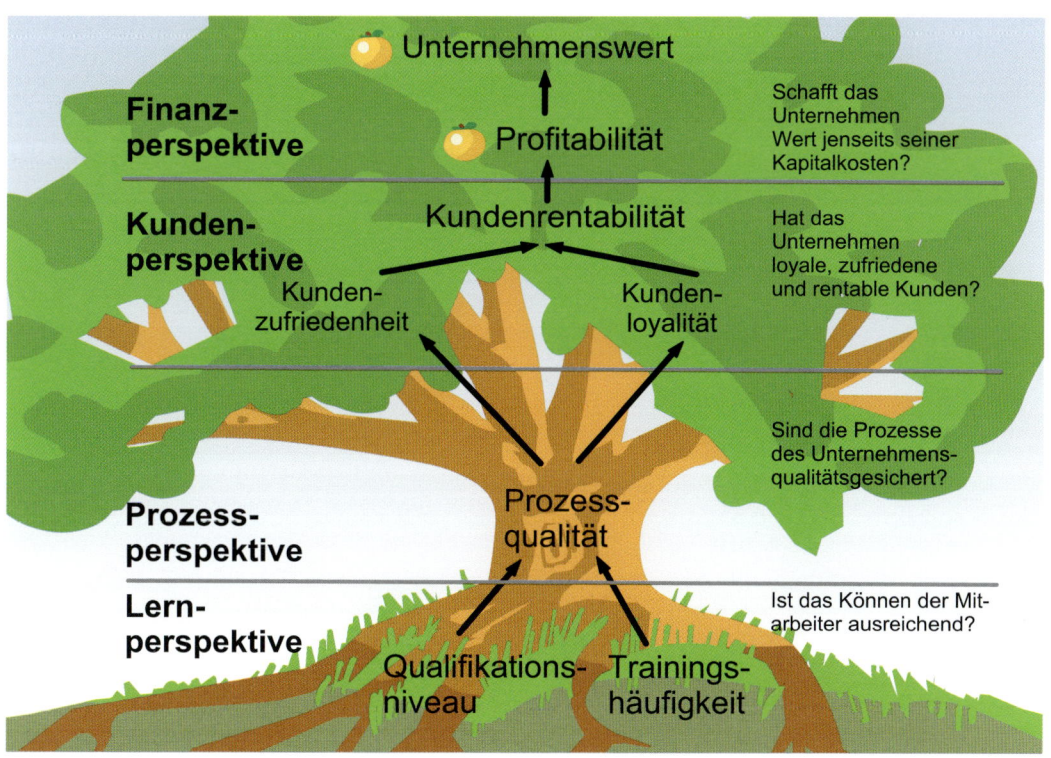

Ein finanzielles Resultat basiert auf zufriedenen Kunden, funktionierenden Prozessen und ausreichendem Wissen.

Der Balanced-Scorecard-Baum

Anwendungsbereich

Die beiden Wirtschaftswissenschaftler Robert Kaplan und David Norton entwickelten die Balanced Scorecard in den 90er-Jahren als Instrument der Leistungsmessung von Unternehmen, weil ihnen die bisherigen Performance-Measurement-Ansätze zu vergangenheitsorientiert und finanzorientiert waren. Sie wollten mit ihrem Ansatz ein ausgeglichenes (balanced) Ziel- und Indikatorensystem (scorecard) schaffen, welches die Leistung der Unternehmung nicht nur auf finanzielle Größen reduziert, sondern auch Abhängigkeiten mit anderen Bereichen wie Prozessmanagement, Kundenzufriedenheit oder Weiterbildung misst und aufzeigt. Die Balanced Scorecard und ihre Darstellungsform, die Strategy Map, kann von jeder Organisation angewandt werden, die für ihre Strategie ein systematisches Zielraster, eine ausgeglichene Reportingstruktur und entsprechende Messgrößen sucht.

Grundidee

Die Grundidee der Balanced Scorecard besteht darin, die Ziele einer Unternehmung einheitlich auf allen Hierarchiestufen in vier Dimensionen zu gliedern: in eine Lern- bzw. Wissens- oder Potenzialdimension (z. B. Ausbildung der Mitarbeiter), eine Prozessdimension (z. B. Qualitätsindikatoren), eine Kundendimension (z. B. Kundenrentabilität) und eine Finanzdimension (z. B. Gewinnmarge). Das Balanced-Scorecard-System schlägt Messindikatoren in diesen vier Dimensionen vor und sensibilisiert Mitarbeiter für Abhängigkeiten zwischen den Dimensionen. In unserer metaphernbasierten Umsetzung der sogenannten Strategy Map wird die Wissensperspektive als Wurzel des Baumes dargestellt. Darauf baut der Baumstamm als Prozessdimension auf. Die Krone des Baumes bzw. seine Blätter repräsentieren die Kunden. Die finanziellen Früchte bzw. Resultate bilden die letzte, oberste Dimension.

Vorgehen

Die sogenannte Strategy Map, als Baummetapher umgesetzt, kann dazu verwendet werden, die Logik der Balanced Scorecard anderen zu *erklären*. Die vier Elemente der Wurzel, des Stamms, der Krone und der Früchte machen die abstrakten Dimensionen konkreter und weisen auf die wichtigen Abhängigkeiten unter ihnen hin. Die Vorlage kann aber auch dazu verwendet werden, direkt eine Unternehmensstrategie und ihre Komponenten abzubilden, ähnlich wie im aufgeführten Beispielbild. Dazu werden Zielgrößen in den vier Bereichen verortet und ihr Einfluss auf andere wird durch Pfeile eingezeichnet.

Zur Einführung der Balanced Scorecard als Strategie- und Reportingmethode sind beträchtliche Ressourcen notwendig. Die Methode wird deshalb oft projektbasiert umgesetzt. Dabei wird die Balanced Scorecard zuerst als Analyseinstrument eingesetzt, um Abhängigkeiten zwischen den vier Dimensionen in einem Unternehmen zu identifizieren. Danach wird sie verwendet, um strategische Ziele in den vier Dimensionen zu formulieren und (vereinfacht) zu kommunizieren. Zur Erfolgskontrolle werden dabei Messgrößen für jedes Ziel definiert. In einem dritten Schritt werden diese Messgrößen regelmäßig erhoben und über die Zeit hinweg verglichen. Sofern notwendig, werden dann entsprechende Zielanpassungen vorgenommen oder Sofortmaßnahmen veranlasst.

Beispiel

Ein großer Automobilkonzern hat mittels der Balanced-Scorecard-Methode eine Bereichsstrategie ausformuliert und möchte diese nun an seine Belegschaft kommunizieren. Die resultierende Strategy Map ist jedoch ein äußerst komplexes Diagramm mit vielen Pfeilen, Symbolen und Fachbegriffen geworden und stiftet bei Personen, die nicht an der Entwicklung beteiligt waren, große Verwirrung. Das Managementteam beschließt deshalb, die Map stark zu vereinfachen und in eine Metapher zu kleiden, um sie für die Mitarbeiter anschlussfähiger zu machen. Sie entwickelt gemeinsam mit einer Agentur einen Balanced-Scorecard-Baum in Form eines großflächigen Posters (das in Gruppenworkshops besprochen wird) sowie eine interaktive, spielerische Variante für das firmeneigene Intranet. Die interaktive Variante soll dabei vor allem die Konsequenzen des Mitarbeiterhandelns für die Strategie aufzeigen sowie die Abhängigkeiten der vier Bereiche illustrieren.

Grenzen

Das Bild eines Baumes ist eine an sich stimmige Metapher für die Strategie eines Unternehmens, da sie Stabilität signalisiert und an stetes Wachstum denken lässt. Wir haben es jedoch in der Unternehmenspraxis schon erlebt, dass von Mitarbeitern auch andere Assoziationen mit einem Strategiebaum in Verbindung gebracht wurden, wie etwa morsches Holz, Parasiten, Waldsterben, Moosbefall, Blitzschläge, Holzfäller etc. Wie bei jeder visuellen Metapher, die im Managementkontext zur Kommunikation verwendet wird, muss auch bei dieser die »Interpretationshoheit« zuerst beim Management liegen. Das Management sollte die Metapher zuerst in einen Interpretationszusammenhang stellen und die Stimmigkeit der Metapher darlegen. So können eventuelle Fehlinterpretationen vermieden werden. Doch wie Professor Tiha von Ghyczy in einem bemerkenswerten *Harvard Business Review*-Artikel gezeigt hat, sind auch die vermeintlichen Fehler einer Metapher interessante Startpunkte für nützliche Diskussionen, z. B. über eine Unternehmensstrategie. Professor von Ghyczy nennt solche Grenzen deshalb die »fruitful flaws of strategy metaphors«, also die fruchtbaren Fehler einer Strategiemetapher, weil sie einen zu einem vertieften Verständnis der eigenen Strategie führen können; z. B. indem man sich fragt: In welcher Weise ist unsere Strategie eben nicht wie ein Baum? Oder indem man sich mit nicht gewollten Metaphernassoziationen wie dem Blitzschlag oder dem Moos auseinandersetzt und nachfragt, was dies denn im Strategiekontext bedeutet.

Hintergrund

Kaplans und Nortons Arbeit auf dem Gebiet der Strategieentwicklung und Umsetzung kann zu Recht als wegweisend bezeichnet werden. Auch wenn der Balanced-Scorecard-Ansatz nicht bei allen Unternehmen funktioniert hat, ist sein Leistungsausweis doch

 Der Balanced-Scorecard-Baum

beeindruckend. Es stellt sich jedoch die Frage, ob ein Unternehmen den ganzen Scorecard-»Apparat« inklusive eines entsprechenden IT-Systems implementieren muss, um von den Kerngedanken von Kaplan und Norton profitieren zu können. Die Strategy Map als einfache Art, eine Strategie zu visualisieren, ist dabei sicherlich ein Element, das auch alleine verwendet werden kann, ohne die Gesamtmethodik vollumfänglich im Betrieb einzuführen. Manager sollten dabei jedoch den sogenannten »Fluch des Wissens« berücksichtigen: Hat man eine Strategy Map selbst entwickelt und verstanden, so vergisst man unter Umständen, wie komplex sie ist, und unterschätzt in der Folge den Aufwand für andere, sie auch nachvollziehen zu können. Hier können visuelle Metaphern wie diejenige des Baumes vereinfachend wirken, gerade in der Umsetzungsphase einer Strategie.

 Umsetzungsfragen
- Haben wir strategische Ziele in allen vier Dimensionen formuliert?
- Kommunizieren wir unsere strategischen Ziele in einer prägnanten Art und Weise an die Belegschaft? Sind unsere Strategie, deren Elemente und ihr Zusammenhang irgendwo auf einer Seite einfach aufgezeichnet?
- Messen wir den Erreichungsgrad in diesen Dimensionen regelmäßig und systematisch?
- Reagieren wir konsequent auf die Messresultate und handeln entschlossen, um die strategischen Ziele weiterzuverfolgen?

Weiterführende Literatur

Kaplan, R. S.; Norton, D. P. (1997): *Balanced Scorecard*. Stuttgart: Schäffer-Poeschel.

Kaplan, R. S.; Norton, D. P. (2001): *Die strategiefokussierte Organisation*. Stuttgart: Schäffer-Poeschel.

Kaplan, R. S.; Norton, D. P. (2004): *Strategy Maps*. Stuttgart: Schäffer-Poeschel.

Der Schwarze Schwan

Wie geht man mit Unsicherheit um?

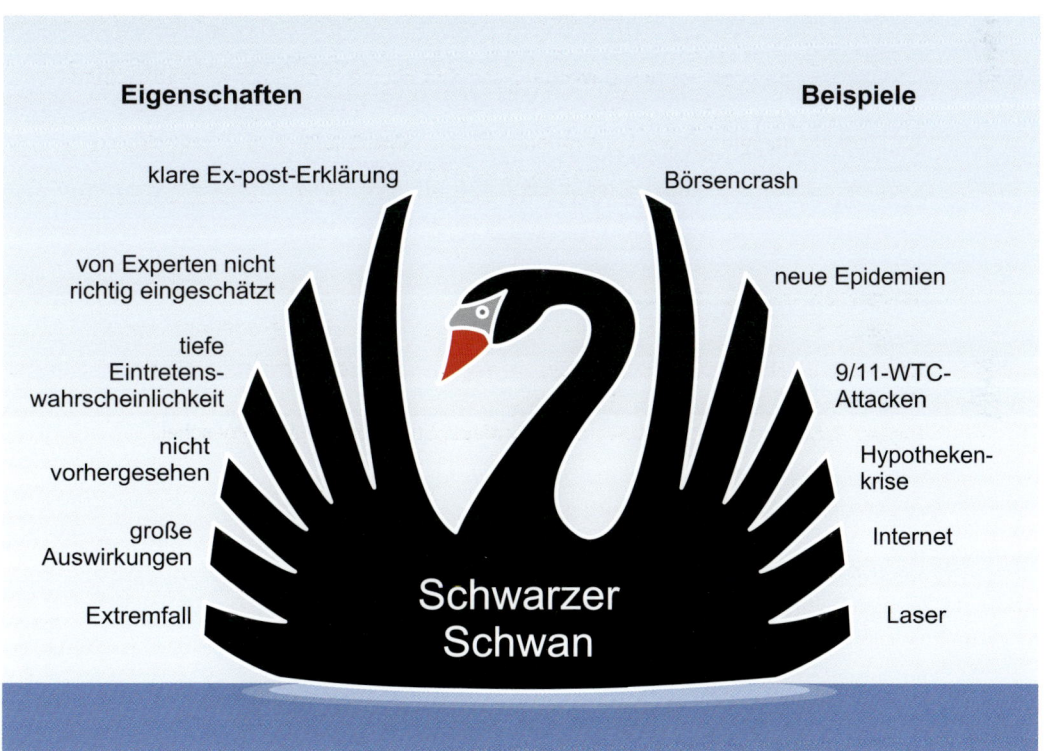

Man sollte Unwahrscheinliches nicht mit Unmöglichem verwechseln.

Der Schwarze Schwan

Anwendungsbereich

Das Konzept des Schwarzen Schwanes ist besonders für Risikomanager relevant und generell für Menschen, die sich systematisch mit der Zukunft und ihrer unsicheren Entwicklung auseinandersetzen wollen oder aufgrund ihrer Verantwortlichkeiten müssen.

>
> ### Grundidee
> Das Konzept des Schwarzen Schwans beruht auf einer Anekdote, nach welcher in Europa lange Zeit die Vermutung herrschte, es gebe nur weiße Schwäne. Erst als bekannt wurde, dass es in Australien sehr wohl schwarze Schwäne gibt, wurde diese Meinung revidiert. Etwas scheinbar höchst Unwahrscheinliches erwies sich als möglich. In unserem Denken neigen wir dazu, derartig unwahrscheinliche Vorkommnisse auszublenden. Wir suchen nur nach Beweisen, um unsere eigenen Prognosen und Szenarien zu bestätigen, anstatt diese zu widerlegen. Wir lassen uns von einzelnen, illustrativen Anekdoten blenden, die vermeintlich generelle Muster aufzeigen. Wir theoretisieren uns von der realen Welt und ihren Zufällen weg, hin zu einer prognostizierbaren Zukunft. Dabei vernachlässigen wir, was Taleb »silent evidence« nennt, also die vielen stillen Hinweise auf Unregelmäßigkeiten, Zufälle und Risiken. Stattdessen fokussieren wir auf bekannte Informationsquellen und auf einige wenige, bekannte Risikoszenarien. Falls wider Erwarten neue Risiken eintreten, die wir nicht vorhergesehen haben, versuchen wir, diese ex post zu erklären, und sehen dann plötzlich, wie offensichtlich ein Risiko eigentlich war (wie etwa im Fall der Subprime-Hypothekenkrise in den USA).

Vorgehen

Was also tun? Taleb empfiehlt uns, der gaußschen Glockenkurve der Normalverteilung zu misstrauen, nach der Extremsituationen nur äußerst selten auftreten. Er empfiehlt uns, uns aktiver mit undenkbaren Szenarien auseinanderzusetzen und mehr in unsere Widerstandsfähigkeit und Robustheit für Risikofälle zu investieren. Er ermuntert uns dazu, Risiken auch als Chancen zu begreifen, die neue Handlungsräume erschließen.

Beispiel

Die IT-Abteilung einer mittelgroßen Non-Profit-Organisation macht sich Gedanken über mögliche operative Risiken innerhalb des Betriebes ihres EDV-Systems. Da ein Teil der IT-Dienste dieser Organisation in die sogenannte Cloud (also ins Internet bzw. zu Online-Serviceanbietern) ausgegliedert wurde, ist man sich der unter Umständen höheren Risiken bewusst. Die Mitarbeiter der Abteilung gehen nun systematisch auch unwahrscheinliche Ausfallszenarien durch und analysieren diese in Bezug auf mögliche Auswirkungen auf die Kernaktivitäten der Organisation. Sie setzen sich dabei mit radikalen Szenarien auseinander, wie etwa dem Komplettausfall des Internets während einer Woche oder dem Konkurs ihres Online-Dienstes oder den Konsequenzen einer erfolgreichen Hackerattacke auf ihr organisationsinternes System. Für jedes Szenario erarbeiten sie einen Notplan, wie unter solchen Umständen die wichtigsten Aktivitäten der Organisation weitergeführt werden könnten.

Grenzen

Die Popularität und Griffigkeit des Konzeptes des Schwarzen Schwans mag dazu geführt haben, dass man heutzutage überall schwarze Schwäne sieht. Die sogenannten »unknown unknowns« (Nichtwissen, über das man sich gar nicht bewusst ist, dass man es wissen sollte) können dazu führen, dass man sich gar nichts mehr traut und statt zügigem, risikobewusstem Handeln in eine Paralyse durch Analyse fällt.

Hintergrund

Es scheint das richtige Buch zur richtigen Zeit gewesen zu sein: *Der Schwarze Schwan* von Nassim Nicholas Taleb. Dieses kurzweilige Buch über den Einfluss des Unwahrscheinlichen und Zufälligen hat den Nerv der Zeit getroffen, weil es uns sensibilisiert für die Exzesse der pseudogenauen Risikomodellierung. Es zeigt uns auf, wie stark wir einer Kontrollillusion unterliegen und die Prognostizierbarkeit von Ereignissen überschätzen. Wir leben, ohne dies zu merken, in »Extremistan« und hier gelten eigene Prognoseregeln, die sich von der herkömmlichen Statistik stark unterscheiden.

Umsetzungsfragen

- Auf welche statistischen Modelle verlassen wir uns zurzeit blindlings? Gegenüber welchen dieser Modelle sollten wir skeptisch sein?
- Welches scheinbar unwahrscheinliche Ereignis könnte unsere Organisation in große Gefahr bringen?
- Welche unserer Annahmen bezüglich Normalverteilung und Eintretenswahrscheinlichkeit sollten wir hinterfragen?
- Sind wir für den Fall des Eintretens unwahrscheinlicher, aber folgenschwerer Risiken ausreichend geschützt, und haben wir die Möglichkeiten, uns rasch von einem Schaden zu erholen?

Weiterführende Literatur

Taleb, N. N. (2008): *Der Schwarze Schwan: Die Macht höchst unwahrscheinlicher Ereignisse*. München: Carl Hanser.

TEIL 2
Eigene Managementmetaphern entwickeln

Wie Sie aus Wissen visuelle Metaphern machen

»Gute Metaphern bilden heißt, das Ähnliche sehen.«   *Aristoteles*

Nachdem wir im ersten Teil dieses Buches gesehen haben, wie bewährte Managementkonzepte anhand von visuellen Metaphern strukturiert und vereinfacht werden können, soll dieser Ansatz nun auch für Ihre eigenen Themen genutzt werden. Denn: Mit visuellen Metaphern können Sie sowohl Ihre eigenen Ideen und Gedanken wie auch bestehende Konzepte, Strategien oder Themen einfach und eindrücklich strukturieren, weiterentwickeln und kommunizieren.

Durch ein passendes grafisches Gleichnis werden Informationen nicht nur ansprechend strukturiert und verortet; durch die mit der Metapher verbundenen Assoziationen entstehen auch neue Bedeutungszusammenhänge und neue, kreative Sichtweisen. Dank grafischer Metaphern kann man sich diese Inhalte auch viel besser merken, da sie einen emotional ansprechen sowie zum Mitdenken auffordern. Metaphern können alleine oder in Gruppen erstellt werden, um eine Idee und deren Komponenten sinnvoll und eindrücklich sichtbar zu machen.

Visuelle Metaphern sind allegorische Wissensbilder aus der Natur und Technik, aus Sport und Spiel oder aus bekannten Geschichten. Auf diesen Bildern kann man Informationen sinnvoll verorten und sie so klar strukturieren. Eine grafische Metapher muss also sowohl nützliche *Assoziationen* zu einem Thema erlauben als auch klare Bereiche oder Zonen für die Verortung und *Strukturierung* von Informationen aufweisen.

Die Kernideen hinter dieser Art der Metaphernverwendung stammen aus der (linguistischen und literarischen) Metapherntheorie, der Didaktik und dem Bereich der Mnemotechniken (das heißt Methoden zur Erhöhung der Merkbarkeit bzw. Erinnerungsleistung). Die Grundprinzipien aus diesen Disziplinen sind dabei die folgenden: Metaphern basieren auf intelligenten, nicht offensichtlichen und dennoch anschaulichen Analogien und Wechselwirkungen zwischen zwei Domänen oder Lebenswelten. Die impliziten und expliziten

Eigenschaften eines Objektes aus einem Bereich (z. B. der Technik) werden dabei verwendet, um damit ein anderes Thema (z. B. im menschlichen Bereich) zu erklären – wie etwa in diesem Ausdruck: »Sein Hirn ist ein Computer.« Durch die Verwendung einer Metapher werden wir aktiviert und eingeladen, Gemeinsamkeiten und Unterschiede zwischen den beiden Domänen zu bedenken (im Beispiel oben zwischen der menschlichen und der maschinengestützten Informationsverarbeitung).

Metaphern erleichtern uns dabei die Konstruktion von neuem Wissen, weil sie uns erlauben, bestehende Kenntnisse (über die Ausgangsdomäne der Metapher) mit neuen Einsichten zu verknüpfen. Deshalb sind Metaphern auch in der Ausbildung ein zentrales Thema, besonders um Lernende in ein neues Thema einzuführen und sie dafür zu motivieren (vgl. dazu Wormeli 2009).

Der Begriff Metapher stammt ursprünglich aus dem Griechischen. Metapherein bedeutete so viel wie »etwas von einem Ort zu einem anderen tragen«. Bereits Aristoteles hat sich in seiner Rhetoriktheorie mit dieser Übertragungsleistung von Metaphern auseinandergesetzt. Für ihn ist die Metapher ein Instrument, um das Lernen und Denken zu unterstützen (Aristoteles, *Rhetorik*, Buch 3), auch wenn er die Grenzen und Gefahren dieses rhetorischen Tricks sieht, denn: Eine Metapher ist nicht immer spezifisch und konkret und kann deshalb auch falsch verstanden werden.

Die besondere Nützlichkeit von grafischen Metaphern wurde in verschiedenen Disziplinen betont und genutzt, besonders in der Philosophie (ein interessantes Beispiel ist der metaphernbasierte *dtv-Atlas Philosophie*) und in der Pädagogik (Kapitel 7 bei Wormeli 2009) sowie in der Wissenskommunikation (Reinhardt/Eppler 2005). Bildliche Metaphern intensivieren ein Sprachbild zusätzlich, weil sie es räumlich abbilden und gegenständlich werden lassen. Bildlich dargestellte Metaphern (wie etwa ein Eisberg oder ein Baum) bieten die Möglichkeit, Informationen einprägsam in einer einfachen Struktur zu verorten. Deshalb wird dieses Prinzip auch als Mnemotechnik unter dem Namen »Methode der Orte« verwendet. Die Grundidee besteht dabei darin, Informationen durch deren örtliche Positionierung besser in Erinnerung behalten zu können (ein Gedanke, der auf Platon zurückgeht).

Doch wie wendet man diesen Ansatz nun konkret selbst an? Um ein Gebiet mittels einer passenden grafischen Metapher zu strukturieren, empfehlen wir folgendes erprobtes Vorgehen in vier Schritten:

1. Identifizieren Sie die Kerneigenschaften eines Themas, welches Sie strukturieren möchten, um es selbst besser zu verstehen oder anderen einprägsam vermitteln zu können. Tun Sie dies, indem Sie an die *Hauptbotschaft* oder Kernaussagen denken.
2. Überlegen Sie nun, in welchem Sektor oder Gebiet (das Ihnen oder Ihrer Zielgruppe gut bekannt ist) diese Eigenschaften ebenfalls vorhanden sind. In der Metapherntheorie spricht man hier von der *Ursprungsdomäne*, aus der die Metapher entlehnt wird.
3. Wählen Sie in diesem Gebiet einen Gegenstand, ein Phänomen oder eine Tätigkeit, welche sich gut abbilden lässt. Bedenken Sie dabei, dass der Gegenstand eine *einfache Struktur* aufweisen sollte, die in verschiedene Bereiche oder Zonen aufgeteilt werden kann.

4. Tragen Sie nun auf das gewählte Bild relevante Informationen zum Thema ein, indem Sie diese in den entsprechenden Zonen *verorten*.

Eine grafische Metapher, die dabei als Hintergrund für die Informationsstrukturierung dient, muss mindestens drei Kriterien erfüllen: Sie muss (bei der Zielgruppe) passende Assoziationen hervorrufen, die einem eine Erkenntnis über das Thema signalisieren. Sie muss weiterhin eine geeignete Form bzw. eine geeignete Anzahl von Zonen oder Bereichen aufweisen, sodass Informationen sinnvoll darin gruppiert werden können. Schließlich sollte die Metapher auch ausreichend flexibel sein, um Ergänzungen oder Modifikationen zuzulassen.

Die folgende Tabelle fasst noch einmal die drei wichtigsten Punkte mit einem Beispiel zusammen.

Metaphern-kriterium	Kontrollfrage	Beispiele
Passende Assoziationen	Wird die Kerneigenschaft der Metapher richtig verwendet, d.h., vermittelt die Hauptassoziation der Metapher etwas Richtiges über den dargestellten Inhalt?	Bei einer Brücke ist eine Hauptassoziation, dass sie etwas verbindet, »überbrückt«, einen gemeinsamen Weg schafft, um einen Graben zu überwinden.
Geeignete Struktur	Eignet sich die grafische Form der Metapher für die sinnvolle Organisation von Informationen?	Eine Brücke besteht aus drei Hauptkomponenten: der linken Seite, der rechten Seite und der Brücke selbst. Diese drei Teile gibt es auch in Verhandlungen, nämlich: die Position der einen Partei, die Position der anderen und den Verhandlungsprozess zwischen den beiden.
Ausreichende Flexibilität	Bietet die grafische Form der Metapher genügend Spielraum für Modifikationen oder Ergänzungen?	In der Verhandlungsbrücke können einfach neue Schritte eingefügt werden. Die grafische Form gibt jedoch eine Beschränkung auf zwei Parteien vor. Bei einem Tempel oder einem Rad kann die Anzahl der Säulen oder Speichen beliebig erhöht werden.

Visuelle Metaphern können grundsätzlich einfach mit Papier und Bleistift erstellt werden. Digital können Sie auch durch die Kombination der Google-Bildsuche und PowerPoint leicht grafische Metaphern als Strukturierungshilfe nutzen. Eine etwas elegantere Lösung ist die Verwendung einer Software, wie etwa let's focus, welche eine große Anzahl von ergiebigen visuellen (interaktiven) Metaphern zur Verfügung stellt. Praktisch alle Abbildungen in diesem Buch wurden mithilfe von let's focus von Grafiklaien, nämlich den beiden Autoren, ohne fremde Hilfe erstellt. Einige dieser Metaphernvorlagen stellen wir Ihnen unter www.ManagementAtlas.com zur Verfügung. Ein Vorteil von computerbasierten interaktiven Metaphern ist, dass die verorteten Informationen durch Einblend-Kommentare, Dateianhänge oder Hyperlinks ergänzt werden können.

Obwohl die Verwendung von Metaphern ein sehr wirkungsvolles kognitives und kommunikatives Werkzeug ist, gilt es dabei doch eine ganze Reihe möglicher Risiken zu beachten. Drei davon sind besonders gravierend, nämlich eine falsche Metapher zu wählen, eine (für die Zielgruppe) unpassende Metapher zu nutzen oder eine abgegriffene Klischeemetapher einzusetzen.

Eine *falsche Metapher* ist ein Vergleich, der hinkt: Man stellt Dinge gegenüber oder in Beziehung, die nichts Wesentliches gemeinsam haben. Hier gilt es, die Ursprungsdomäne und die Zieldomäne sorgfältig zu analysieren und wesentliche Unterschiede zwischen beiden zu bedenken.

Eine *unpassende Metapher* ist eine, welche für die Zielgruppe nicht nachvollziehbar ist, denn unsere eigenen Assoziationen mit einem Bild müssen nicht mit den Vorstellungen von anderen übereinstimmen. Gerade in interkulturellen Kontexten kann die Verwendung von visuellen Metaphern deshalb riskant sein. Von daher empfiehlt es sich, bei der kommunikativen Verwendung von Metaphern zuerst die Zielgruppe besser kennenzulernen und deren Hintergrundwissen zu verstehen.

Gewisse visuelle Metaphern wurden schon so oft benutzt, dass sie weder für uns noch für andere motivierend oder besonders merkwürdig (im eigentlichen Sinne) sind. Derartige (negative) *Klischeemetaphern* sind beispielsweise das Haus oder die Straße. Suchen Sie deshalb nach neuen, originellen, überraschenden Metaphern, um ein Gebiet oder eine Idee zu erhellen.

Neben diesen drei Hauptrisiken gibt es jedoch noch weitere potenzielle Risiken von grafischen Metaphern, die es zu vermeiden gilt:

- Aufwendige grafische Metaphern können vom eigentlichen Inhalt ablenken.
- Sie können dazu verleiten, zu viel Zeit in eine Aussage zu investieren, d. h. sich (als Autor) zu sehr auf die Form zu fokussieren.
- In gewissen Situationen können sie unangebracht sein, d. h. zu verspielt für einen sehr ernsten Kontext oder zu kulturabhängig für eine internationale Anwendung.
- Sie können falsch interpretiert werden, indem Assoziationen gemacht werden, die der Gestalter nicht beabsichtigt hat.
- Sie können manipulativ wirken, indem es schwieriger wird, sich dem bereits Gezeigten kritisch zu widersetzen.

Diese potenziellen Nachteile müssen bei der Verwendung von grafischen Metaphern berücksichtigt werden. Wie dies getan werden kann, wird im nächsten Abschnitt erläutert.

Wie Sie die richtige grafische Metapher (er)finden

»Wir müssen Zugang zu den richtigen Metaphern haben, nicht nur zur richtigen Information.«
Stephen Jay Gould

Wie findet eine Führungskraft die richtige visuelle Metapher, um beispielsweise die neue Strategie für die eigenen Mitarbeiter auf den Punkt zu bringen oder ein fürs Change Management zentrales Thema prominent zu platzieren? Wie kann man generell eine passende Metapher für die eigenen Ideen, Konzepte, Themen, Pläne oder Analysen finden?

Die folgenden 101 Metaphern können als Grundideen für die ansprechende Visualisierung von eigenen Inhalten für Teams, Kunden, oder Mitarbeiter dienen. Die Tabelle zeigt dabei Metaphernkandidaten, die sich aufgrund ihrer Hauptassoziationen und einfachen Struktur dazu eignen, im Management verwendet zu werden.

Mögliche Assoziationen sind jeweils in der zweiten Spalte festgehalten, wie auch grafische Komponenten bei der Visualisierung der Metapher in der dritten. In der letzten Spalte sind mögliche Verwendungssituationen für die Metapher (nicht abschließend) erwähnt.

Alle aufgeführten Metaphern beruhen auf bereits realisierten Visualisierungen, die auf dem Internet, in den Printmedien, in Geschäftsberichten oder Präsentationen publiziert sind, und einen (meist) wissensintensiven Sachverhalt veranschaulichen (über die Bildsuche von www.google.com oder www.yahoo.com können Beispiele derartiger Wissensmetaphern gesucht und gefunden werden). Firmen, welche bereits systematisch derartige visuelle Metaphern in Unternehmen einsetzen sind: www.rootlearning.com, www.xplane.com oder www.grovc.com.

Bei den aufgeführten Metaphern handelt es sich um *künstliche* (z. B. Trichter) und *natürliche Objekte* (z. B. Wasserfall), um *Tätigkeiten* (z. B. jonglieren) und um bekannte *Geschichten* (z. B. Ikarus).

101 visuelle Metaphern fürs Management

Metapher	Eigenschaften/ Hauptassoziationen	Grafische Zonen bzw. Elemente	Anwendungsbeispiele im Management
1. Achilles	Eine starke, stabile Struktur mit einer kleinen, aber wichtigen Schwachstelle (Achillesferse)	Krieger in Rüstung mit offener Ferse	Risiko- und Sicherheitsmanagement
2. Achterbahn	Ein rasanter Verlauf, der durch ein reges Auf und Ab bzw. durch starke Turbulenzen gekennzeichnet ist	Wagen, Spur, Höhen, Tiefen, Loopings, Pfeiler, Menschen	Teamentwicklung, Projektverlauf
3. Auto	Eine komplexe Maschine, die einer Steuerung und Pflege bedarf	Motor, Räder, Steuerrad, Chassis, Auspuff, Rückspiegel	Krisenmanagement
4. Balken	Ein stabiler Träger, der viel Last aushält, jedoch brüchig werden kann	Balken unterschiedlicher Dicke oder Stabilität, Brüche	Infrastrukturelemente
5. Baum	Etwas Organisches, das wächst, im Boden verankert ist und Früchte trägt	Wurzel, Boden, Stamm, Äste, Blätter, Früchte	Strategie
6. Berg	Ein großes Problem, das es durch beständigen Einsatz zu lösen gilt	Fuß des Berges, Pfad zur Spitze, Bergspitze	Planung
7. Billard	Ein Vorhaben, bei dem Ziele (die Taschen) indirekt (über weitere Kugeln und Banden) erreicht werden müssen	Billardtisch, Kugeln, Taschen, Banden, Queue	Management by Objectives
8. Blume	Etwas Positives, Wachsendes, mit zentralem Stiel und verschiedenen Facetten, das durch Investitionen und Sorge Blüten trägt	Stiel, Blüte, Blätter, Knospen, Wurzeln	Wertedebatten

Metapher	Eigenschaften/ Hauptassoziationen	Grafische Zonen bzw. Elemente	Anwendungsbeispiele im Management
9. Boot	Ein Mittel, um zusammen zu einem Ziel zu kommen; ein Bereich, in dem alle zusammenarbeiten müssen, um vorwärtszukommen »Wir sind alle im gleichen Boot«	Boot, Ruder, Steuerposition, Umfeld	Teamarbeit
10. Brücke	Etwas, was Leute zusammenführt und Hindernisse überwindet	Linke und rechte Seite, Brückenbogen und Fundament	Verhandlungsführung
11. Cockpit	Eine Überblicksstation mit vielen Messinstrumenten, die eine Kontrolle oder Navigation ermöglichen	Höhenmeter, künstlicher Horizont, Geschwindigkeitsanzeige, Schubhebel, Steuer etc.	Controlling
12. Diamant	Etwas sehr Wertvolles, das erst durch den Schliff zum Glänzen kommt und das aus einer Hauptkomponente und mehreren Unterkomponenten besteht	Diamantfacetten	Qualitätsmanagement
13. DNS/Erbgut	Erbinformation, welche den (unveränderlichen) Kern von etwas definiert	Doppelhelix (Spirale) mit (farbcodierten) Verbindungselementen	Unternehmenswerte
14. Dominosteine	Eine Reihe von Ereignissen, Entwicklungen oder Risiken, die sich gegenseitig auslösen können	Dominoreihe, fehlende Steine oder Barrieren	Risikomanagement
15. Eimer	Ein Auffang- und Sammelgefäß, das überquellen kann	Eimer, Halter, Inhalt	Informationsaustausch
16. Eisberg	Der größte Teil ist nicht sichtbar, schlummert unter der Oberfläche und kann sehr mächtig und unter Umständen riskant sein	Eisberg (Bereich über der Wasseroberfläche, Bereich unter Wasser, Wasserlinie)	Problemanalyse
17. Farbpalette	Eine Sammlung von Auswahlmöglichkeiten, die kreativ kombiniert werden können, um etwas Neues zu gestalten	Malerpalette, Pinsel, Farben	Kreativität, Marketing
18. Fechten	Ein Kampf mit gleichen Waffen bestehend aus Angriff und Verteidigung	Fechter, kreuzende Klingen, Griffe	Kommunikation
19. Feder (mechanische)	Eine flexible, belastbare Struktur, die Schocks abfedern kann	Boden, Feder, Belastungsgegenstand	Risikomanagement
20. Festung	Etwas Sicheres, in das nur schwer eingedrungen werden kann, das aber auch schwer ist (kriegerisch)	Burgwand, Burggraben, Burgtürme, Tor, Umfeld, Innenbereich	Risikomanagement, IT-Management

Metapher	Eigenschaften/ Hauptassoziationen	Grafische Zonen bzw. Elemente	Anwendungsbeispiele im Management
21. Feuerwerk	Eine Serie von mehreren schnellen, positiven und schönen Ereignissen; etwas Zündendes, das in die Höhe schnellt und sich dann gut sichtbar multipliziert (z. B. Ideenfeuerwerk)	Abschussbereich, Flugbahn, Explosionsbereich	Kreativität, Innovation
22. Fischteich	Ein einzelner Akteur ist umgeben von weiteren, die potenziell bedrohlich sind	Kleine und große, passive und aggressive Fische, Schwärme und Einzelfische	Strategie, Verkauf, Marketing
23. Flaschenhals	Ein Ressourcenengpass	Flascheneingang, Engpass, großer Hauptraum	Planung, Budgetierung, Projektmanagement
24. Fluss	Etwas, das in eine Richtung verstreicht und eine gewisse Bandbreite erlaubt	Flussbett, Fluss, Steine, Sandbänke, Richtungsänderungen, Zuflüsse, Abflüsse	Strategie
25. Fußball	Ein Gegner muss durch Geschick, Koordination und Strategie in mehreren Zügen ausgetrickst werden	Fußballfeld, Ball, Spieler (= Rollen oder Funktionen), Pässe (Weitergabe) als Linien	Strategie, Verkauf, Verhandlungsführung
26. Graben	Etwas, das es zu überbrücken gilt; zwei Bereiche, die es zu verbinden gilt	Linke und rechte Seite des Grabens	Kommunikationsbarrieren
27. Canyon, Schlucht	Eine Lücke, die überwunden werden muss	Linker Bereich, Schlucht, rechter Bereich, eventuell Brücke über Schlucht etc.	Strategie, Kommunikation, Marketing
28. Hammer/ Nagel	Problem und ein Werkzeug zu seiner Lösung	Hammerkopf und Stiel, Nagel (verbogen, ganz), Wand	Problemanalyse, Teamarbeit
29. Haus	Eine Struktur, in die man eintreten kann, die einem Schutz bietet (warm ist, Dach über dem Kopf) und die funktional differenziert ist	Türen, Fenster, Stockwerke, Dach, Fundament, Kamin, Zimmer	Organigramm
30. Hebel	Ein Werkzeug, welches einem erlaubt, mit wenigen Ressourcen viel zu erreichen.	Hebel, Gewichte, Beweger	Problemlösungsstrategien
31. Himmel und Hölle	Paradiesischer Zustand mit perfekter Ausstattung kontrastiert mit einem sehr unangenehmen, leidvollen Zustand	Himmel, Erde, Hölle	Problem und Lösung
32. Ikarus mit Wachsflügeln	Lösung, die nur kurzfristig funktioniert	Sonne, Himmel, Ikarus, Wachsflügel	Wachstumsstrategie
33. Insel	Ein neues Gebiet, das es zu erkunden gilt; eine potenziell isolierte Einheit, die es zu verbinden gilt	Meer, Inseln (nahe oder entfernt), Verbindungsmöglichkeiten (Brücken)	Kooperationen

Metapher	Eigenschaften/ Hauptassoziationen	Grafische Zonen bzw. Elemente	Anwendungsbeispiele im Management
34. Jonglieren	Mehrere Aufgaben müssen gleichzeitig erledigt werden	Jongleur, Bälle (am Boden und in der Luft)	Projektmanagement, Führung
35. Kartenspiel	Man hat verschiedene Karten als Handlungsmöglichkeiten und muss die passende zum richtigen Zeitpunkt ausspielen	Verschiedene Spielkarten, wie z. B. das Ass oder der Joker, tiefe und hohe Nummern	Strategie, Verhandlungsführung, Verkauf, Beratung, Organisationsdiagnostik
36. Kette	Elemente, die voneinander abhängen, um eine starkes Ganzes zu bilden	Kettenglieder (starke und schwache)	Teamarbeit
37. Kochen	Verschiedene Zutaten müssen zu einem stimmigen Ganzen verarbeitet werden	Rezept, Kochutensilien (Töpfe, Pfannen etc.), Lebensmittel, Gewürze	Projektmanagement
38. Kordel	Elemente, die zusammen ein starkes Ganzes formen	Einzelfäden und Gesamtschnur	Teamarbeit
39. Labor	Ort, an dem Experimente durchgeführt werden können	Regale, Reagenzgläser, Bunsenbrenner, Waage, Kanister etc.	Innovation, Kreativität, Forschung und Entwicklung
40. Labyrinth	Ein unübersichtlicher Prozess, in dem man sich ohne Orientierungshilfe schnell verlieren kann	Weg durchs Labyrinth, Sackgassen, Irrwege	Kommunikation
41. Lager	Ein organisierter Ort für dauerhaft wichtige Dinge	Regale, Elemente etc.	Logistik, Planung, Teamarbeit
42. Landkarte	Abstraktion der Realität, um eine gemeinsame Orientierung und Planung zu ermöglichen	Kartografische Symbole für Kontinente, Inseln, Länder, Flüsse, Straßen, Städte etc.	Marktsituation, Konkurrenzanalyse
43. Leiter	Etwas Flexibles, das in verschiedenen Stufen zu einem Ziel führt	Anfangsort, Sprossen (ganz oder angebrochen), Schlussort	
44. Leuchtturm	Wegweisender, von allen wahrgenommener Orientierungspunkt	Turm, Licht, Umfeld	Unternehmensmission
45. Maschine	Ein komplexer Gegenstand, der einen Input in einen höherwertigen Output umwandelt	Zahnräder, Bänder, Motoren etc.	Diagnostik, Planung
46. Monopoly	Konkurrenzkampf um rare Güter/Plätze nach klaren Regeln und mit Glück	Spielbrett, Spielfelder (Plätze/Häuser), Spielfiguren, Würfel	Wettbewerbsanalyse
47. Münchhausens Zopf	Eine Lösung, die ohne zusätzliche Ressourcen auskommt	Baron Münchhausen, Pferd, Sumpf, Wiese	Strategie, Kreativität
48. Münze	Etwas, was zwei Seiten, Facetten hat	Vorder- und Rückseite	Kommunikation, Evaluation

Metapher	Eigenschaften/ Hauptassoziationen	Grafische Zonen bzw. Elemente	Anwendungsbeispiele im Management
49. Nadel im Heuhaufen	Etwas Wichtiges, welches sehr schwer zu finden ist	Nadel, Heuhaufen	Kandidatensuche
50. Netz (z. B. Spinnennetz)	Flexible, aber dennoch tragfähige Struktur mit vielen Knoten und Verknüpfungen	Netzkante, Knöpfe, Überschneidungen, Aufhängepunkte	Marketing
51. Nuss/Nussknacker	Schwieriges Problem und Lösungswerkzeug	Außenschale, Inhalt	Kreativität
52. Orchester	Verschiedene Rollen, die zusammenarbeiten unter einer Leitung	Dirigent, erste Reihe, zweite Reihe etc.	Teamarbeit
53. Pandoras Büchse	Ein unbekannter Bereich, der vermutlich viele Probleme beinhaltet	Geschlossene Büchse, vermutete Probleme/Risiken als Text darin	Alte IT-Systeme im Betrieb
54. Park	Ein (geschütztes) Territorium, welches via verschiedene Sehenswürdigkeiten durch einen oder mehrere Wege durchschritten werden kann	Pfade, Wiese, Seen, Monumente, Gebäude, Wald	Ausbildung
55. Pendel	Eine Balance zwischen Extremen muss gefunden werden	Pendelkugel, Pendelschnur, Aufhängung	Planung
56. Periodensystem	Ein systematisches Ordnungsraster (Stellgerüst), in das viele Elemente nach einheitlichen Kriterien geordnet werden können	Raster, Elemente, Beschreibungssymbole	Kennzahlen, Werkzeuge, Methoden, Produkte
57. Plasma	Ein spezieller Zustand, in dem unter hohem Druck und hoher Dynamik viele Wechselwirkungen möglich sind und Neues, Höherwertiges entsteht	Apparat, Gas, Elemente, Energie	Innovation
58. Prisma	Etwas wird in seine Komponenten zerlegt und somit klarer	Prismaglas, eingehender Strahl, ausgehende Strahlen	Analyse
59. Puzzle	Viele Einzelelemente müssen zu einer Lösung richtig zusammengesetzt werden	Puzzleteile, Gesamtbild/ Vorlage	Lösungsdesign, Analyse
60. Pyramide	Eine hierarchische Struktur, bei der jede Ebene auf der vorangegangen aufbaut; je höher man in der Pyramide geht, desto weniger Elemente umfasst sie	Ebenen der Pyramide	Dokumentenmanagement, Organisationsstrukturen, Marktforschung
61. Rad	Etwas Dynamisches, das funktioniert und aus einem zentralen und verschiedenen weiteren Elementen besteht	Achse, Speichen, Rad	Strategie

Metapher	Eigenschaften/ Hauptassoziationen	Grafische Zonen bzw. Elemente	Anwendungsbeispiele im Management
62. Radarschirm	Ein Überblick über relevante Objekte und ihre Nähe	Radarsektoren, konzentrische Kreise, positionierte Elemente	Marktmonitoring
63. Regenschirm	Etwas, das Schutz bietet und aus verschiedenen Elementen besteht	Griff, Stab, Schirmfläche, Wolke/Regen, Bereich unterm Schirm	Risikomanagement
64. Rutschbahn	Eine spielerische Struktur bestehend aus Aufstieg, Aussicht und dynamischer Fahrt	Treppe, Startpunkt, Rutsche, Endpunkt	Burn-out-Problematik
65. Sanduhr	Etwas, das langsam verrinnt, vorbeigeht	Oberer Bereich, unterer Bereich, verronnener Sand	Change Management
66. Schach	Auf der Basis einer aktuellen Situation müssen nächste Schritte geplant und gegnerische Reaktionen bedacht werden	Schachbrett, Schachfiguren, Spielzüge	Strategie, Planung, Verhandlungsführung
67. Schaukel	Etwas, welches durch eine oder mehrere Personen in Extrempositionen gebracht werden kann	Schaukel, Gerüst, Personen, Extremposition, Grundposition	Teamarbeit
68. Schiff	Ein Vorhaben eines Teams in unsicherem Umfeld, welches Hindernisse umgehen muss, um ein Ziel zu erreichen	Rumpf, Wasserlinie, Segel, Masten, Kabinen, Umfeld	Planung
69. Schloss/ Schlüssel	Eine Lösung, die aufs Problem passt	Schlüsselgriff, Schlüsselbart, Schloss, Türe	Problemanalyse
70. Schwarzer Schwan	Ein Symbol für etwas Überraschendes, Unvorhergesehenes, Unwahrscheinliches und dennoch Mögliches	Rumpf, Flügel	Risikomanagement
71. Schwerter	Zwei Kräfte, die aufeinanderprallen	Griff, Klinge	Kommunikation
72. Seiltanzen	Eine schwierige Aktivität, bei der jederzeit die Gefahr besteht, abzustürzen	Seiltänzer, Seil, Anfangspunkt, Endpunkt, Balancierstange, Seilhöhe	Konfliktlösung
73. Sisyphus mit Stein	Eine mühevolle und potenziell endlose Aufgabe	Sisyphus, Berganstieg, Stein, Bergspitze	Planung, Führung
74. Sonnensystem	Elemente, die von einem großen zentralen Element abhängen und sich an diesem orientieren	Sonne, Planeten, Umlaufbahnen, eventuell Monde	Konzernstruktur
75. Spiegel	Etwas, das einem eigene Eigenschaften aufzeigt	Spiegelfläche und Original	Feedbackgespräch
76. Spirale	Eine Weiterentwicklung oder Verbesserung in sich wiederholenden Schleifen	Größer werdende oder sich nach oben windende Zyklen	Organisationsentwicklung

Metapher	Eigenschaften/ Hauptassoziationen	Grafische Zonen bzw. Elemente	Anwendungsbeispiele im Management
77. Staudamm	Eine Sicherung, die einer großen Menge oder einem großen Druck Widerstand leistet (bis zu einem gewissen Punkt)	See, Staudamm, Abfluss	Risikoversicherung
78. Straße	Ein Weg, um von A (Ausgangslage) nach B (Ziel) zu kommen	Straße, Straßenränder, Autos, Kurven, Hindernisse, Verkehrssignale	Planung
79. Sturm	Eine positive oder negative Richtung	Windrichtung, Sturmböen, Boot, eventuell weitere Elemente	Krisenmanagement
80. Sumpf	Ein Bereich, in dem man leicht stecken bleibt, langsamer vorwärtskommt oder nur schwer wieder rauskommt	Sumpfbereich, Übergangsbereich, Grasbereich, Sumpfschichten	Corporate Governance
81. Surfen	Man bleibt an der Oberfläche und lässt sich von Wellen und Wind weiterbringen	Welle, Surfer, Surfbrett, Unterwasserbereich	Problemanalyse
82. Tanzen	Eine spielerische Kooperation, die abgestimmt sein muss	Tänzer, Tanzfläche	Joint Venture, Kooperationsvorhaben
83. Taschenlampe	Fokussierung auf ein Problem und Vernachlässigung von anderen Bereichen	Taschenlampe, beleuchtete und dunkle Zone	Ressourcenanalyse
84. Taschenmesser	Etwas Kleines, Nützliches mit vielen verschiedenen Funktionen	Messerrumpf, Klingen mit unterschiedlichen Funktionen	Produktfunktionalitäten
85. Tauchen	Man geht unter die Oberfläche, man geht den Dingen auf den Grund	Oberfläche, Unterwasserzone, Taucher	Problemanalyse
86. Tempel	Eine stabile Struktur, die ein Fundament, verschiedene tragende Pfeiler und ein gemeinsames Dach hat	Fundament, Pfeiler, Dach	Projektorganisation
87. Thermometer	Eine vertikale Skala, welche die gegenwärtige Situation und ihre Bedeutung/Bewertung wiedergibt	Messinstrument, Skala, aktueller Stand	Teamstimmung
88. Tisch	Klare Auslegeordnung, um die man sich anordnen kann	Tischplatte, Stühle, Tischunterseite, Tischbeine	Verhandlungsführung
89. Treppe	Etwas Stabiles, das in verschiedenen Stufen zu einem Ziel führt	Stufenanzahl und Stufenhöhe	Jahresplanung
90. Trichter	Ein oder mehrere Inputs werden gefiltert, verdichtet und so zu einem höherwertigen Endresultat	Eingangselemente, Trichter, Ausgangsresultat	Personalselektionsprozess

Metapher	Eigenschaften/ Hauptassoziationen	Grafische Zonen bzw. Elemente	Anwendungsbeispiele im Management
91. Trojanisches Pferd	Eine List zur Infiltration, zur Übergabe von etwas Ungewolltem	Pferd, Tor, versteckte Elemente	Verkaufsförderungsmaßnahmen
92. Turm	Eine hierarchische Struktur, die Überblick schafft	Turm mit Etagen	Führung
93. U-Bahn-Karte	Orientierungshilfe, um ein Territorium zu verstehen oder eine Reise zu planen	U-Bahn-Linien, Stationen (gemeinsame oder für Einzellinie), (geografische) Fixpunkte	Strategie, (Multi-)Projektmanagement
94. Vulkan	Etwas, das im Untergrund brodelt und plötzlich zum Ausbruch kommen kann	Berg, Krater, Magmakammer, Lava, Asche, Rauchwolke	Risikoanalyse
95. Waage	Eine Struktur, um Vergleiche anzustellen, Vor- und Nachteile abzuwägen	Waage, Schalen, Inhalt/ Gewichte	Bilanzbereiche
96. Wald	Man geht leicht in den Details verloren, es ist schwer, den Überblick zu behalten	Bäume, Wiese	Markt
97. Wasserfall	Eine Bedrohung, auf die man zugeht, ohne sie zu sehen	Wasserfall, Bereich vor und nach Wasserfall	Deregulierungstendenzen
98. Zelle (biologische)	Etwas Elementares, das Leben ermöglicht und sich teilen oder mit anderen Zellen verbinden kann	Zellkern, Zellmembran	Organisationsstruktur
99. Zelt	Eine dynamische Struktur, die Schutz und Struktur bietet	Dach, Pfosten, Plane, Eingang	Projektorganisation
100. Zielscheibe	Etwas, das anvisiert wird mit verschiedenen Zielerreichungsniveaus (schwarzer und weißer Bereich)	Konzentrische Kreise mit schwarzem Mittelpunkt und weiteren äußeren Ringen	Jahresziele
101. Zwiebel	Ein intransparenter Gegenstand oder Sachverhalt, der viele Schichten umfasst, die nach und nach aufgedeckt werden müssen	Außenhaut, Innenschichten	Lösungssystem

Diese Bilder sind besonders geeignet, um Abläufe, Strukturen, Vergleiche oder Ideen eingängig zu visualisieren. Einige eignen sich dabei besser, um dynamische *Abläufe* oder Vorgänge abzubilden, wie etwa der Trichter oder der Vulkanausbruch, die Straße oder der Weg auf den Berg, der Fluss oder die Treppe bzw. Leiter nach oben. Andere Metaphern wiederum sind eher dafür gedacht, (hierarchische) *Strukturen* zu erklären. Hierzu gehören beispielsweise der Baum oder der Turm, der Eisberg, das Haus, die Pyramide oder der Tempel. Mit einigen dieser Metaphern lassen sich *Vergleiche* visualisieren, so etwa mit der Waage, dem Pendel oder dem Radarschirm.

Die *Ideen*, welche mit einer Metapher visualisiert werden können, sollten natürlich so weit wie möglich im Einklang mit der Hauptassoziation der Metapher stehen. So steht etwa die Metapher des Taschenmessers vor allem für die Idee der Multifunktionalität. Das Bild eines Sumpfes steht für die negativ belegte Idee des Steckenbleibens oder nur langsam Weiterkommens. Doch die Assoziation kann auch weniger offensichtlich und bekannt sein, denn oft wirken visuelle Metaphern umso stärker, je überraschender, origineller und unverbrauchter sie sind. Dadurch erreichen Sie nicht nur mehr Aufmerksamkeit, sondern stellen auch sicher, dass die Metapher dank ihrer Merkwürdigkeit auch in Erinnerung bleibt. Diesen doppelten Nutzen sowie weitere Vorteile von visuellen Metaphern für das tägliche Arbeiten fassen wir im nächsten Teil kurz zusammen.

Theoretischer Hintergrund zur Wirkung visueller Metaphern

Was haben Platons Höhle, Humes Gabel, Poppers Eimer, Wittgensteins Leiter und Neuraths Boot gemeinsam? In diesem Kapitel wird das Potenzial von anschaulichen Metaphern für den Transfer (und zum Teil auch für die Entwicklung) von Managementwissen thematisiert, wie ihn die eben erwähnten Philosophen bereits in ähnlicher Weise vorweggenommen haben: Platon hat mit dem Bild einer Höhle vermittelt, wie wir uns die Welt als Abbild von reinen Ideen vorstellen können (welche sich uns quasi als projizierte Schatten von Objekten außerhalb der Höhle zeigen). David Hume hat mit seiner Gabel notwendige, kontingente und nicht bedeutungsvolle Sätze unterschieden. Karl Popper benutzte das Bild eines Eimers, um eine ihm unliebsame Theorie der Erkenntnissammlung zu illustrieren (bei welcher der Mensch gleich einem Eimer mit neuen Sinneseindrücken ›aufgefüllt‹ wird). Ludwig Wittgenstein verwendete die Metapher einer Leiter, um darauf hinzuweisen, dass seine Texte obsolet werden, nachdem man sie genutzt hat, um eine höhere Erkenntnisstufe zu erreichen. Otto Neurath schließlich versinnbildlichte unser Wissen als Boot auf offenem Meer, welches ohne Anlauf an einem Hafen (und somit ohne feste Verankerung) repariert werden muss (für andere derartige Beispiele empfehlen wir den äußerst lesenswerten Text von Jacques Derrida zur »mythologie blanche« von 1972).

Diese fünf Bilder helfen uns, einen komplexen Gedanken besser zu verstehen, weil sie es uns erlauben, unsere bestehenden Kenntnisse auf neue Bereiche zu *übertragen*. Eine visuelle Metapher ist eine bildliche Bedeutungsübertragung mit dem Zweck, aus der Interaktion der Ursprungs- und Zieldomäne informative Erkenntnisse gewinnen oder vermitteln zu können. Das Bild muss dazu jedoch zuerst beim Leser, bei der Leserin richtig rekonstruiert werden. Diese *indirekte Kommunikation*, die dazu zwingt, das Gezeigte selber zu Ende zu denken, ist ein wesentliches Merkmal gelungener Kommunikation. Dank neuer Kommunikationsinstrumente auf Basis der Informationstechnologie kann dieser Prozess nun weiter verbessert und genutzt werden, indem das Bild nicht nur erwähnt, sondern auch dargestellt wird und interaktiv erforscht werden kann. Dabei kann das Bild durch die gewählte Metapher nicht nur den Kerngedanken transportieren, sondern zugleich auch die wichtigsten Informationen dazu grafisch strukturieren. Diese *doppelte Funktion einer bildlichen Metapher* (Ideenvermittlung durch Assoziation und grafische Strukturierung von Information) macht sie zu einem wirkungsvollen Instrument der Kommunikation. Durch die grafische Metapher kann nämlich gleichzeitig *normatives*, *deklaratives* und *prozedurales* Wissen vermittelt werden, also Wissen über Ziele, über Fakten und über Abläufe. Die Gesamtmetapher vermittelt durch ihre Hauptassoziation eine hilfreiche Einstellung (normatives, wertendes Wissen), die verorteten Informationen repräsentieren Aussagen im Sinne von (inhaltlichem) deklarativem Wissen, und durch die Interpretation und Anwendung der Gesamtmetapher entsteht prozedurales (Handlungs-)Wissen.

Die Theorie der Metaphern hat (vor allem innerhalb des Wissensmanagements) Mitte der 90er-Jahre dank der japanischen Managementforscher Ikujiro Nonaka und Hirotaka Takeuchi eine Renaissance erlebt, welche deren Mächtigkeit zur Erweiterung unseres Wissens aufzeigen. Innerhalb der Sozial- und Geisteswissenschaften erhielten Metaphern durch Philosophen und Sprachwissenschaftler wie Paul Ricoeur oder Hans Blumenberg, John Searle – der die Metapher als »schweren Brocken« für die Theorie bezeichnet – und zuletzt George Lakoff und Mark Johnson eine beachtliche Aufmerksamkeit. In diesen Beiträgen wird jedoch vor allem auf die Mannigfaltigkeit von Metaphern verwiesen und in welchen lebensweltlichen Kontexten (Alltagssprache, Philosophie, Wissenschaft etc.) sie zum Einsatz kommen. Wie jedoch Metaphern bewusst zu gestalten sind, um damit den Wissenstransfer gezielt zu verbessern, ist in diesen Beiträgen meist kein explizites Thema. Sie zeigen jedoch auf, dass Metaphern seit jeher ein wirkungsvolles Mittel gewesen sind, um neue Erkenntnisse zu vermitteln (und zum Teil auch zu entdecken).

Auf Basis dieser bestehenden Literatur zu Metaphern lassen sich deren Vorteile zusammenfassen. Für die Kommunikation und Zusammenarbeit im Management können grafische Metaphern eine zentrale Rolle spielen, da sie

1. das Gegenüber aktivieren bzw. *motivieren*, sich mit den impliziten Konnotationen der Metapher auseinanderzusetzen (d.h. selber nachzudenken, warum das Bild aus einer anderen Domäne auf das diskutierte Thema übertragbar ist),
2. den Blick öffnen für *neue Perspektiven* und Interpretationsmöglichkeiten (für den Unternehmenskontext),
3. zu einer besseren *Merkbarkeit* (Mnemonik) der vermittelten Erkenntnisse führen (wir denken und erinnern uns ja oft mithilfe von Bildern),
4. den *Lernprozess* unterstützen bzw. die Erweiterung unserer mentalen Modelle erleichtern,
5. die *Konzentration* des Betrachters stärken, indem sie sie auf das Bild fokussieren und so Aufmerksamkeit bündeln,
6. die Kommunikation strukturieren und *koordinieren* können, d.h. die am Wissenstransfer Beteiligten zu abgestimmten Wortmeldungen führen.

Metaphern basieren dabei auf intelligenten, nicht offensichtlichen und dennoch anschaulichen Analogien. Das eben beschriebene Potenzial von Metaphern für den Wissenstransfer kann durch Visualisierung weiter verstärkt werden. Dadurch können zusätzliche Vorteile für die Kommunikation erzielt werden. Kathryn Alesandrini (1992) hat diese Vorteile von grafischer Information (vgl. dazu auch Doelker 1997, Tufte 1990) mit der Kurzformel IMAGE zusammengefasst. Diese Abkürzung beruht auf den Eigenschaften von Bildern, ihren Inhalt sofort kommunizieren zu können (Instant), besser in Erinnerung zu bleiben (Memorable), automatisch verständlich zu sein (Automatic), einen globalen Überblick zu ermöglichen (Global) und motivierend zu wirken (Energizing). Barbara Tversky (2005) ergänzt diese Liste von Vorteilen mit der Funktion von Grafiken, das Schlussfolgern und Entdecken neuer Zusammenhänge zu erleichtern. Dass Visualisierung auch im Management effektvoll mit Metaphern kombiniert werden kann, erläutert der Managementforscher John Sparrow (1998, S. 71) im folgenden Zitat aus seinem Buch zu Unternehmensstrategie und Wissensmanagement (eigene Übersetzung):

> *»Viele grafische Darstellungsformen können als visuelle Metaphern oder Analogien verwendet werden. Dabei werden gewisse Eigenschaften eines Konzeptes hervorgehoben, indem verschiedene Domänen einander gegenübergestellt werden. So können z. B. Konzepte als linke und rechte Seite einer Waage visualisiert werden.«*

Das Beispiel der Waage, welches Sparrow in diesem Zitat aufführt, ist dabei, wie wir in diesem Buch aufgezeigt haben, nur eine mögliche Art von Metapher, die grafisch genutzt werden kann, um Managementwissen zu vermitteln. Neben derartigen einfachen Gegenständen können auch natürliche Phänomene, bekannte Mythen oder Geschichten sowie symbolträchtige Aktivitäten (wie etwa Jonglieren oder Fechten) als Metaphern verwendet werden, wie wir dies in den vorangegangenen Kapiteln gezeigt haben.

In der Realität vieler Organisationen ist diese einfache und überzeugende Idee jedoch noch nicht angekommen. Wir kämpfen uns deshalb nach wie vor durch Dutzende von Bullet-Point-beladenen Folienorgien, deren Inhalte wir in der Regel vergessen haben, bevor der Projektor ausgeschaltet ist. Wir hoffen, wir konnten mit dem vorliegenden Buch zeigen, dass es mit ein bisschen Fantasie, Know-how und den richtigen Werkzeugen auch anders geht. In unseren Forschungsarbeiten konnten wir nachweisen, dass eine Unternehmensstrategie, die als visuelle Metapher präsentiert wird, viel besser beurteilt und behalten wird, als wenn dieselbe Strategie von derselben Person in der gleichen Zeit und in der gleichen Weise als Bullet-Point-Folie präsentiert wird (Kernbach/Eppler 2010). Diese Überlegenheit von visuellen Metaphern gegenüber Textfolien konnten wir zudem in Replikationsexperimenten in Asien und Indien nachweisen (Bresciani et al. 2010). Die richtige, stimmige Metapher kann von daher auch über Kulturgrenzen hinweg neues Wissen effektiv vermitteln. Einige Firmen, wie etwa BMW, British Telecom oder Pepsi, haben deshalb damit begonnen, diesen Kommunikationsweg konsequent zu gehen, und verwenden visuelle Metaphern weltweit in der internen Kommunikation ihrer Strategien und Pläne.

Hoffen wir deshalb im Sinne von Victor Hugo darauf, dass nichts so mächtig ist wie eine Idee, deren Zeit gekommen ist.

Literatur zum Thema Metaphern und Visualisierung

Aldrich, V. (1968): »Visual Metaphor«. *The Journal of Aesthetic Education*, Vol. 2, No. 1, S. 73–86.

Alesandrini, K. (1995): *Survive Information Overload*. New York: Irvin.

Black, M. (1962): *Models and Metaphors: Studies in Language and Philosophy*. Ithaca: Cornell University Press.

Boehm, G. (2007): *Wie Bilder Sinn erzeugen: die Macht des Zeigens*. Berlin: University Press.

Bresciani, S. et al. (2010): »Conveying Knowledge Using Visualization vs. Text: Empirical Evidence from Asia and Europe«. In: Tochtermann, K.; Maurer, H. (Hrsg.): *Proceedings of the Tenth International Knowledge Management Conference IKnow,10*. Graz.

Brünner, G. (1987): »Metaphern für Sprache und Kommunikation in Alltag und Wissenschaft«. *Diskussion Deutsch*, Jg. 18 (94), S. 100–119.

Burkard, F.-P.; Kunzmann, P.; Wiedmann, F. (2009): dtv-Atlas Philosophie. München: dtv.

Caviola, H. (2003): *In Bildern sprechen. Wie Metaphern unser Denken leiten*. Bern: h.e.p.

Corn, A. (1987): *The Metamorphoses of Metaphor*. New York: Viking.

Coyne, R. (1995): *Designing Information Technology in the Postmodern Age – From Method to Metaphor*. Cambridge: MIT Press.

Debatin, B. (1995): *Die Rationalität der Metapher*. Berlin, New York: de Gruyter.

Derrida, J. (1972): »La mythologie blanche: La métaphore dans le texte philosophique«. In: Derrida, J.: *Marges de la Philosophie*. Paris: Les Editions de Minuit, S. 247–308.

Doelker, Ch. (1997): *Ein Bild ist mehr als ein Bild*. Stuttgart: Klett-Cotta.

Ghyczy, T. v. (2003): »The fruitful flaws of strategy metaphors«. *Harvard Business Review*, September, 9(8), S. 86–95.

Goatly, A. (1997): *The Language of Metaphors*. New York: Routledge.

Haverkamp, A. (2009): *Begreifen im Bild*. Berlin: August.

Haverkamp, A. (Hrsg.) (1998): *Die paradoxe Metapher*. Frankfurt am Main: Suhrkamp.

Haverkamp, A.; Mende, D. (Hrsg.) (2009): *Metaphorologie: Zur Praxis von Theorie*. Frankfurt am Main: Suhrkamp.

Haynes, F. (1975): »Metaphor as Interactive«. *Educational Theory*, 25(3): S. 272–277.

Ickler, T. (1993): »Zur Funktion der Metapher, besonders in Fachtexten«. *Fachsprache*, 15, S. 94–110.

Kernbach, S.; Eppler, M. J. (2010): »The use of visualization in the communication of business strategies: An experimental evaluation«. In: *IEEE Proceedings of the International Conference on Information Visualization, IV10*. London: IEEE Press.

Kleinhietpaß, C. M. (2005): *Metaphern der Rechtssprache und ihre Verwendung für Visualisierungen*. Berlin: Tenea.

Lakoff, G.; Johnson, M. (1980): *Metaphors We Live By*. Chicago: University of Chicago Press.

Manning, P. K. (1979): »Metaphors of the field: varieties of organizational discourse«. *Administrative Science Quarterly*, 24, S. 660–671.

Ortony, A. (1975): »Why metaphors are necessary and not just nice«. *Educational Theory*, 25(1), S. 45–53.

Oswald, S.; Schöneborn, D. (2011): »Von anpassungsfähigen Amöben bis tanzenden Elefanten – Wirkungsmöglichkeiten von Metaphern in der Wandelkommunikation«. *OrganisationsEntwicklung*, 1/2011, S. 57–63.

Paivio, A. (1991): *Images in Mind: The Evolution of a Theory*. New York: Harvester Wheatsheaf.

Putnam, L. L.; Phillips, N.; Chapman, P. (1996): »Metaphors of communication and organization«. In: Clegg, S. R.; Hardy, C.; Norad, W. R. (Hrsg): *Handbook of Organization Studies*. Thousand Oaks, CA: Sage, S. 375–408.

Ricoeur, P. (1986): *Die lebendige Metapher*. München: W. Fink.

Sackman, S. (1989): »The role of metaphor in organization transformation«. *Human Relations*, 42(6), S. 463–485.

Seitz, J. A. (1998): »Nonverbal metaphor: A review of theories and evidence«. *Genetic, Social & General Psychology Monographs*, 124, S. 95–120.

Smith, K.; Simmons, V. (1983): »A Rumpelstiltskin organization: Metaphors on metaphors in field research«. *Administrative Science Quarterly*, 28, S. 337–392.

Sparrow, J. (1998): *Knowledge in Organizations*. Thousand Oaks: Sage.

Sticht, T. G. (1993): »Educational uses of metaphor«. In: Ortony, A. (Hrsg.): *Metaphor and Thought*. 2. Auflage, Cambridge: Cambridge University Press, S. 621–632.

Tsoukas, H. (1991): »The missing link: a transformational view of metaphors in organizational science«. *Academy of Management Review*, 16 (3), S. 566–585.

Tufte, E. (1990): *Envisioning Information*. Cheshire: Graphis Press.

Tversky, B. (2005): »Visuospatial reasoning«. In: Holyoak, K.; Morrison, R. (Hrsg.). *Handbook of Reasoning*. Cambridge: Cambridge University Press, S. 209–249.

Wesel, R. (2006): »‚Metapher' als sprach- und bildtheoretisches Konzept«. In: Hofmann, W. (Hrsg.): *Bildpolitik – Sprachpolitik*. Berlin: Lit.

Wormeli, R. (2009): *Metaphors & Analogies: Power Tools for Teaching Any Subject*. Portland: Stenhouse Publishers.

Register

A

Action Research 147
Akzeptanzgraben 179ff.
Alesandrini, Kathryn 233
Ansoff, Igor 152
Apple 171
Argyris, Chris 39, 63
Aristoteles 101, 215f.
Audi 197

B

Bachtin, Michail 39
Balanced-Scorecard-Baum 205ff.
Bartlett, Christopher 26
Bateson, Gregory 63
behavioural complexity 24
Blumenberg, Hans 232
BMW 233
Bono, Edward de 128f.
Breakout-Räume 146
British Telecom 233
Brown, John Seely 176f.
Burn-out-Syndrom 31ff., 44, 111

C

Chrysler 198
Clausewitz, Carl von 152
Cohen, Michael 198f.
Common Knowledge Effect 78f.
Communities of Practice 146, 176
Community-Management 183ff.
Compad 123

D

Deep Dive 123
Denken, laterales 128
Denkhüte 127ff.
Derrida, Jacques 231
Deutero-Lernen 63
Dialogwaage 99ff.
DiCaprio, Leonardo 198
Disney, Walt 29
Double-Loop-Lernen 59ff.
Drucker, Peter 56, 176
Duguid, Paul 176f.

E

Effizienz 47
Eisberg 141
Eisenhardt, Kathleen 113
Eisenhower, Dwight 42
Enron 95
Entscheidungseimer 195ff.
Erkenntnisleiter 35, 37ff.

F

Feedbackgläser 115ff.
Feldtheorie 147
Flowteams 123
Ford 198
Fotomoderation 123
Fragetrichter 55ff.
Framing-Effekt 66, 68
Freudenberger, Herbert 34
Führen als Jonglieren 23ff.
Führungsfunktionen 24f.

G

Gemeinschaftsboot 183
General Motors 198
Gesprächseinheitsbrei 77ff.
Ghoshal, Sumantra 26
Ghyczy, Tiha von 207
Giddens, Anthony 186
Google 146
Gore, Al 197
Gould, Stephen Jay 219
Gruppenpolarisierung 94ff.
Gruppensitzungen 26, 74f.
Gulick, Luther 25

H

Harkins, Phil 74f.
Harvard-Verhandlungsmethode 52, 54
Hedberg, Bo 134
Hidden Profile 78ff.
Hofstede, Gert 134
Hugo, Victor 233
Hume, David 231
Hybridauto 197, 198

I

Ideenvulkan 27ff.
Informationsüberfluss 189ff.
Innovation 180f.
Innovations-Diffusions-Modell 180f.
Inspiration 126
Intergovernmental Panel on Climate Change (IPCC) 197
Interview 55ff.
Isaacs, William 39

J

Johnson, Mark 232

K

Kahneman, Daniel 68f.
Kaplan, Robert 206ff.
Katzenbach, Jon 110ff.
Kim, W. Chan 152
Kommunikationslabyrinth 83ff.
Kommunikationsohren 87ff.
Kreativität 27ff.
Kultureisberg 139ff.
Kulturkarten 133ff.
Kundengewinnung 179ff.

L

Lakoff, George 232
Lego Serious Play 122ff., 126
Lernen im Looping 59ff.
let's focus 121ff., 126, 217
Lewin, Kurt 147

M

Machiavelli, Niccolò 152
March, James 198
Maslach Burnout Inventory 34
Mauborgne, Renée 152
Meinungsbildungsprozess 36f.
Mendelejew, Dmitri 123
Mercedes-Benz 197
Metapher
- Begriff 216
- entwickeln 215f.
- (er)finden 219
- falsche 218
- Klischee- 218
- Tabelle 221
- theoretischer Hintergrund 231ff.
- unpassende 218
- Verwendungszweck 18
Metaphernprinzip 15f.
Methode der Orte 216
MindManager 124
Mintzberg, Henry 150ff., 158ff.
Moderation 121ff., 126
Moore, Geoffrey 180f.
Morgan, Gareth 136, 138
Moscovici, Serge 96

N

Nachhaltigkeit 201, 203f.
Nalebuff, Barry 152
Neurath, Otto 231
Nonaka, Ikujiro 168, 171
Norton, David 206ff.

O

Olsen, Johan 198

P

Paretohebel 47ff.
Pareto, Vilfredo 49
Pausch, Randy 44
Pepsi 233

Periodensystem der Moderation 121ff., 126
Peters, Tom 11
Planungsdiabolo 41ff., 48
Platon 216, 231
Polanyi, Michael 169f.
Polarisierungsschaukel 93ff.
Popper, Karl 231
Porsche, Ferdinand 197
Porter, Michael 152
POSDCORB 25
Prospect Theory 68

Q

Quinn, Robert 26

R

Rahmen 65ff.
Real Time Strategic Change 124
Ricoeur, Paul 232
Rogers, Everett 180f.

S

Schein, Edgar 148
Schneiderman, Ben 43f.
Schön, Donald 63
Schwarzer Schwan 209ff.
Searle, John 232
Sechs Denkhüte 127ff.
Seneca 34
Senge, Peter 39, 101
Shakespeare, William 34
Shaw, George Bernard 84
Shotter, John 39
Single-Loop-Lernen 60
Sisyphusarbeit 31ff.
Sitzungsturm 26, 73ff.
Sloan, Alfred 95
Smith, Douglas 110ff.
Sparrow, John 233
Spradley, James 58
Stasser, Garold 80
Stoner, James 96
Strategie als Sehen 157ff.
Strategiefluss 149ff.
Strategiestolpersteine 153ff.
Strategy Map 206ff.
Sun Tsu 151
Synergy Map 43

T

Takeuchi, Hirotaka 232
Taleb, Nassim Nicholas 210f.
Teamachterbahn 103ff.
Teamaufstellung 109ff.
Team Syntegrity 123f.
template-based facilitation 123
Titus, William 80
Tower-of-Power-Methode 74
Toyota 197
Tuckman, Bruce 106
Tversky, Amos 68f.
Tversky, Barbara 233

U

Unsicherheit 209ff.
Unternehmenskultur 133ff., 140ff.

V

Verhandlungsbrücke 51ff.
Vier-Ohren-Modell 88, 90
Visualisierungsprinzip 15f.
Volkswagen 197

W

Wahrnehmung im Rahmen 65ff.
Wallas, Graham 28, 30
Wandel durch Auftauen 143ff.
Watzlawick, Paul 86, 90
Weber, Max 186
Weick, Karl 136, 147
Wissen 161ff., 167ff., 173ff.
- explizites 168ff., 174, 177
- implizites 162, 168ff., 168ff., 174ff.
- verstecktes 78, 80
Wissensmanagement 161ff.
Wissensprisma 173ff.
Wissensspirale 167ff.
Wittgenstein, Ludwig 231
World Café 124
World Jams 122

Z

Zusammenarbeit 109